ÉTUDES PALÉONTOLOGIQUES

SUR LES

DÉPOTS JURASSIQUES

DU

BASSIN DU RHONE

PAR

EUG. DUMORTIER

TROISIÈME PARTIE

LIAS MOYEN

AVEC 45 PLANCHES

PARIS

F. SAVY, LIBRAIRE-ÉDITEUR

LIBRAIRE DES SOCIÉTÉS GÉOLOGIQUE ET MÉTÉOROLOGIQUE DE FRANCE

24, RUE HAUTEFEUILLE, 24

JUIN 1869

Association typographique lyonnaise. — Regard, rue de la Barre, 12.

ÉTUDES PALÉONTOLOGIQUES

SUR LES

DÉPOTS JURASSIQUES

DU

BASSIN DU RHONE

PAR

EUG. DUMORTIER

TROISIÈME PARTIE

LIAS-MOYEN

AVEC 45 PLANCHES

PARIS
F. SAVY, ÉDITEUR

LIBRAIRE DES SOCIÉTÉS GÉOLOGIQUE & MÉTÉOROLOGIQUE DE FRANCE

24, RUE HAUTEFEUILLE

JUIN 1869.

A LA MÉMOIRE

DE

Mon très-cher et très-honoré maître

JOSEPH FOURNET

—∞◦∞—

La table alphabétique des fossiles, dont il est parlé dans cette troisième partie, ne paraîtra qu'à la fin de la quatrième partie, qui comprendra le *lias supérieur*, et dont la publication suivra celle du présent volume, dans un délai que tous mes efforts tendront à abréger le plus possible.

Ainsi, comme la liste des espèces de l'*infrà-lias* et du *lias inférieur* (première et deuxième parties) a paru à la fin de la deuxième partie ou deuxième volume, de même la liste des espèces, avec renvoi aux pages du texte, se trouvera à la fin de la quatrième partie, pour tous les fossiles du *lias moyen* et du *lias supérieur*.

———

Les études paléontologiques sur les dépôts jurassiques du bassin du Rhône ont été publiées :

La 1re partie, comprenant l'*infrà-lias* avec 30 planches, en janvier 1864 ;

La 2e partie, comprenant le *lias inférieur* avec 50 planches, en janvier 1867.

ÉTUDES PALÉONTOLOGIQUES

SUR LES

DÉPOTS JURASSIQUES

DU BASSIN DU RHONE

Troisième partie. — LIAS MOYEN.

Le lias moyen, qui fera l'objet des études de cette troisième partie, comprend un ensemble de couches très-variées minéralogi-
quement, et dont l'épaisseur totale dépasse généralement de
beaucoup celle des autres divisions du lias.

C'est l'étage huitième ou liasien de d'Orbigny ; il correspond,
en partie, aux marnes suprà-liasiques de MM. Dufrenoy et
Elie de Beaumont, aux marnes à *bélemnites* et à *gryphœa cymbium*
de M. Cotteau ; à l'upper lias-marls, de de la Bèche, aux Belem-
niten-Schichte de Roemer, enfin, au schwarzer Jura (divisions
γ et δ), des géologues allemands.

Contrairement à ce qui se passe pour la plupart des autres, cet
étage des terrains jurassiques a eu la singulière bonne fortune
de ne pas voir ses frontières discutées ; en effet, ses limites supérieures ou inférieures sont à peu près généralement reconnues
et admises, et les géologues s'entendent pour faire commencer le
lias moyen immédiatement au-dessus des couches qui renferment
l'*ammonites raricostatus*, et pour considérer les couches à *ammonites spinatus* comme la partie supérieure de l'étage, plaçant
dans le lias supérieur les schistes à posidonomies qui viennent
toujours les recouvrir.

Sous le point de vue de la nature des dépôts, ce sont les marnes qui dominent dans le lias moyen : la base offre cependant une faible épaisseur de calcaires grossiers, terreux, grisâtres, ou rougeâtres, puis quelques mètres où l'on voit alterner des calcaires marneux et des marnes, criblées de bélemnites ; ces alternances de calcaire et de petites couches marneuses sont surmontées, à leur tour, par un énorme amas de marnes, grises d'abord, puis d'un bleu grisâtre et chargées de mica, qui forment le niveau d'eau le plus important et le plus constant de la formation jurassique inférieure : les couches marneuses se succèdent, dans beaucoup de localités, sans couches solides intercalées ; de là résultent sur une foule de points des glissements de terrains, qui, sans avoir une étendue considérable, bouleversent souvent les cultures, ruinent les constructions, et causent des dommages très-réels.

Les calcaires de couleurs très-variées, mais toujours un peu foncés, qui terminent en haut le lias moyen, sont quelquefois remarquablement durs, ce qui arrive surtout dans les environs de Lyon ; ils offrent un développement vertical assez borné, tout en prenant une grande importance par la richesse de leur faune et la sûreté de niveau que donnent les fossiles abondants que l'on peut y recueillir.

Ces caractères minéralogiques des couches du lias moyen ne se retrouvent pas invariablement sur tous les points du bassin du Rhône, et dans certaines régions, les sédiments sont d'une nature bien différente. Dans le département de l'Ardèche, par exemple, au lieu des marnes, si généralement et si largement développées ailleurs, on ne rencontre les fossiles du lias moyen que dans un grès grossier, à ciment calcaire, composé presque uniquement de grains de quartz d'une grosseur très-inégale, quelquefois assez forte, de couleur grisâtre ou brunâtre ; ces grès remplacent toutes les autres roches, aussi bien pour la zone supérieure que pour la zone inférieure du lias moyen, et se continuent, sans changements notables, dans tout le lias supérieur. Il en résulte un ensemble considérable, qu'il est très-facile de confondre avec les grès du trias supérieur, toutes les fois que les fossiles font défaut, circonstance qui se représente assez souvent. La nature du ciment qui lie les grains de quartz et qui dans les grès triasiques est formé par la silice, fournit le seul moyen de se reconnaître alors.

Dans la région qui se trouve au nord de Lyon, le lias moyen n'a pas moins de 90 mètres d'épaisseur; dans les départements plus au midi, le développement vertical en peut être aussi considérable, mais les limites des subdivisions sont moins nettement marquées; il est souvent impossible de donner avec précision, soit l'épaisseur totale de l'étage, soit l'épaisseur de chaque zone; ces mesures varient beaucoup, suivant les points observés : on peut dire que les fossiles, au contraire, se trouvent toujours distribués partout d'une manière fort régulière, et qui permet de reconnaître les différents niveaux sans hésitation.

Considéré d'une manière générale sous le rapport des fossiles, le lias moyen peut être regardé comme le règne des bélemnites; à aucun autre niveau des terrains secondaires, on ne rencontre les restes de ces céphalopodes, accumulés en nombre plus considérable, ni appartenant à des espèces plus variées; les ammonites fournissent aussi, surtout à la partie inférieure de l'étage, un contingent fort remarquable d'espèces de grande taille et toutes caractéristiques d'un niveau spécial; enfin, les acéphalés, les gastéropodes et les brachiopodes donnent également un nombre considérable d'espèces.

Quoiqu'il soit possible, sur une foule de points, de distinguer des couches séparées qui, par les fossiles spéciaux qu'elles renferment, peuvent former des subdivisions nettement limitées, comme ces subdivisions auraient l'inconvénient de ne pouvoir pas être reconnues facilement, dans un ensemble aussi étendu que le bassin du Rhône, nous nous contenterons de diviser le lias moyen en deux grandes zones, fort inégales d'ailleurs, dans l'épaisseur de leurs dépôts. La plus inférieure et de beaucoup la plus développée verticalement comprend un ensemble de calcaire marneux et de marnes, dont l'épaisseur totale dépasse souvent 80 mètres, c'est la zone à *belemnites clavatus*. La zone supérieure, très-nettement séparée de l'autre par sa composition minéralogique et ses fossiles, est caractérisée par la présence du *pecten æquivalvis :* les calcaires qui la composent sont partout très-durs, de couleurs variées, assez mal stratifiés et forment une épaisseur qui, dans le centre du bassin, ne paraît pas dépasser 6 à 8 mètres.

Remarquons avant de passer à la description détaillée de chacune de ces zones, que, malgré la concordance parfaite de sa stratification avec les couches du lias inférieur qu'il recouvre, le lias moyen, grâce à la nature peu résistante de la plus grande partie de ses roches, ne peut pas toujours être observé au-dessus de celui-ci, et manque souvent tout à fait. Il y a des régions entières où les carrières du lias inférieur, comme par exemple dans la plupart des carrières du département de Saône-et-Loire, ne laissent voir qu'une épaisseur très-faible des calcaires inférieurs du lias moyen, et tout l'ensemble si important des marnes a été entraîné et détruit. Il est en général des plus rares, de pouvoir étudier toutes les couches du lias moyen, dans une même coupe régulière et suivie ; les couches marneuses n'ont résisté ni aux influences atmosphériques, ni aux travaux de l'agriculture, à qui elles fournissent un terrain des plus fertiles ; il en résulte que les gisements sont oblitérés, couverts d'une riche végétation, et partout d'une étude assez difficile.

Le tableau suivant donne la coupe générale du lias moyen, comme il se présente sur les points les plus favorables à l'observation, c'est-à-dire dans les départements du Rhône, de l'Ain, de Saône-et-Loire, et surtout dans le Mont-d'Or lyonnais.

Tableau du lias moyen dans le bassin du Rhône.

Lias supérieur.

Zone du pecten æquivalvis.

2 à 3 mètres.	Niveau de la *Limea acuticosta.* Calcaire lumachelle, jaunâtre, rougeâtre.
2 à 5 mètres.	Niveau de l'*ostrea sportella*. Calcaire lourd, sublamellaire, très-dur, jaune brunâtre, avec quelques grosses oolites ferrugineuses.
4 à 8 mètres.	

Zone de la belemnites clavatus.

5 à 10 mètres.	Niveau du *Tisoa siphonalis*. Marnes gris bleuâtre, tendres, plastiques, sans couches calcaires interposées.
» »	Petite couche sans épaisseur, lumachelle bleuâtre, très-dure, chargée de pyrite, formant des plaquettes très-résistantes. Niveau de la *lingula Voltzi.*
60 à 70 mètres.	Niveau du *Tisoa siphonalis*, marnes gris bleuâtre, sans couches solides.
2 mètres.	Calcaires marneux, alternant avec marnes jaunâtres et grisâtres, rognons ferrugineux. Niveau du *belemnites paxillosus.*
2 à 3 mètres.	Calcaire marneux grisâtre, grossier, terreux et dur, très-souvent coloré en rouge de sang. Niveau de l'*ammonites armatus.*
68 à 94 mètres.	Epaisseur des deux zones.

Lias inférieur.

Comme nous l'avons fait pour le lias inférieur, nous aurons soin d'indiquer pour chaque fossile, non-seulement la zone à laquelle il appartient, mais encore le niveau précis où il se rencontre, toutes les fois qu'il nous sera possible de le faire.

Lias moyen.

ZONE DE LA BÉLEMNITES CLAVATUS.

La zone inférieure du lias moyen, que je décris sous le nom de zone à *belemnites clavatus*, comprend un ensemble marneux assez complexe et très-épais, de couches où l'on peut reconnaître un certain nombre de niveaux, distingués par des fossiles spéciaux ; cet ensemble correspond à la partie inférieure du huitième étage ou étage liasien de d'Orbigny ; c'est le Belemnitenschichte de Roemer, le schwarzer Jura γ et la Numismalismergel de Quenstedt, l'ironstone and marlstone de Phillips, l'ochraceous lias de Murchison.

Oppel, décrivant les couches qui forment ma zone à *belemnites clavatus*, y distingue quatre niveaux différents :

Couches inférieures	à	am. margaritatus.
Couches	—	à am. Davœi.
Couches	—	à am. Ibex.
Couches	—	à am. Jamesoni.

Il est impossible pour nos contrées d'admettre ces dénominations.

L'am. Jamesoni, ne se trouve pas, chez nous, à la partie inférieure.

L'*ammonites ibex* (Quenstedt) ou *Boblayei* d'Orbigny manque à peu près partout, et ne peut dès lors être utilisée pour distinguer un niveau.

L'*ammonites Davœi* se trouve avec les am. *Jamesoni, margaritatus* et *fimbriatus*.

L'*Ammonites margaritatus* elle-même n'est pas ici cantonnée, comme elle paraît l'être en Allemagne, au-dessus de l'*am. Davœi*, et au-dessous dè l'*am. spinatus;* nous la rencontrons partout, dans le lias moyen, depuis les couches les plus inférieures avec l'*am. armatus*, jusque dans les dernières couches les plus supérieures de l'étage en compagnie de l'*am. spinatus. L'am. margaritatus* par conséquent, fossile excellent pour caractériser l'étage entier du lias moyen, ne peut donner son nom à aucune des subdivisions de ce même étage.

Comme on peut le voir, dans le tableau inséré à la page précédente, j'ai cru bien faire en réunissant en une seule zone, la zone à *belemnites clavatus*, toute la partie inférieure et marneuse du lias moyen, ensemble qui comprend quatre niveaux fossilifères. Sans doute, il est très-facile de reconnaître ces niveaux, dans les régions où les circonstances et la disposition des couches le permettent, mais, dans certaines parties du bassin, surtout dans les départements méridionaux, il est des plus difficiles de faire cette distinction. Prenant cette difficulté en considération et la convenance d'établir, pour une contrée aussi étendue que le bassin du Rhône, des zones fossilifères que l'on puisse distinguer et reconnaître partout, je me suis décidé à ne faire que deux zones pour tout le lias moyen.

Si je désigne la zone inférieure sous le nom de zone à *belemnites clavatus*, c'est que partout ce fossile, facile à distinguer, se montre dans toute l'épaisseur de la zone, depuis les couches inférieures, jusqu'au dernier niveau supérieur des marnes, et de plus, elle présente cet avantage de ne pas passer dans la zone supérieure. Les autres fossiles, au contraire, dont les noms sont employés souvent pour caractériser les subdivisions du lias moyen, présentent, sous ce rapport, plus d'un inconvénient; ainsi, l'*am. fimbriatus* n'apparaît qu'à un seul niveau, trop restreint pour donner son nom à toute la zone inférieure; il en va de même pour l'*am. Davœi;* la *belemnites paxillosus*, si importante par son abondance extrême et ses dimensions, se montre aussi dans la zone supérieure. La *bélemnites clavatus* reste seule vrai-

ment caractéristique de l'ensemble de couches que j'inscris sous
son nom. Voici les détails des subdivisions.

Niveau de l'Ammonites armatus

Les premières couches qui se montrent au-dessus des calcaires
à *ammonites raricostatus*, qui forment la partie supérieure du lias
inférieur, sont des calcaires grisâtres, assez grossiers, mats, presque
terreux, d'une épaisseur de deux à trois mètres. Très-souvent, la
couleur passe tout à coup au rouge de sang ; les fossiles sont généralement mal conservés ; cependant, dans les carrières du département de Saône-et-Loire, ces calcaires sont jaunâtres, à grains
plus fins, toujours très-durs, et les fossiles, entièrement transfor-
més en spath calcaire, présentent quelquefois des parties d'une
très-belle conservation : c'est le niveau de l'*ammonites armatus*,
qui se montre souvent armé d'épines d'une grandeur énorme, et
qui justifient parfaitement le nom de cette ammonite ; indépendamment de l'*am. armatus*, ce niveau se fait encore remarquer
par l'apparition d'autres espèces d'ammonites fort nombreuses,
de formes très-variées, peu connues malheureusement, parce que,
en général, les roches assez grossières sont très-peu favorables
à la bonne conservation des coquilles et ne fournissent presque
partout que des échantillons insuffisants ; il est certain néanmoins
que sur une épaisseur de 2 mètres, au plus, on peut recueillir,
avec l'*am. armatus*, près de 30 espèces d'ammonites, parfaitement
caractérisées, et la plupart de grande taille.

Les *belemnites clavatus* et *paxillosus* commencent à se montrer,
mais en petit nombre ; on trouve de beaux exemplaires du *nautilus rugosus*, une foule de gastéropodes, quelquefois en assez
bons échantillons, les *terebratula cor* et *watherousi*. Parmi les
brachiopodes de ce premier niveau, il est curieux de rencontrer la *thecidea Bouchardi*, indiquée par M. E. Deslongchamps, en Normandie, à un niveau un peu plus élevé, et une
autre petite thécidée, la *thecidea cataphracta*, qui m'a paru former une espèce très-distincte.

Niveau de la Belemnites paxillosus

Au-dessus de ce petit ensemble de calcaires terreux, l'on trouve une alternance de marnes grises et de calcaires marneux gris jaunâtre, qui, avec une épaisseur de 2 mètres environ, offre une abondance de fossiles peu ordinaire; les marnes surtout sont remplies de bélemnites innombrables, bien conservées, aussi remarquables par la variété des espèces que par leur nombre; nous citerons parmi les plus importantes : *Belemnites paxillosus*, *B. clavatus*, *B. palliatus*, *B. breviformis*, *B. apicicurvatus*, *B. Milleri*, *B. virgatus*.

Les ammonites sont assez communes, mais peu variées; les *am. capricornus*, *Davœi*, *fimbriatus* et *margaritatus* dominent, cette dernière presque toujours de petite taille. Parmi les fossiles caractéristiques de cette subdivision, l'on peut citer les belles *avicula calva et papyria*, l'*hinnites Davœi*, la *terebratula numismalis*, le *millericrinus Hausmanni* et le *pentacrinus basaltiformis*.

Les gryphées de taille moyenne, un peu obliques, avec point d'attache déjà plus apparent que chez la *gryphœa arcuata*, se montrent assez nombreuses, après avoir fait acte de présence dans les couches à *am. armatus* : de nombreux rognons ferrugineux de forme aplatie et de grosseurs variées se rencontrent avec les bélemnites; enfin, l'on y trouve encore le *nautilus Araris*, grande et belle espèce caractéristique, striée, de forme comprimée, à ombilic très-ouvert, et que l'on ne retrouve ni plus haut, ni plus bas.

Marnes à Tisoa siphonalis.

La subdivision qui vient au-dessus du niveau à *belemnites paxillosus* consiste en un amas énorme de marnes, gris bleuâtre, homogènes, légèrement micacées, sans couches solides intercalées, amas dont l'épaisseur dépasse quelquefois 80 mètres; c'est un

horizon des plus importants. Le peu de consistance des couches, au milieu d'assises de calcaires solides, rend ici l'étude des
fossiles assez difficile, parce que les marnes ne sont à découvert
nulle part. Elles forment de petits vallons, des combes aux contours adoucis, couvertes de prairies et encombrées par les éboulis de la zone supérieure et surtout par ceux de l'oolite inférieure
qui vient, presque toujours, affleurer et former des escarpements
au-dessus; dans le centre du bassin, rien n'est plus rare que de
pouvoir aborder ces marnes sur un point découvert. Dans les
ravins des départements du Midi, où ces marnes sont un peu plus
solides et de couleur plus jaunâtre, les fossiles se rencontrent
plus facilement, mais on les trouve alors mêlés, sur les pentes,
avec les fossiles du lias supérieur, et comme la couleur et la
consistance diffèrent très-peu, il en résulte une fâcheuse cause
d'erreur.

Les fossiles que l'on trouve le plus habituellement sont : *Belemnites clavatus, ammonite margaritatus, mytilus numismalis, lima
punctata*, quelques petits céphalopodes, et surtout le *tisoa siphonalis* : c'est un corps dont la nature n'est pas encore bien recon-
nue et appartenant probablement à la famille des annélides : il
est composé de deux tubes semblables, de la taille chacun d'un
fort canon de plume et renfermés dans une gaine de forme ellipsoïdale. Ce fossile, par son abondance, partout à ce niveau, au
nord comme au sud du bassin du Rhône, fournit une précieuse
indication pour reconnaître cette division, dont il caractérise
toutes les couches. (Voir, pour la description et l'histoire du *Tisoa
siphonalis*, à la fin des détails sur les fossiles). Le *Tisoa siphonalis*
se rencontre en nombre immense dans les ravins du lias moyen
des départements du Gard, de l'Hérault, des Bouches-du-Rhône,
de l'Ardèche, du Rhône, de l'Ain et du Jura. La faune de cette
subdivision, qui paraît assez bornée, présenterait probablement
un nombre beaucoup plus grand d'espèces fossiles, si les marnes
étaient exploitées sur quelques points du bassin, et si l'on n'était
pas réduit, pour les recherches, à quelques petits déblais acci-
dentels.

Niveau de la Lingula Voltzi.

Avant d'arriver aux couches les plus supérieures de l'importante subdivision que nous venons de décrire, on trouve une petite couche solide, presque sans épaisseur appréciable, d'une lumachelle gris bleuâtre, très-dure, grumeleuse, chargée de pyrite, formant des plaquettes irrégulières; cette petite couche, subordonnée aux marnes bleues qui l'enveloppent de toutes parts, me paraît cependant mériter d'être notée, comme formant un niveau séparé dans la zone à *belemnites clavatus;* les fossiles que l'on y rencontre sont cantonnés invariablement dans cette petite couche et forment un ensemble caractérisé surtout par la *lingula Voltzi*, qui se montre là par milliers et d'une belle conservation. Les autres fossiles sont la *nucula variabilis*, le *cardium truncatum*, l'*avicula Fortunata*, le *pecten priscus*, le *cidaris Edwardsi* et surtout le *pentacrinus placenta*.

Il est des plus difficiles d'obtenir des fragments de ce petit niveau, si peu important par son épaisseur et dont les débris se perdent au milieu des amas formés par les autres couches; je l'ai pourtant retrouvé dant tout le Mont-d'Or lyonnais, dans l'arrondissement de Villefranche, et jusque dans les environs de Langres, où la même lingule se rencontre encore. La couche à *lingula Voltzi* n'est pas posée sur la dernière couche des marnes à *tisoa siphonalis*, mais insérée dans la masse même, à une profondeur que l'on peut évaluer de 6 à 10 mètres avant d'arriver à la partie supérieure.

On trouvera dans le petit tableau suivant la coupe de la zone à *belemnites clavatus*, avec la répartition, à chaque niveau, des principaux fossiles.

TABLEAU
des différents niveaux de la zone à bélemnites clavatus

ZONE DE LA BÉLEMNITES CLAVATUS

Niveau	Fossiles principaux	
Niveau de la lingula Voltzi. 0,05 c.	Lingula Voltzi. Nucula variabilis. Mytilus numismalis. Cardium truncatum.	Avicula fortunata. Pecten priscus. Cidaris Edwardsi. Pentacrinus placenta.
Marnes à Tisoa siphonalis 65 à 80 mètres	Trochus helicinoides. Phasianella Jason. Leda palma. Lima punctata. Avicula sexcostata.	Mytilus numismalis. Belemnites clavatus. Ammonites margaritatus. Cidaris octocops. Tisoa siphonalis.
Couches à belemnites paxillosus 2 mètres	Bélemnites paxillosus. — palliatus. — breviformis. — elongatus. — apicicurvatus. — longissimus. — ventroplanus. — Milleri. — virgatus. — umbilicatus Nautilus araris. Ammonites capricornus. — fimbriatus. — Jamesoni. — Davœi.	Ammonites margaritatus. — Zetes. Pleurot. heliciformis. Leda galatea. Avicula calva. — sinemuriensis. — papyria. Pecten acuticostatus. — acutiradiatus. Hinnites davœi. Terebratula numismalis. Cotilederma lineati. Millericrinus hausmanni. Pentacrinus basaltiformis.
Couches à ammonites armatus. 2 à 3 mètres.	Belemnites paxillosus. — clavatus. — armatus. Nautilus rugosus. Ammonites armatus. — henleyi. — submuticus. — arietiformis. — latæcosta. — lucifer. — Oppeli. — venustulus. — quadrarmatus.	Ammonites margaritatus. — Flaudrini. — trimodus. Chemnitzia Periniana. — undulata. Trochus nudus. — Calofeldiensis. Pleurot. expansa. Limea koninckana. Terebratula cor. — watherousi. Thecidea Bouchardi. — cataphracta.

Couches à ammonites raricostatus. Lias inférieur.

Comme je l'ai déjà fait pour le liás inférieur, je m'efforcerai de noter, pour chaque fossile, non-seulement la zone, mais encore la subdivision ou niveau précis où il se rencontre, toutes les fois que cela me sera possible.

Avant de passer à la description des fossiles, je donne ici la liste des localités, avec les détails nécessaires pour retrouver les gisements indiqués ; ces détails, une fois donnés, nous éviterons des redites et des longueurs dans les indications que nous aurons à donner pour chaque espèce.

Détails sur les gisements.

ZONE A BELEMNITES CLAVATUS

Saint-Fortunat (Rhône). — Village du Mont-d'Or, dépendant de la commune de Saint-Didier. Partie supérieure des carrières ; diverses petites excavations dans les marnes.

Saint-Cyr (Rhône). — Village du Mont-d'Or, partie supérieure des carrières du lias.

Saint-Didier (Rhône). — De même : carrières du Montcillet, carrière d'Arche.

Poleymieux (Rhône). — Canton de Neuville, carrières et affleurement des marnes.

Saint-Germain-au-Mont-d'Or (Rhône). — Canton de Neuville.

Dardilly (Rhône). — Canton de Limonest, carrières du lias, Le Paillet.

Pommiers (Rhône). — Canton d'Anse, carrières du lias.

Moiré (Rhône). — Canton du Bois-d'Oingt, murs dans les vignes.

Ville-sur-Jarnioux (Rhône). — Canton du Bois-d'Oingt, hameau du *Peineau* ; fragments sur les murs.

Bully (Rhône). — Canton de l'Arbresle ; carrières.

Moroges (Saône-et-Loire). — Canton de Buxy, hameau de *Cercot* ; murs de clôture.

2

Jambles (Saône-et-Loire). — Canton de Givry : à la Croix ; murs de clôture.

Sainte-Hélène (Saône-et-Loire). — Canton de Buxy ; carrières du lias, murs de clôture.

Lournand (Saône-et-Loire). — Canton de Cluny ; sous le château et la chaume.

Borgy (Saône-et-Loire). — Commune de Dezize, canton de Couches ; carrière du lias.

Russilly (Saône-et-Loire). — Canton de Givry ; murs de clôture.

Saint-Christophe-en-Brionnais (Saône-et-Loire) . — Canton de Semur ; carrières du lias, fragments.

Saint-Maurice-lez-Châteauneuf (Saône-et-Loire). — Canton de Chauffailles ; carrières.

Sarry (Saône-et-Loire). — Canton de Semur-en-Brionnais ; carrières, murs.

Drevain (Saône-et-Loire). — Commune de Saint-Pierre-de-Varennes, canton de Couches ; carrières, clôtures.

Génelard (Saône-et-Loire), — Canton de Toulon-sur-Arroux ; carrières.

Nolay (Côte-d'Or). — Carrières, clôtures et chemin de *Borgy*.

Pouilly-sous-Charlieu (Loire). — Canton de Charlieu ; carrières.

Nandax (Loire). — Canton de Charlieu ; carrières,

Saint-Nizier (Loire). — Canton de Charlieu.

Le Chappou (Ain). — Canton et commune de Saint-Rambert-en-Bugey ; carrières et fragments sur les chemins au-dessus du hameau. — Beau gisement.

Saint-Rambert-en-Bugey (Ain). — Marnes auprès de l'Abbaye, après le four; après le village de Grattou.

Ambérieux (Ain). — Murs dans les vignes ; localité : Chavigne.

Villebois (Ain). — Canton de Lagnieu, au-dessus du moulin de *Bouis ;* coupe des marnes bleuâtres, pas de fossiles.

Besançon (Doubs). — Chapelle-des-Buis.

Miserey (Doubs). — Canton d'Audeux.

Langres (Haute-Marne). — Chemin de Corlée; débris calcaires.

Salins (Jura). — Ravin de Pinperdu.

Panuessières (Jura).—Canton de Conliège; escarpements sur les chemins.

Perrigny (Jura). — Canton de Conliège; marnes et fragments sur la route.

Privas (Ardèche).

Meyrannes (Gard) —Canton de Saint-Ambroix; chemins dans les vignes.

Fressac (Gard). — Canton de Sauves; ravin et gisement notables.

Alais (Gard). — Chemin de Vals.

Anduze (Gard). — Localité : *Tanpusssargue*.

Pic-Saint-Loup (Hérault). — Canton des Matelles.

Digne (Basses-Alpes). — Les bains.

Aix (Bouches-du-Rhône).

Mazaugue (Var).—Canton de la Roquebrussanne; en montant de la Roquebrussanne.

Allevard (Isère). — Schistes noirs, le-Bout-du-Monde.

La Meillerie (Haute-Savoie). — Canton d'Evian; carrière de Balme, carrière de *Leucon*.

Le Môle, Canton de Bonneville (Haute-Savoie). — Les Places, La Pointe-d'Orchex.

Mont-de-Lans (Isère). — Canton du Bourg-d'Oizan.

Bex (Suisse). — Canton de Vaud.

Col-des-Emcombres (Savoie). — Près de Saint-Martin-de-Belleville; le roc retourné.

Cuers (Var). — Carrières.

On trouvera, dans cette liste, quelques localités indiquées, qui n'appartiennent vraiment pas au bassin du Rhône, dans ses limites rigoureuses actuelles; voir, à ce sujet, les explications données dans le volume précédent (lias inférieur), page 100.

LISTE

FOSSILES DE LA ZONE A BELEMNITES CLAVATUS

Belemnites Milleri (Phillips.) .   *c.*   St-Fortunat, St-Didier, St-Cyr, St-Maurice, Pouilly.

Belemnites alter (Mayer.) . .   *rr.*   St-Fortunat.

Belemnites brevis (Blainville).   *r.*   Fortunat, Pouilly, Miserey.

Belemnites breviformis (Voltz).   *c.*   St-Fortunat, St-Didier, St-Cyr, Dardilly, Pommiers, Pouilly, Le Chappou.

Belemnites paxillosus (Schlotheim). . . . .   *cc.* Partout.

Belemnites apicicurvatus (Blainville). . . . .   St-Fortunat, St-Cyr, Pouilly, St-Christophe.

Belemnites faseolus (E. Dumortier) . . . .   *r.*   St-Fortunat, Pouilly, Pannessières.

Belemnites elongatus (Miller) .   *c*   St-Fortunat, St-Didier, Pouilly, St-Christophe, Nandax, St-Rambert, Allevard, Mont-de-Lans, Aix.

Belemnites janus (E. Dumortier). . . . .   *r.*   St-Fortunat.

Belemnites armatus (E. Dumortier). . . . .   *r.*   St-Didier, carrières d'Arche, banc rouge.

Belemnites virgatus (Mayer). .   St-Fortunat, Pouilly.

Belemnites Araris (E. Dumortier). . . . .   St-Fortunat, St-Didier, Pouilly.

Belemnites penicillatus (Sowerby). . . . .   *rr.* St-Fortunat.

Belemnites longissimus (Miller).   *r.*   St-Fortunat.

Belemnites microstylus (Phillips). . . . .   *rr.* St-Fortunat.

Belemnites umbilicatus (Blain-
ville) . . . .   St-Fortunat, St-Cyr, St-Didier.
                         Pouilly, Nandax, St-Christophe.
Belemnites ventroplanus (Voltz).   *c.* St-Fortunat, St-Cyr, Dardilly.
                         Pommiers, Pouilly.

Belemnites clavatus (Schlo-
theim). . . . .   *cc.* Partout.
Belemnites Charmouthensis
(Mayer) . . . .   *r.* St-Fortunat, Dardilly.
Belemnites palliatus (E. Dumor-
tier). . . . .   *r.* St-Fortunat, St-Cyr, St-Didier,
                         St-Christophe.
Nautilus rugosus (Buvignier).   *r.* St-Fortunat, couches inférieures,
                         banc rouge.
Nautilus semistriatus (d'Orbi-
gny). . . . .   *r.* St-Fortunat, St-Cyr, Ville-sur-
                         Jarnioux le Peineau.
Nautilus intermedius (Sowerby).   *r.* St-Fortunat.
Nautilus Araris (E. Dumortier).   St-Fortunat, St-Cyr, Ville-sur-
                         Jarnioux, marnes grises et
                         banc rouge inférieur.

Ammonites armatus (Sowerby).   St-Fortunat, Chappou, Ste-Hé-
                         lène, Lournand, le Mole.
Ammonites quadrarmatus (E.
Dumortier) . . . . . .   *r.* St-Fortunat, St-Didier, Monteil-
                         let, banc rouge.
Ammonites submuticus (Oppel).   *rr.* St-Fortunat, Dardilly, le Pail-
                         let, banc rouge.
Ammonites Morogensis (E. Du-
mortier) . . . .   *rr.* Moroges, St-Christophe.
Ammonites Heberti (Oppel). .   *r.* St-Fortunat, Lournand, St-Mau-
                         rice, Nolay, chemin de Borgy.
Ammonites muticus (d'Orbigny)   *r.* St-Fortunat, le Mole.
Ammonites arietiformis (Oppel).   *r.* St-Fortunat, Jambles, Lour-
                         naud, Meillerie, la Balme. *c.c.*
                         à Perrigny (Jura).

Ammonites Maugenesti (d'Orbi-
gny) . . . .   *r.* Borgy, pointe d'Orchex, derrière
Ammonites Normanianus (d'Or-   le Mole, Meillerie (la Balme).
bigny). . . . .   *r.* Perrigny.

Ammonites bipunctatus (Roemer) *rr.* St-Fortunat, pointe d'Orchex,
Ammonites Masseanus (d'Orbi-   derrière le Mole.
gny) . . . .   *r.* St-Fortunat, Nolay, Meillerie.
Ammonites Flandrini (E. Du-   carrière de Leucon.
mortier). . . . . . .   *rr.* Moroges.
Ammonites Kurrianus (Oppel).   *rr.* St-Didier-Monteillet, banc rouge
Ammonites venustulus (E. Du-
mortier). . . . . . , *r.* Nolay, chemin de Borgy.
Ammonites globosus (Zieten). , *r.* St-Christophe.
Ammonites Henleyi (Sowerby).   St-Fortunat, St-Cyr, St-Didier,
                                       Monteillet, Dardilly, Perrigny,
                                       Lagnieu Chavigne, Chappou,
                                       St-Maurice, Meillerie, le Mole
                                       les Places, Meyrannes.

Ammonites Loscombi (Sowerby). *rr.* Ste-Hélène, Mazangues.
Ammonites zetes (d'Orbigny).   *rr.* St-Fortunat, Digne les Bains.
Ammonites Oppeli (Schlœnbach) *r.* St-Fortunat, Ville-sur-Jarnioux,
                                       Ste-Hélène, Jambles, Lour-
Ammonites capricornus (Schlo-   nand.
theim). . . . .   *cc.* St-Fortunat, St-Cyr, St-Didier,
                                       Pommiers, Sarry, St-Chris-
                                       tophe, col des Encombres.
Ammonites Lucifer (E. Dumor-   St-Fortunat, Dardilly, Lour-
tier). . . . .   nand, Jambles, Ste-Hélène.
Ammonites Latœcosta (Sower-   St-Fortunat, Nolay, Moroges,
by). . . . .   Lournand.
Ammonites trimodus (E. Dumor- *r.* St-Fortunat, Nolay.
tier). . . . .
Ammonites plumarius (E. Dumortier. . . . .   *rr.* Lournand.

Ammonites margaritatus (Mont-
fort). . . . . *cc.* Col des Encombres, Bex, partout.

Ammonites fimbriatus (Sowerby) *cc.* Partout.

Ammonites Jamesoni (Sowerby) *c.* St-Fortunat, St-Cyr, St-Didier,
Moroges, Nolay, Ste-Hélène,
le Mole, les Places.

Ammonites Davœi (Sowerby). . *cc.* Partout.

Ammonites hybrida (d'Orbigny). *rr.* St-Cyr, Digne les bains.

Ammonites centaurus (d'Orbi-
gny) . . . . *r.* Digne les Bains.

Ammonites Coquandi (Reynès). *r.* St-Rambert, le Chappou.

Ammonites brevispina (Sower-
by). . . . . *rr.* St-Christophe.

Chemnitzia Periniana (d'Orbi-
gny). . . , ... *r.* Nolay, chemin de Borgy.

Chemnitzia Carusensis (d'Orbigny). . . . . *r.* Givry.

Chemnitzia undulata (Zieten.
Sp.). . . . . St-Fortunat. Giverdy, St-Cyr,
St-Maurice.

Chemnitzia Suessi (Stoliczka). *r.* Lournand le Château, Lournand
Trochus Gaudryanus (d'Orbi- la Chaume.
gny). . . . . *r.* Châlon-sur-Saône.

Trochus Calefeldensis (Schlœn-
bach). . . . . *r.* St-Fortunat, St-Christophe,
Lournand le Château, Châlon-
sur-Saône.

Trochus Cluniacensis (E. Dumor-
tier). . . . . *r.* Lournand le Château.

Trochus helicinoides (Roemer). *r.* St-Didier.

Trochus Nisus (d'Orbigny). . St-Rambert, Chappou.

Trochus Thetis (M. in Goldfuss) *r.* Lournand le Château.

Trochus nudus (M. in Goldfuss) *r.* St-Rambert, Chappou, St-Christophe, Lournand le Château.

Trochus Gouberti (E. Dumortier)	*r.*	Lournand le Château.
Trochus mamillaris (Moore).	*r.*	Lournand le Château.
Turbo Itys (d'Orbigny). . . .	*r.*	St-Fortunat.
Turbo Escheri (M. in Goldfuss).	*r.*	Lournand le Château.
Turbo Meriani (Goldfuss) . .	*r.*	Lournand le Château.
Phasianella turbinaia (Stoliczka)	*r.*	Nolay, chemin de Borgy, Lournand le Château.
Phasianella Jason (d'Orbigny).	*r.*	St-Didier, Arche.
Phasianella phasianoides (E. Deslongchamps).	*r.*	Russilly.
Pleurotomaria subdecorata (M. in Goldfuss).	*r.*	Chappou.
Pleurotomaria multicincta (Trochus Schübler in Zieten). .	*rr.*	Lournand la Chaume.
Pleurotomaria principalis (M. in Goldfuss).	*rr.*	Lournand le Château.
Pleurotomaria rustica (E. Deslongchamps).	*rr.*	Chappou.
Pleurotomaria expansa (Sowerby, sp).	*c.*	St-Fortunat, St-Didier, Monteillet, Dardilly, Devrain, Borgy, St-Christophe, Lournand, Pouilly, St-Nizier.
Pleurotomaria heliciformis (E. Deslonchamps).	*r.*	St-Christophe; col des Encombres.
Cerithium reticulatum (E. Deslongchamps).	*r.*	Lournand.
Alaria subpunctata (M. in Goldfuss, sp.).	*rr.*	Salins.
Pholadomya ambigua (Sowerby)	*r.*	St-Fortunat.
Pholadomya obliquata (Phillips)	*r.*	St-Fortunat.
Pholadomya decorata (Zieten).	*r.*	St-Fortunat.
Pholadomya Voltzi (Agassiz).	*r.*	Moiré.
Pleuromya striatula (Agassiz).	*c.*	St-Fortunat, St-Didier, St-Cyr, Dardilly, St-Christophe.

Pleuromya macilenta (E. Du-
mortier). . . . . . .   *r.* St-Fortunat.
Gresslya striata (Agassiz). . .   *r.* Meyrannes.
Leda palmœ (Sowerby), sp.) .   St - Didier , St-Christophe , St-
Maurice, Besançon, Meyran-
nes.

Leda Galatea (d'Orbigny). . .   *r.* St-Fortunat, St-Maurice.
Nucula variabilis (Quenstedt) .   *c.* Poleymieux, Giverdy, Ville-sur-
Jarnioux, Besançon, Chapelle-
des-Buis.

Astarte resecta (E. Dumortier).   *r.* Lournand, St-Cyr.
Astarte lenticula (E. Dumortier)   *r.* Moroges.
Unicardium globosum (Moore).   *r.* St-Fortunat , Pannessières , Sa-
lins.
Cardium multicostatum (Phil-
lips). . . . .   *r.* Lournand le Château.
Cardium truncantum (Sowerby).   *c.* Ville-sur-Jarnioux.
Pinna sepiæformis (E. Dumor-
tier). . . . .   *rr.* St-Fortunat.
Mytilus elongatus (Koch et Dun-
ker). . . . .   *r.* Meyrannes.
Mytilus numismalis (Oppel, sp.)   *c.* St-Fortunat, Giverdy, Lournand.
Limea Koninckana (Chappuis et
Dewalque). . . . . . .   *rr.* Dardilly, St-Rambert, le Chap-
pou.

Limea acuticosta (Goldfus). .   *r.* St-Fortunat, Nandax.
Lima punctata (Sowerby, sp.) .   *r.* St-Fortunat, St-Cyr.
Lima pectinoides (Sowerby, sp).   *r.* St-Fortunat, Dardilly, le Paillet,
St-Rambert.
Lima Meyrannensis (E. Dumor-
tier). . . . .   *r.* Meyrannes.
Avicula sexcostata (Roemer). .   St-Didier, Arche.
Avicula papyria (Quenstedt, sp)   *c.* St-Fortunat , St-Cyr , St-Ger-
main.

Avicula fortunata (E. Dumor-
tier). . . . .   *c.* St-Fortunat, Montoux.

Avicula Sinemuriensis (d'Orbigny).		St-Fortunat, St-Didier, Monteillet.
Avicula calva (Schlœnbach). .	*c.*	St-Fortunat, St-Didier, St-Cyr, Dardilly, Pouilly.
Inoceramus ventricosus (Soverby, sp.)		St-Didier, St-Cyr, St-Fortunat et tout le Mont-d'Or.
Pecten Hehli (d'Orbigny). . .		St-Fortunat, St-Didier, Monteillet.
Pecten acutiradiatus (Goldfuss)		St-Fortunat, Dardilly, St-Didier, Monteillet.
Pecten acuticostatus (Lamarck)	*c.*	St-Fortunat, St-Cyr, St-Didier, St-Christophe, Pouilly.
Pecten Amalthei (Oppel). . .		St-Didier, St-Fortunat, Narcel.
Pecten priscus (Schlotheim). .	*r.*	St-Fortunat, Poleymieux. Giverdy.
Pecten textorius (Schlotheim).	*c.*	St-Fortunat, Dardilly, St-Cyr, Pannessières.
Pecten Rollei (Stoliczka). . .	*rr.*	St-Fortunat, Dardilly.
Pecten Fortunatus (E. Dumortier).	*rr.*	St-Fortunat.
Hinnites Davœi (E. Dumortier).	*r.*	St-Fortunat.
Harpax Parkinsoni (Bronn). .		St-Fortunat.
Gryphœa obliqua (Goldfuss), .	*cc.*	Partout.
Ostrea irregularis (M. in Goldfuss). . . . , ...		St-Didier.
Ostrea sportella (E. Dumortier).	*rr.*	St-Fortunat.
Anomya striatula (Oppel). . .	*r.*	Moroges.
Anomya numismalis (Quenstedt).	*r.*	Pouilly.
Terebratula punctata (Sowerby).	*r.*	St-Fortunat, St-Germain, St-Didier, Pouilly.
Terebratula cor (Lamarck). .	*r.*	St-Didier, banc rouge.

Terebratula numismalis (Lamarck). . . . .   *cc.* Partout.

Terebratula Mariæ (d'Orbigny).   *r.*   St-Christophe.

Terebratula Sarthacensis (E. Des-
longchamps). . . . .   *r.*   St-Didier, Cuers, d'après M. Jau-
bert.

Terebratula Darwini (E. Des-
longchamps). . . . . .   *r.*   St-Didier, Pouilly, Fressac.

Terebratula Waterhousi (Davidson). . . . .   *r.*   St-Didier.

Terebratula Heyseana (Dunker)   Salins, Alais.

Rhynchonella variabilis (Schlotheim). . . . .   *c.*   Partout.

Rhynchonella triplicata (Phillips). . . . .   *r.*   Saint-Didier.

Rhynchonella retusifrons (Oppel)   *r.*   Perrigny.

Rhynchonella calcicosta (Quens-
tedt). . , ...   *r.*   St-Christophe, St-Fortunat.

Rhynchonella furcillata (Theo-
dori). . . . .   *rr.* St-Fortunat, St-Didier.

Rhynchonella rimosa (V. Buch,
sp.), ...   *r.*   St-Fortunat, Nandax.

Rhynchonella furcula (E. Dumortier). . . . . . .   *rr.* St-Fortunat.

Spiriferina Walcotti (Sowerby,
sp.). . . . .   St-Cyr, St-Fortunat, Dardilly,
Sarry, Nandax, Pouilly.

Spiriferina pinguis (Zieten, sp).   *c.*   St-Christophe, Sarry, Privas,
Digne.

Spiriferina verrucosa (V. Buch,
sp.). . . . .   St-Didier, St-Fortunat.

Thecidea Bouchardi (Davidson).   *r.*   St-Fortunat.

Thecidea cataphracta (E. Du-
mortier). . . . . .   *rr.* St-Fortunat, St-Germain.

Lingula Voltzi (Terquem). . .   *cc.* St-Fortunat, Montoux et Laro-
che, Poleymieux-la-Rivière,
Langres chemin de Corlée.

Serpula Etalensis (Piette, sp.) .   *rr.* Lournand, Nolay.

Serpula filaria (Goldfuss). . .   *c.* St-Fortunat, St-Cyr, St-Didier, St-Germain, Sarry, Perrigny.

Serpula mundula (E. Dumortier)   *rr.* St-Fortunat, Montoux.

Dentalium compressum (d'Orbigny). . . . .   *r.* Châlon-sur-Saône.

Pentacrinus basaltiformis (Miller). . . . .   *c.* Partout.

Pentacrinus scalaris (Goldfuss).   *c.* Partout.

Pentacrinus subangularis (Miller). . . . .   *r.* St-Fortunat, St-Cyr.

Pentacrinus punctiferus (Quenstedt). . . . .   *c.* Giverdy, Salins.

Pentacrinus placenta (E. Dumortier). . . . . . .   *c.* Giverdy, Poleymieux.

Millericrinus Hausmannie (Roemer, sp.). . . . . . .   *c.* St-Fortunat, St-Didier, Pannessières

Cotylederma lineati (Quenstedt)   *rr.* St-Fortunat.

Cideris octoceps (Quenstedt). .   *cc.* St-Didier, Besançon.

Cidaris Amalthei (Quenstedt) .   *r.* St-Fortunat, Meyrannes.

Cidaris Edwadsi (Wrigt). .   *r.* Giverdy.

Neuropora mamillata (E. de Fromentel). . . . . . .   *r.* St-Rambert.

Neuropora spumans (E. Dumortier) . . . .   *r.* St-Fortunat.

Neuropora (sp). . . . . .   St-Fortunat.

Tisoa siphonalis (E. Dumortier).   *cc.* St-Fortunat, St-Cyr, St-Didier St-Rambert-l'Abbaye, grand nombre de localités du département du Jura, Alais, Anduze, Fressac, Aix, pic St-Loup (Hérault.)

DÉTAILS SUR LES FOSSILES DE LA ZONE
A BELEMNITES CLAVATUS.

Les bélemnites du lias moyen, si nombreuses et si variées, méritent certainement une attention particulière. J'ai fait tous mes efforts pour arriver à démêler les espèces et éviter toute confusion; je ne puis pas toutefois me dissimuler que je suis encore loin d'y être parvenu. La difficulté de distinguer les caractères spécifiques, pour des animaux dont il ne nous reste d'autres dépouilles qu'une pièce solide assez peu significative, dont les modifications se confondent souvent d'une espèce à l'autre, l'état de destruction plus ou moins complète où se rencontrent la plupart des échantillons surtout dans leurs parties les plus importantes, celles qui rattachaient les cônes alvéolaires aux parties molles des bélemnites, l'impossibilité de mensurations exactes, puisqu'il n'y a pas un seul spécimen, même parmi les plus parfaits, que l'on puisse regarder comme un exemplaire intact avec les expansions complètes des parties minces du cône alvéolaire; tout concourt à rendre l'étude des bélemnites des plus embarrassantes.

Les mémoires récents de M. John Phillips (*a monograph of British belemnitidæ*) dans les volumes de la Société paléontographique XVII, XVIII et XX, m'ont été d'un grand secours. Je dois aussi beaucoup à M. Ch. Mayer, de Zurich, qui a bien voulu recevoir une bonne partie de mes échantillons et me donner son avis sur plusieurs cas embarrassants; je le prie de vouloir bien recevoir ici mes remerciments.

Ainsi donc, malgré les travaux importants déjà publiés sur les bélemnites et parmi lesquels le beau mémoire de Voltz tiendra toujours un rang considérable, il me paraît certain que l'étude de ces fossiles est bien loin d'être arrivée à un état de perfection satisfaisant, et l'on peut dire que cette étude offre encore un vaste champ à l'activité des paléontologistes.

Belemnites Milleri (Phillips).

(Pl. I, fig. 1 et 6.)

1866. Phillips, *British belemnites: Palaeontographical Society* vol. 20, p. 54, pl. 8, fig. 19.

Dimensions: longeur totale, 81 millim.; diamètre, dorso-ventral au-dessous du cône, 10 millim., latéral, 10, 2.

Rostre cylindrique allongée, très-légèrement déprimé dans la région alvéolaire, sans aucun ornement: sommet convexo-conique, régulièrement acuminé sans être aigu; la section transversale est presque ronde et montre la ligne apiciale plus on moins excentrique.

Le cône alvéolaire m'a toujours donné un angle de 23 à 26°, moins par conséquent que celui indiqué par Phillips; ce cône occupe ordinairement le tiers de la longeur totale du rostre, quelquefois moins.

Cette bélemnite lisse et ronde, d'une forme remarquablement régulière, est assez abondante dans les calcaires marneux inférieurs de la zone; jamais elle n'arrive à une très-grande taille; il est assez singulier qu'on l'ait toujours confondue avec les autres bélemnites du lias moyen dont elle se distingue fort bien.

On apercoit, à la loupe, quelques traces de petits sillons au sommet et certains échantillons, dont la surface est parfaitement conservée, permettent de reconnaître sur les flancs deux légers méplats qui règnent de chaque côté du haut en bas, comme on le voit dans la figure 6.

Localités: Saint-Fortunat, Saint-Didier, Saint-Cyr, Saint-Maurice, Pouilly, c.

Explication des figures: Pl. I, fig. 1, *Belemnites milleri* de Saint-Maurice, vue du côté dorsal. Fig. 2, la même, vue latérale. Fig. 3 et 4, coupes transversales de la même. Fig. 5, *Bel. milleri* de Saint-Maurice, vue du côté dorsal et montrant le cône alvéolaire. Fig. 6, la même, vue latérale. De ma collection.

Belemnites alter (MAYER).

(Pl. I, fig. 7 et 8.)

1863. C. Mayer, *Liste des bélemnites des terrains jurassiques*.
p. 2 et 9.

Je transcris la dianose donnée par M. Mayer :

B. testa brevi, conico pyramidali ; antice subquadrata, postice acutâ, subbisulcata, supapillata. alveolo magno, 24 graduum.

Dimensions : longueur 38 millim., diamètre 6, 7 millim.

Rostre cylindrique, court, conique, lisse, fortement acuminé et recourbé, sans sillons ni facettes. Le cône alvéolaire, quoique grand n'arrive pas à la moitié de la longueur, comme le fait voir la section fig. 8, le sommet se recourbe fortement du côté dorsal.

Le spécimen d'une très-bonne conservation, que j'ai figuré planche I, présente un curieux accident de surface ; sur toute la région alvéolaire, de petits trous ou enfoncements, irrégulièrement disposés, représentent assez bien de fortes piqûres d'épingles ; M. Ch. Mayer, qui a bien voulu déterminer cet échantillon, regarde cette ponctuation comme accidentelle.

La *Bel. alter* paraît fort rare, je n'en ai qu'un échantillon de Saint-Fortunat ; M. Mayer n'en signale également qu'un d'Asselfigen.

Explication des figures : Pl. I, fig. 7, *Belemnites alter* de Saint-Fortunat, vue du côté latéral. Fig. 8, section de la même, à moitié de la longueur.

Belemnites brevis (BLAINVILLE).

(Pl. IV, fig. 26 et 27).

1823. Blainville, *Mémoire sur les bélemnites*, p 86, pl. 3, fig. 1.
1848. Quenstedt, *Die cephalopoden*, pl. 23, fig. 18.

Dimension : longeur 23 millim., diamètre 6 millim.

Petite espèce conique, courte, aiguë, avec deux légers sillons dorsolatéraux au sommet, le rostre est un peu comprimé.

Sauf les sillons, cette petite bélemnite a la forme de la B. acutus du lias inférieur.

Il est évident que Blainville et après lui Quenstedt comprennent sous ce nom de B. brevis plusieurs espèces appartenant à des niveaux différents ; je crois convenable de conserver le nom à la bélemnites du lias moyen dont je donne le dessin : elle se distingue facilement de la B. breviformis (Voltz) qui a le sommet moins aigu, plus convexe et pas de traces de sillons ; cette dernière me paraît aussi être toujours de plus grande taille.

Localités : Saint-Fortunat, Pouilly, Miserey, *rr*.

Explications des planches : Pl. VI, fig. 26, *belemnites brevis* de Saint-Fortunat, dans les marnes inférieures à *bel. paxillosus*. Fig. 27, la même de Pouilly. De ma collection.

Belemnites breviformis (Voltz).
(Pl. I, fig. 9 à 12.)

1830. Voltz, *Observations sur les bélemnites*, p. 43, pl. 2, fig. 2.
1831. Zieten, *Die Verste nerungen*, V., pl. 21, fig. 7.
1849. Quenstedt, *Cephalopoden*, pl. 24, fig. 22 et 23.
1866. Phillips, *Bristihs belemnitidœ*, p. 41, pl. 4.

Dimension : Le plus grand exemplaire, longueur 78 millim., diamètre 15 millim. 1/2.

Rostre court, droit, en cône convexe, à sommet peu aigu ; section régulièrement cylindrique à très-peu près ; le sommet est quelquefois très-légèrement infléchi du côté dorsal, facilement reconnaissable par sa forme, l'absence de tout sillons ou facettes et sa taille ramassées,—jamais de très-grande taille,—la figure 11 représente un des plus grands individus. Cette bélemnite se montre dans toutes les couches de la zone à bel. clavatus.

Localités : Saint-Fortunat, Saint-Didier, Saint-Cyr, Dardilly, Pommiers, Saint-Rambert, le Chappou, Pouilly, *c*.

Explication des planches : Pl. I, fig. 11, *Bel. breviformis* de Saint-Cyr, dans les marnes à *B. paxillosus*, vue latérale. Fig. 12, la même du côté ventral. Fig. 9, *B. breviformis* de Pommiers, banc rouge niveau de l'*Am. armatus*. Fig. 10, section.

Belemnites paxillosus (SCHLOTHEIM).

1813, Schlotheim, *Petrefac.*, p. 46, pars.
1830. Zieten, *Die Verstein.* pl. 23, fig. 1.
1842. D'Orbigny, *Belemnites Bruguierianus, Jurassique*, p. 84, pl. 7, fig. 1 à 5.
1848. Quenstedt, *Cephal. bel. paxillosus Amalthei*, pl. 24, fig. 4.

C'est la plus importante et la plus répandue de toutes les bélemnites du lias moyen ; elle remplit de ses rostres des couches entières dans les marnes et calcaires marneux de la partie inférieure de la zone où on la trouve d'une très-belle conservation ; si je ne l'ai pas admise comme type caractérisque de la zone inférieure du lias moyen, c'est qu'elle passe dans les couches supérieures, tandis que la bélemnite clavatus, qu'elle accompagne toujours, cesse de se montrer dans la zone à pecten æquivalvis.

Le cône mesure un angle de 23°, et, contrairement à ce que dit d'Orbigny, occupe quelquefois presque la moitié de la longueur totale du rostre ; voici la mensuration exacte d'un spécimen bien intact, de moyenne grandeur, de Saint-Fortunat : longueur 100 millim., plus grand diamètre dorso-ventral 19 millim., longueur du cône alvéolaire 49 millim., longueur de la ligne apiciale 51 millim.

Je ne l'ai pas inscrite dans les listes de la zone supérieure du lias inférieur, mais je ne suis pas certain, cependant, quelle ne commence pas à se montrer quelquefois au-dessus des couches à ammonites oxynotus.

Localités : Partout, *cc.*

3

Belemnites apicicurvatus (BLAINVILLE).

(Pl. II, fig. 1 à 12.)

1827. Blainville, *Mémoire sur les bélemnites*, p. 76, pl. 2, fig. 6.
1866. Phillips, *A monograph of British Belemnitidæ. Paleont. soc.*
     vol. 18, p. 49, pl. 6, fig. 16.

Dimensions : Le plus grand spécimen, longueur 160 millim., diamètre dorso-ventral 17 millim., diamètre latéral 15, 2 millim.

Généralement de grande taille ; rostre allongé, comprimé,
lisse ; sommet convexo-conique, toujours plus ou moins obtus,
jamais aigu, et recourbé du côté dorsal ; la compression est plus
marquée dans la région alvéolaire, mais se montre partout. et le
rostre va en s'évasant jusqu'à l'ouverture, d'une manière ordinairement plus marquée que dans les échantillons figurés ; ce
caractère est un des plus utiles pour reconnaître l'espèce.

En approchant du sommet le rostre se recourbe toujours plus
ou moins vers le dos, où il est marqué de deux forts sillons qui
ne remontent jamais plus haut que 20 à 30 millim., le côté ventral porte deux autres sillons un peu moins prononcés, en sorte
que l'extrémité du rostre, quand elle est bien conservée, ce qui
arrive rarement, représente un cône obtus, allongé, sillonné par
quatre dépressions profondes, dont la section a la forme d'un
trèfle parfait ; je remarque, sur de très-bons échantillons, que
l'on reconnaît à peine des traces des stries que M. Phillips signale
vers le sommet.

Le cône alvéolaire, dont l'angle est de 29°, occupe le tiers de la
longueur totale. La ligne apiciale est souvent plus excentrique
et la compression plus forte que dans les échantillons figurés
pl. 11.

La courbure et la forme particulière du sommet, la compression et l'évasement du rostre font de cette bélemnite une espèce

bien marquée, et on a lieu de s'étonner que ni d'Orbigny, ni Quenstedt n'aient su éviter de la confondre. D'Orbigny la rapproche de la *B. compressus* (Blainville), bien à tort certainement, comme le dit Phillips, et ce serait plutôt à la *B. elongatus* qu'il faudrait la réunir.

La bélemnites apicicurvatus est particulièrement bien caractérisée et par de très-beaux échantillons, dans les carrières du Mont-d'Or, et son niveau s'accorde bien avec celui des spécimens anglais, puisque la principale localité indiquée par Phillips est : *at foot of golden cap, Lyme Regis,* c'est-à-dire la base du lias moyen ; dans nos régions elle se rencontre dans les marnes inférieures à belemnites paxillosus, jamais plus haut ni plus bas.

Localités : Saint-Fortunat, Saint-Cyr, Pouilly, Saint-Christophe.

Explication des figures : Pl. II, fig. 1, *Bel. apicicurvatus,* grand exemplaire de Saint-Fortunat, vu du côté ventral. Fig. 2, vue latérale du même. Fig. 3, section du même au point marqué *a*. Fig. 4, autre spécimen de Saint-Fortunat côté dorsal. Fig. 5, le même vue latérale. Fig. 6, section au point indiqué *b*, pour montrer le peu de longueur du cône alvéolaire. Fig. 7, le même vu par le sommet. Fig. 8, section longitudinale d'un spécimen de Saint-Fortunat, région alvéolaire. Fig. 9 et 10, sommet d'un autre spécimen de Saint-Fortunat, vu de deux côtés différents. Fig. 11 et 12, sections du même sommet.

Belemnites faseolus. (Nov spec.)

(Pl. III, fig. 6 à 11.)

B. testa elongata, undique compressa, postice acuminata-obtusa, submucronata : sulcis dorsolateralibus brevioribus ; in medio subdilatata ; dorsali latere paululum, ventrali autem valde recurva ; alveolo excentrali, 26 graduum.

Dimensions : longueur 100 millim.; diamètre au-dessous de l'alvéole 15.5 et 13.1 ; sur la partie renflée 16 millim. et 14.4 millim.

Rostre allongé, comprimé, un peu fusiforme, renflé après la moitié de la longueur, terminé par un sommet en cône convexe court, un peu obtus, submucroné. Le côté dorsal est presque droit, tandis que le côté ventral décrit une courbe prononcée ; le rostre est plus épais du côté ventral et sur toute sa longueur ; surface lisse, seulement à l'extrémité il y a deux sillons dorso-latéraux bien marqués, qui ne remontent pas à plus de 10 millim.; la forme comprimée et recourbée avec l'épaississement ventral de cette bélemnite la séparent nettement de toutes les autres ; l'ensemble offre une certaine ressemblance avec la gousse d'une légumineuse.

Le cône alvéolaire, d'un angle de 26°, occupe un peu plus du quart de la longueur totale. La ligne apiciale est fortement déviée du côté ventral. Jeune, à la longueur de 40 millim., les sillons ne se montrent pas encore, mais la compression est fortement marquée surtout du côté dorsal.

Localités : Saint-Fortunat, Pouilly, Pannessières. r.

Explication des figures : Pl. III, fig. 7, *Belemnites faseolus*, de Pouilly, vue latérale faisant voir la coupe du cône alvéolaire. Fig. 6, la même vue du côté dorsal. Fig. 8, section de la même au point indiqué par la lettre *a*. Fig. 9, bélemnites faseolus, jeune, de Saint-Fortunat, vue du côté ventral. Fig. 10, la même vue par côté. Fig. 11, section de la même, coupe de l'ouverture.

Belemnites elongatus (Miller.)

(Pl. III, fig. 1 à 5.)

1823. Miller, *On belemnites, transact. of the geolog. society*, pl. 7, fig. 6, 7, 8.

1823. Sowerby, *Miner. conchol.*, pl. 590, fig. 1.
1842. D'Orbigny, *Paléont. franc. Jurassique*, p. 90, pl. 8, fig. 6 à 11.
1866. Phillips, *Bristish belemnites*, p. 50, pl. 7, fig. 17.

Dimensions : longueur 77 millim. ; diamètre dorso-ventral
11 millim., latéral 10.2.

Rostre cylindrique, lisse, régulier, très-légèrement comprimé,
droit, à sommet aigu, orné de deux sillons plus ou moins marqués et très-peu prolongés ; ligne apiciale un peu excentrique,
cône alvéolaire formant un angle de 27°, et qui occupe les 2/5
de la longueur totale ; mais je trouve à ces mesures une grande
irrégularité, ainsi l'échantillon figuré pl. III, fig. 5, qui n'est
qu'un fragment de rostre, mais parfaitement conservé, montre
un cône très-grand, mais dont l'angle ne dépasse pas 20° ; d'un
autre côté, l'échantillon fig. 1 montre par sa section, fig. 3,
prise à l'extrémité du cône alvéolaire, que la longueur de ce cône
ne dépasse pas ici le quart de la longueur totale ; l'on peut conclure de ces faits que l'espèce est assez encore mal définie et manque de bases sûres. Quoi qu'il en soit, il me semble qu'il faut comprendre sous le nom de bel. elongatus, les bélemnites du lias moyen
à peu près cylindriques, avec un sommet droit, conique, allongé,
aigu et dont l'aspect d'ensemble est le même, soit du côté ventral,
soit du côté latéral ; elle diffère de la bel. paxillosus par la régularité de sa section, par son sommet effilé et régulièrement conique et par la plus grande longueur relative du cône alvéolaire.

Le rapport entre la longueur du cône et celle de la ligne apiciale doit, il me semble, se mesurer en s'arrêtant pour la longueur du cône à la portion de celui-ci, dont le diamètre ne
dépasse pas le plus grand diamètre du rostre lui-même ; cette
méthode manque sans doute de précision, mais si l'on voulait
mesurer la longueur du cône alvéolaire complet, les éléments
manqueraient presque toujours ; on pourrait, en effet, compter
les échantillons qui offrent leurs phragmocones conservés d'une
manière intacte, comme dans le spécimen de la *Bel. elongatus*

figuré par Sowerby et par Phillips ; et encore n'est-il pas sûr que, dans cet échantillon exceptionnel, il ne manque pas quelques-unes des dernières cloisons.

La *Bel. elongatus* se trouve presque partout dans les marnes inférieures, mais moins commune que la *Bel. paxillosus* ; je ne l'ai jamais rencontrée de très-grande taille dans notre lias moyen.

Localités : Saint-Fortunat, Saint-Didier, Saint-Cyr, Pouilly, Saint-Christophe, Nandax, Saint-Maurice, Alle-vard, Saint-Rambert, Aix, Mont-de-Lans, c.

Explication des figures : pl. III, fig. 1, *Bel. elongatus*, de Saint-Maurice, vue latérale. Fig. 2, la même vue dorsale. Fig. 3 et 4, section de la même. Fig. 5, *Bel. elongatus*, de Saint-Fortunat, fragment faisant voir très-bien le cône alvéo-laire, muni à son extrémité d'un petit globule arrondi ; cet échantillon n'offre pas du reste le rostre assez bien conservé pour pouvoir discuter l'espèce.

Belemnites Janus (Nov. species).

(Pl. IV, fig. 12, 13, 14.)

Testa brevi, robustissima, valde compressa, antice dilatata, postice convexo-conica. rotundata, subumbilicata : sulcis dorso-lateralibus latis nec profundis, usque ad aperturam planescen-tibus ; alveolo 26, graduum? per magno, excentrali, tertiam testæ partem bis superante.

Dimensions : longueur 57 millim., grand diamètre, au milieu du rostre 16 millim., petit diamètre 13 millim.

Rostre court, comprimé, robuste, lisse ; une dépression très-large règne de chaque côté et vient se terminer au sommet par un large sillon dorsal, le sommet en forme de cône surbaissé très-convexe est subombiliqué, et porte à son extrémité comme une carène transversale, saillante; cette carène paraît formée par 4 à 5 petites protubérances alignées dans le sens de la largeur, il en résulte que le sommet présente cette singulière disposition de paraître assez aigu, quand on le regarde par un des côtés et largement arrondi, au contraire, quand on l'examine du côté dorsal; cette apparence si différente de l'extrémité, que j'ai voulu rappeler par le nom de l'espèce, n'a pas été très-fidèlement rendue par le dessinateur et la forme du rostre n'est pas copiée d'une manière exacte.

Le cône alvéolaire, très-excentrique, paraît avoir un angle de 26°; il est d'une longueur relative considérable et qui approche des 3/4 de la longueur totale; je n'ai pas pu le mesurer exactement.

Le test lamelleux qui enveloppe le cône alvéolaire (conothèque d'après M. Phillips) paraît fort épais dans la *B. Janus*, et cette épaisseur se voit fort bien dans la cassure naturelle de l'échantillon figuré.

Les proportions et la forme singulière de cette bélemnite ne permettent pas de la confondre avec les espèces déjà décrites; la *B. breviformis* de Zieten n'a pas les deux sillons, et le cône de l'alvéole est beaucoup plus court relativement.

M. Phillips, dans sa monographie (*palæont society*, vol. XVIII, p. 46) signale une bélemnite nouvelle de Lyme Regis, dont il donne la figure pl. 5, fig. 13, et le dessin d'une coupe longitudinale, dans le texte; ces figures se rapprochent beaucoup de la forme de la *Bel. Janus*; d'après M. Phillips, elle serait fort rare aussi dans le lias d'Angleterre.

Localités : Saint-Fortunat, marnes inférieures à belemnites paxillosus, *r. r.*

Explication des figures : pl. **IV**, fig. **12**, *Belemnites Janus* de Saint-Fortunat vue par côté. Fig. **13**, la même du côté ventral. Fig. **14**, la même vue par le sommet. De ma collection.

Belemnites armatus. (Nov spec.)

(Pl. I, fig. 13 à 16.)

*Testa regulari, elongata, valde compressa, antice vix dilata,
in medio ovata, postice acuminata, apice centrali lineis crebis
notato, sulcis dorso lateralibus humilibus : alveolo humili angulo? apertura perovali, compressa.*

Dimensions : longueur (calculée) 88 millim., diamètre 15.4
et 12.5 millim.

Rostre allongé, comprimé partout et régulièrement droit, seulement très-légèrement évasé du côté de l'ouverture ; aux 3/4 de
la longueur, les côtés se rapprochent pour former un sommet
conique, aigu, par des lignes très-faiblement convexes ; ce sommet est exactement placé sur l'axe de figure du rostre ; les ornements, à peine visibles, consistent en deux sillons dorso-latéraux
très-courts, et de nombreuses stries fines à la pointe. Cône
alvéolaire court, arrondi ; le rostre figuré n'est pas entier, il en
manque à peu près 10 millim. du côté de l'ouverture.

Ce qui caractérise la *Bel. armatus*, c'est sa forme droite, régulièrement comprimée, son sommet central, la section en ellipse
largement arrondie et la ligne apiciale faiblement déviée du
côté ventral.

Je l'ai recueillie dans le banc rouge, c'est-à-dire dans les couches les plus inférieures du lias moyen, associée à l'*Am. armatus*.

Localités : Saint-Didier, carrières du Monteillet, r. r.

Explication des figures : Pl. I, fig. 13, *Bel. armatus*, de
Saint-Didier, vue latérale. Fig. 14, la même du côté ventral.
Fig. 15, section de la même du côté de l'ouverture. Fig. 16,
section à la moitié de la longueur du rostre. De ma collection.

Belemnites virgatus (MAYER).

(Pl. IV, fig. 1 à 6.)

1863. Ch. Mayer, *Essai de classification des bélemnites Jurassiques,
Journal de conchyliologie,* 3ᵉ série, vol. 3, p. 190.

Voici la diagnose que donne M. Mayer :

*B. testa plerumque mediocri, elongata, utroque latere dorsum
versus compressiuscula, longitudinaliter virgata, antice ovato-
rotundata vel subquadrata, postice excentrice acuminata, sulcis
dorso lateralibus productis ; alveolo humili, centrali, 10 graduum.*

Dimensions : longueur 124 millim., diamètre 11 millim. et
8.2 millim.

Rostre mince, allongé, comprimé surtout du côté dorsal;
sommet conique, très-peu convexe, allongé, terminé par une
extrémité un peu obtuse et ombiliquée; deux ou trois bandes ou
méplats bien marqués garnissent les flancs de chaque côté du
rostre, sur toute sa longueur; le cône alvéolaire central est très-
court, il ne va pas au cinquième de la longueur totale, comme
le montre la section fig. 3.

La forme générale, les bandes latérales, la petitesse du cône
séparent nettement cette curieuse espèce, qui se trouve rarement
dans le bassin du Rhône.

M. Mayer est d'avis que la *Bel. virgatus* passe souvent à la
Bel. umbilicatus et que l'on pourrait peut-être l'inscrire comme
une variété de cette dernière; je ne remarque pas, dans les bélemnites de notre région, des ressemblances assez fortes pour
justifier cette réunion.

Localités : Saint-Fortunat, dans les marnes inférieures
avec la B. paxillosus, Pouilly, *r.*

Explication des figures : pl. IV, fig. 1, *Bel. virgatus*, de Saint-Fortunat, vue latérale, de la collection Victor Thiollière. **Fig. 2**, la même du côté ventral. **Fig. 3**, section de la même au point marqué *a*. **Fig. 4**, autre exemplaire, même localité, vue latérale. **Fig. 5**, la même du côté ventral. **Fig. 6**, section au point marqué *b*. (le dessinateur a donné un peu trop de largeur à cette figure, l'ellipse doit être moins arrondie, plus comprimée).

Belemnites araris (Nov. spec.).

(Pl. IV, fig. 20 à 25.)

B. testa parva, lævi, elongata, compressa. subquadrata, regulari, postice acuta : alveolo humili, subcentrali, 23 graduum.

Dimensions : longueur 38 millim., diamètre 5.2 millim. et 4 millim.

Rostre de petite taille, comprimé, très-faiblement fusiforme ; la coupe donne une ellipse un peu carrée, surtout du côté ventral ; la même forme continue et ne devient cylindrique que dans la région apiciale ; le sommet conico-convexe forme une pointe aiguë ; le cône alvéolaire occupe à peu près le quart de la longueur.

La *Bel. subclavatus* (Voltz) lui ressemble, mais elle est déprimée et appartient du reste à l'étage du lias supérieur, à un niveau qui, au Mont-d'Or, est à 80 mètres au moins au-dessus de la *Bel. Araris*.

Cette jolie petite bélemnite ne dépasse presque jamais les dimensions indiquées ; j'en ai huit à dix exemplaires, tous très-rapprochés pour la taille ; elle se trouve dans les marnes inférieures à *bel. paxillosus*.

Localités : Saint-Fortunat, Saint-Didier, Pouilly.

Explication des figures : Pl. IV, fig. 20 et 21, *Bel. Araris* de Saint-Fortunat. Fig. 22, autre de Saint-Fortunat, du côté dorsal. Fig. 23, la même, vue latérale. Fig. 24 et 25, sections de la même. De ma collection.

Belemnites penicillatus (SOWERBY).

(Pl. IV, fig. 15.)

1829. Sowerby, *Miner. conchol*, pl. 590, fig. 5 et 6.
1867. Phillips, *British belemnites. Paléont. society*, vol. 18, p. 34, pl. 1, fig. 2.

Dimensions : longueur, 54 millim ; diamètre, 13. 7 millim. et 13. 2 millim.

Rostre cylindrique, droit, un peu comprimé, plus largement arrondi du côté ventral, la forme se maintient la même dans toute la longueur : sommet central, convexo-conique, tronqué, où l'on remarque un certain nombre de courts sillons, au nombre desquels les deux sillons dorso-latéraux sont les mieux marqués et les plus prolongés; l'extrémité semble formée par la réunion de mamelons irréguliers.

Blainville a décrit le premier une *Bel. penicillatus*, mais il paraît évident que les échantillons dont il donne le dessin ne sont que des variétés de la *B. irregularis*, du lias supérieur; Sowerby a repris le nom pour une bélemnite du lias inférieur. Enfin, dans son récent mémoire, Phillips maintient l'espèce : la bélemnite de Saint-Fortunat, recueillie dans les marnes inférieures à *Bel. paxillosus* me paraît appartenir à la même forme, sauf la compression qui est moins prononcée.

Localité : Saint-Fortunat, *r r*.

Explication des figures : Pl. IV, fig. 15, *Bel. penicillatus* de Saint-Fortunat, vue latérale. De ma collection.

Belemnites longissimus (Miller).

(Pl. IV, fig. 7 à 11.)

1820. Schlotheim, *Belemnites acuarius, die Petrefactenkunde*, p. 46.
1823. Miller, *Belemnites longissimus : observations on belemnites,
    transact. of. geolog. society*, p. 60, pl. 8, fig. 1 et 2.
1866. Phillips, *british belemnites, paleontogr. society*, vol 20, p 68,
    pl. 13, fig. 32.

Dimensions : longueur (calculée) 120 millim.; diamètre,
5 1/2 à 6 millim.

Rostre cylindrique, très-régulier, très-allongé, à section circulaire, s'évasant brusquement du côté de l'ouverture ; sommet en
cône allongé, à peine convexe, le diamètre augmente un peu
dans le milieu de la longueur, ce qui donne à la bélemnite une
apparence légèrement fusiforme : pour seul ornement un méplat
très-étroit règne de chaque côté, sur toute la longueur, comme
chez la *B. virgatus*. Les spécimens figurés, nos 7 et 9 de la pl. IV,
n'appartiennent pas au même individu quoiqu'ils paraissent se
compléter et s'ajuster fort bien ensemble.

Cette espèce n'a jamais été complètement décrite, ni rigoureusement fixée; il est certain, toutefois, que l'on rencontre, bien
que très-rarement, dans nos marnes inférieures, des rostres qu'il
est impossible de rattacher à aucune autre espèce.

Localité : Saint-Fortunat, r.

Explication des figures : Pl. IV, fig. 7 et 8, *Bel. longissimus*, fragment vu du côté ventral. Fig. 9, 10, 11, autre
fragment de la même localité, côté latéral, côté dorsal et
section. De ma collection.

Belemnites microstylus (Phillips).

(Pl. IV, fig. 16 à 19.)

1868. Phillips, *British belemnites, paleontogr. society*, vol. 20, p. 66, pl. 13, fig. 31.

Dimensions : longueur (calculée), 65 millim.; diamètre, 4 millim.

Rostre cylindrique, droit, très-mince, très-régulier, lisse sans aucun ornement, sommet en cône très-convexe et excessivement court.

M. Phillips dit que le cône alvéolaire, d'un angle de 18°, montre des cloisons largement espacées et dont la distance entre elles va jusqu'au cinquième du diamètre.

Séparée de la *B. longissimus* par l'absence de rainures longitudinales et la forme du sommet, elle ne peut se confondre avec la *B. clavatus* qui est toujours fusiforme, comprimée, et dont les variétés en massues sont encore très-éloignées de la forme droite et cylindrique de la *B. microstylus*.

Très-rare dans nos marnes inférieures à *B. paxillosus*; M. Phillips n'en cite que deux échantillons d'Angleterre.

Localités : Saint-Fortunat, *rr*.

Explication des figures : Pl. IV, fig. 16, fragment de *Bel. microstylus* de Saint-Fortunat. Fig. 17, coupe supérieure montrant la section du cône. Fig. 18, section inférieure du même fragment. Fig. 19, autre fragment aussi de Saint-Fortunat, muni de son sommet. De ma collection.

Belemnites umbilicatus (Blainville).

(Pl. V, fig. 1 et 2.)

1827. Blainville, *Mémoire sur les bélemnites*, p. 97, pl. 3, fig. 11,

1842. D'Orbigny, *Paléont. franc. Jurassique*, p. 86, pl. 7, fig. 6 à 11.
(1) 1856. Oppel, *Die Juraformation : Jahreshefte des Vereins für vaterlandische Naturkunde*, p. 273.

Dimensions : longueur, 95 millim.; diamètre latéral, région apiciale, 11 millim.: diamètre dorso-ventral, 11,3.

Rostre presque cylindrique, allongé, lisse, très-légèrement fusiforme, évasé à l'ouverture, sommet acuminé, en cône convexe prolongé ; aux 2/3 de la longueur, en approchant du sommet, le rostre s'élargit un peu du côté ventral et se déprime tandis qu'il est visiblement comprimé dans la région alvéolaire.

Le cône que j'ai trouvé de 25° occupe le tiers de la longueur totale ; la ligne apiciale est fort rapprochée du côté ventral.

Plusieurs auteurs, entre autres d'Orbigny et Oppel, réunissent la *B. umbilicatus* à la *B. ventroplanus* de Voltz, qui offre en effet de grands rapports de forme et se rencontre dans les mêmes couches. Mais le nombre des bélemnites déprimées, du lias moyen, est tellement borné qu'il n'y a aucun inconvénient à maintenir les deux espèces qui offrent ce caractère. La *B. ventroplanus* est bien plus raccourcie et son sommet est beaucoup plus obtus, d'Orbigny la regarde comme le type femelle de l'*umbilicatus*, malheureusement le dessin et la description donnés par Blainville n'offrent pas beaucoup de précision et laissent une grande marge aux erreurs.

Sur le très-bel exemplaire, dont je donne la figure pl. V, la conservation parfaite de la surface permet de constater des bandes ou méplats qui se montrent de chaque côté, sur presque toute la

---

(1) Pour l'important mémoire d'Oppel (*die Juraformation Englands, Frankreichs und des südwestlichen Deutschlands*), mémoire que nous citerons souvent, il importe de remarquer que lorsqu'on a sous les yeux le recueil dans lequel il a paru en avril 1856, c'est-à-dire le *Jahreshefte des vereins für vaterlandische Naturkunde in Würtemberg*, la pagination commence à la page 121 du volume; quand on a le mémoire d'Oppel, tiré à part, le mémoire commence naturellement page 1.

longueur du rostre. Blainville parle bien d'un indice de méplat, mais je trouve ce caractère nettement marqué sur la plupart de mes échantillons. Autre sujet de perplexité : d'Orbigny, dans son texte, indique pour la *B. umbilicatus* un cône alvéolaire d'un angle de 19°, et cependant sa figure pl. **7**, fig. **7**, fait voir un angle qui mesure 28°.

Localités : Saint-Fortunat, Saint-Cyr, Saint-Didier, Pouilly, Saint-Christophe, Nandax.

Explication des figures : Pl. V, fig. **1**. *Bel. umbilicatus* de Saint-Fortunat, du côté dorsal. Fig. **2**, la même vue par côté. De ma collection.

Belemnites ventroplanus (Voltz).

(Pl. V, fig. 3 à 7.)

1830. Voltz, *Observations sur les bélemnites*, p. 40, pl. **1**, fig. **10**.
1848. Quenstedt, *Cephalopoden*, p. 405, pl. **24**, fig. **15** à **17**.

Dimensions : longueur, 90 millim.; diamètre (région alvéolaire) dorso-ventral, 17 millim.; latéral, 16 millim. (région apiciale); dorso-ventral 15.8; latéral, 16.2. Exemplaire raccourci : longueur, 68 millim.; diamètre dorso-ventral, 14.6 millim.; latéral, 13.5 millim.

Rostre robuste, subcylindrique, légèrement claviforme, lisse, avec sommet conico-convexe peu acuminé, quelquefois très-obtus; presque cylindrique dans la région alvéolaire, il se déprime du côté ventral, dans la région apiciale; le sommet incline du côté dorsal; deux plis dorso-latéraux, larges et peu profonds, remontent du sommet en s'élargissant. D'après Voltz, le cône alvéolaire, d'un angle de 23°, est de grandeur moyenne.

La *B. compressus* (Stahl), avec laquelle il semble possible de confondre la *B. ventroplanus*, habite un niveau tout autre et bien plus élevé, puisque on ne la rencontre que dans les couches supérieures avec le *Pecten æquivalvis* et l'*Ammonites spinatus ;* la ressemblance n'est qu'apparente, du reste, car la *B. compressus* est fortement comprimée, au lieu d'être déprimée.

Quant à la *B. umbilicatus*, qui est comme la *B. ventroplanus*, déprimée du côté ventral, elle a un sommet aigu d'une forme différente, et son ensemble est plus cylindrique.

Localités : Saint-Fortunat, Saint-Cyr, Dardilly, Pommiers, Saint-Christophe, Pouilly.

Explication des figures : Pl. V, fig. 3, *Bel. ventroplanus*, gros exemplaire de Dardilly, vue latérale. Fig. 4, la même du côté ventral. Fig. 5, autre exemplaire, variété courte, de Saint-Fortunat, du côté ventral. Fig. 6, la même vue par côté. Fig. 7, section au point marqué *a*. De ma collection.

Bélémnites clavatus (Schlotheim).

(Pl. III, fig. 12 à 19.)

1820. Schlotheim, *Petrefact*, p. 49.
1842. D'Orbigny, *Paléont. Française, Jurassique*, pl. 11, fig. 19 à 23.
1866. Phillips, *A monogr. of British Belemn. palæont. Society*, vol. 18, p. 39, pl. 3, fig. 7.

Dimensions : longueur, 70 millim.; diamètre, région alvéolaire, 2.3 millim.; région apicale, 5 millim.

Rostre allongé, fusiforme ou ramassé en massue, généralement cylindrique, quelquefois très-comprimé : cette bélemnite porte de chaque côté deux fines lignes parallèles qui cessent avant d'arriver au sommet, et cela indépendamment de larges facettes ou irrégularités de surface qui rendent le rostre très-irrégulier du côté de l'ouverture. Comme ce rostre est composé de lamelles minces et peu résistantes, dont toujours quelques-unes manquent, il est presque impossible de pouvoir discerner les lignes latérales, qui n'ont pas cependant échappé à d'Orbigny.

La forme générale de la *B. clavatus* varie énormément, depuis les exemplaires, courts, presque globuleux, jusqu'à ceux qui sont fusiformes, minces et élancés, et l'on passe d'une forme à l'autre par tous les degrés possibles; le trait caractéristique de l'espèce est de présenter un rostre sans aucun ornement, plus mince dans la région alvéolaire et renflé vers le sommet. Quelques exemplaires raccourcis et en massues se montrent fortement comprimés dans leur partie renflée, mais cette modification semble très-exceptionnelle; la ligne apiciale très-excentrique.

La *Belemnites clavatus* est la plus importante de toutes les bélemnites de la zone du lias moyen que nous étudions; si la *Bel. paxillosus* l'emporte par sa taille et souvent par le nombre des individus, elle a le désavantage de n'être pas caractéristique de la zone et de passer dans la zone supérieure, tandis que la *Bel. clavatus*, que l'on trouve dès les premières couches les plus inférieures du lias moyen, se montre en quantités innombrables dès que l'on arrive au niveau des *Ammonites Davœi et fimbriatus*; puis elle continue, moins nombreuse il est vrai, dans la masse importante des marnes bleues micacées, tandis que je ne l'ai jamais rencontrée au-dessus de ce niveau.

Ces raisons m'ont déterminé à la prendre comme le fossile type de la zone inférieure du lias moyen, que nous avons par conséquent appelée zone de la *Belemnites clavatus*.

Les spécimens figurés sous les n° 12, 13 et 15 de la pl. III peuvent donner une idée des formes les plus extrêmes dans chaque variété; l'exemplaire fig. 17 présente une modification rare, c'est une variété remarquable par sa forme courte, ramassée, à sommet aigu, et d'un diamètre auquel l'espèce arrive rarement; ce rostre est très-rapproché de la variété décrite par Voltz, sous le nom de *B. subclavatus* (Observations sur les bélemnites, p. 38, pl. 1, fig. 11), mais loin d'être déprimée, notre bélemnite est comprimée partout d'une manière notable, et son alvéole mesure un angle de 24°; il est donc impossible d'inscrire cette forme remarquable sous le nom de *subclavatus* (Voltz). D'ailleurs cette dernière appartient à un niveau bien plus élevé, au-dessus des couches du lias supérieur, au-dessus, même (d'après Voltz) de l'*Ammonites opalinus*.

Cette variété courte et ramassée est assez rapprochée de la *B. Charmouthensis* (Mayer), mais elle est plus comprimée dans la région alvéolaire, et le sommet bien plus aigu.

Localités : *c. c.* partout.

Explication des figures : pl. III, fig. 12, *Belemnites clavatus* de Saint-Fortunat. Fig. 13, autre spécimen de la même localité, forme moins hastée. Fig. 14, coupe du côté de l'ouverture, faisant voir le commencement du cône alvéolaire. Fig. 15, autre de Saint-Fortunat, du côté dorsal. Fig. 16, la même du côté latéral. fig. 17, autre de Pouilly, côté ventral. Fig. 18, la même du côté latéral. Fig. 19, coupe de l'ouverture. De ma collection.

Belemnites Charmouthensis (MAYER).

(Pl. V, fig. 8.)

1866. Ch. Mayer, *Diagnoses des bélemnites nouvelles, journal de conchyliologie*, 3º série, t. 6, p. 364.

Je transcris la diagnose de M. Mayer.

B. testa mediocri, elongata, procera, subclavata plus minusve compressa, linea laterali utrinque gemina, apicem versus evanescente; apice plus minusve repente acuminato, obtusiusculo, submucronato, subcentrali; diametro mediano ovali,

*postico rotundato ; alveolo humili, paululun ventrali, angulo
28 graduum.*

Dimensions : longueur, **78** millim,; diamètre sur la partie
renflée, 9 millim.

Rostre de forme assez variable, quelquefois presque droit et
cylindrique, souvent très-nettement fusiforme; les sillons latéraux sont séparés par une petite carène de la même importance,
et sont mal caractérisés dans les échantillons du Mont-d'Or, qui
sont dans un état de conservation médiocre; le reste du rostre
est remarquablement dépourvu d'ornements ; la section au-dessous du cône des alvéoles paraît circulaire, même un peu déprimée; M. Mayer l'a trouvée dans les couches à *Ammonites Jamesoni,*
des falaises de Charmouth (Dorsetshire), et je l'ai recueillie au
même niveau dans les calcaires marneux du département du
Rhône.

Localités : Saint-Fortunat, Dardilly, *r.*

Explication des figures : pl. **V,** fig. **8,** *Belemnites Charmouthensis* de Saint-Fortunat, du côté ventral. De ma collection.

Belemnites palliatus (Nov, spec.).

(Pl. **V,** fig. 9 à 17.)

*Testa brevissima, conica, irregulariter triangulari, apertu-
ram versus valde dilatata, plicis plus minusve profondis ad
apicem notata ; apice conico, irregulari, perobtuso, truncato ;
alveolo angulo* **26** *graduum, rotundo, permagno, fere ad extre-
mum testæ finem pertinente.*

Dimensions : longueur des plus grands spécimens, 36 milim.;
diamètre à l'ouverture, 13 millim.; à la moitié de la longueur du rostre, 8 millim.

Rostre très-court, irrégulier, conique avec les côtés concaves ;
la section a la forme d'un triangle arrondi sur les angles ; le sommet tronqué, toujours très-obstus, est formé par un faisceau de
plis irréguliers et profonds qui, dans quelques exemplaires,
remontent presque jusqu'à l'ouverture.

L'alvéole, d'un angle de 26°, est ronde et presqu'aussi longue
que le rostre lui-même ; il est très-rare qu'elle soit aussi peu prolongée vers le sommet que dans l'exemplaire dont la coupe verticale est dessinée fig. 15.

L'on remarque entre les plis, surtout dans la région apiciale,
de petites protubérances renflées, lisses, allongées, irrégulièrement placées contre les plis sans symétrie et sans ordre apparent;
ces petites collines sont pourtant distribuées de préférence dans
le tiers supérieur du rostre, où deux plis dorso-latéraux plus profonds rendent le sommet irrégulier; voir la fig. 11, pl. V, qui
représente, fortement grossie, une partie prise à la place marquée x du rostre, fig. 10; ces ornements singuliers, que l'on ne
peut observer que sur des échantillons bien conservés, ne sont
pas des accidents de la surface, et forment bien un caractère de
l'espèce; ils manquent, toutefois, sur les échantillons de très-
petite taille.

Il paraît, du reste, que d'autres espèces de bélemnites se font
remarquer par des lignes saillantes, très-rapprochées des protubérances qui distinguent la *B. palliatus*. — Consulter, à ce sujet,
la belle monographie des bélemnites anglaises, publiée par
M. Phillips, dans les mémoires de la Société paléontographique
de Londres. — Vol. 18, de 1866, pl. 2, fig. 6 et vol. 20, pl. 10,
fig. 23.

La *Belemnites palliatus* ne peut être réunie à aucune des espèces
déjà décrites; son sommet obtus, sa forme triangulaire, évasée,
ses côtés concaves et l'irrégularité de ses plis la font distinguer
facilement; il y a, il est vrai, dans la monographie de M. Phillips,
deux espèces qui offrent un peu de ressemblance avec la nôtre,
ce sont la *Bel. calcar* et la *Bel. dens*, toutes deux figurées en 1866,
dans le 18e volume, *Palæontographical Society*, pl. 2, fig. 5 et 6 ;

mais un examen attentif fait bien vite reconnaître les différences qui les séparent ; en effet, la *B. calcar* a les côtés convexo-coniques, et la *B. dens* offre une section ovale ; d'ailleurs les deux espèces de Phillips appartiennent au lias inférieur.

Depuis que les planches ont été terminées, j'ai pu rapporter des carrières de Saint-Fortunat un exemplaire plus grand de la *B. palliatus*, et dont voici la figure.

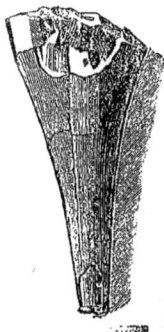

Cet exemplaire, en très-bon état, montre que la longueur peut aller jusqu'à 47 millim. de longueur ; le test est remarquablement dépourvu d'ornements et de plis, et la section plus arrondie que dans les autres échantillons.

La *B. palliatus* n'est pas commune ; elle se trouve dans les marnes inférieures, au niveau de l'*Ammonites Davœi* ; la forme ordinaire du rostre représente assez bien l'effet produit par une cheville mince qui serait recouverte par une étoffe très-souple ; de là le nom que j'ai cru devoir lui donner.

Localités : Saint-Fortunat, Saint-Cyr, Saint-Didier, Saint-Christophe, *r*.

Explication des figures : pl. **V**, fig. 9, *Belemnites palliatus* de Saint-Fortunat, vue par côté. Fig. 10, la même du côté dorsal. Fig. 11, grossissement de la partie marquée *x* sur la fig. 10. Fig. 12, autre de Saint-Fortunat. Fig. 13, autre exemplaire de la même localité. Fig. 14, section au point marqué *b*, fig. 13. Fig. 15, autre coupé verticalement pour montrer le cône alvéolaire. Fig. 16 et 17, autres spécimens plus jeunes, toujours de Saint-Fortunat. De ma collection.

Nautilus rugosus (Buvignier).

(Pl. VIII, fig. 3 et 4.)

1852. Buvignier, *Statistique paléontologique du département de la Meuse*, p. 46, pl. 31, fig. 23 à 25.

Dimensions : diamètre, 140 millim.; largeur du dernier tour, 74 millim.; épaisseur, 65 millim.; ombilic, 20 millim.

Coquille arrondie, globuleuse, fortement ombiliquée, spire non embrassante, composée de tours ronds, sans aucune espèce d'angle; le test est couvert partout de stries longitudinales, étroites, saillantes, rectilignes, mais très-irrégulièrement espacées; entre ces lignes principales, quand la coquille est adulte, on voit des stries beaucoup plus fines dirigées dans le même sens, à peu près comme on peut l'observer sur une valve de l'*Avicula Sinemuriensis*; ces lignes sont croisées par des lignes rayonnantes saillantes, serrées, qui s'infléchissent en arrière sur le dos où elles forment un sinus arrondi, dans le sens opposé au mouvement des cloisons.

Les plis qui partent en rayonnant de l'ombilic, décrits par M. Buvignier, sont très-mal indiqués sur mes échantillons qui sont, il est vrai, beaucoup plus gros.

Ce beau nautile n'est pas très-rare dans le banc rouge le plus inférieur, au niveau de l'*Am. armatus*. Il a plus d'un rapport avec mon *Nautilus pertextus* de la zone à *Ammonites oxynotus*, mais ce dernier est plus massif, plus épais au même diamètre, et d'ailleurs les ornements ne sont pas disposés de même ; les lignes longitudinales dominent chez le *N. rugosus*, tandis que ce sont les lignes rayonnantes qui l'emportent chez le *N. pertextus*.

Comparé au *N. striatus* (Sowerby), les lignes longitudinales sont plus irrégulières et plus étroites que chez celui-ci, et la plus grande épaisseur du *N. rugosus* plus près de l'ombilic. Le siphon n'est pas apparent dans mes échantillons.

Localités : Saint-Fortunat, banc saigneux, *r*.

Explication des figures : pl. VIII, fig. 3, portion du test, grossie 3 fois, prise sur le dos d'un individu de 140 millim. de diamètre. Fig. 4, test d'un individu de 100 millim. De ma collection.

Nautilus semistriatus (D'Orbigny).

1842. D'Orbigny, *Paléont. française, Jurassique,* p. 149, p. 26.

Dimensions : diamètre, 65 millim.; largeur du dernier tour, 60 millim.; épaisseur, 49 millim.

L'échantillon que j'ai entre les mains, et dont la forme est des mieux conservées, ne laisse pas voir les ornements du test; tout s'accorde bien avec la description de d'Orbigny; seulement la coupe des tours, formant un ovale parfait, n'offre pas le méplat indiqué qui probablement se marque plus tard. Les cloisons sont au nombre de 24 par tours; le siphon central. Je l'ai recueilli à un niveau bien plus bas que celui indiqué par d'Orbigny.

Localités : Saint-Fortunat, Saint-Cyr, Ville-sur-Jarnioux, lieu dit les Peinaux, dans les couches les plus inférieures du lias moyen, *r*.

Nautilus Intermedius (Sowerby).

1816. Sowerby, *Miner. conchol.,* pl. 125.
1842. D'Orbigny, *Paléontol. française, Jurassique,* p. 150, pl. 27.

Le nautile que l'on trouve dans les marnes à *B. paxillosus* et que j'inscris sous le nom d'*intermedius*, a les cloisons fort distantes les unes des autres ; mais s'il s'éloigne, sous ce rapport, de la figure de d'Orbigny, il se rapproche de celle de Sowerby. Les lignes longitudinales sont très-peu marquées. Le siphon, petit et rond, paraît central ; la plus grande épaisseur est sur l'ombilic.

Je n'ai qu'un échantillon de cette espèce, mais il faut bien noter que les marnes du lias moyen, si importantes par leur épaisseur, ne sont nulle part, dans nos environs, je ne dirai pas exploitées, mais même abordables ; les prairies qui les recouvrent partout ne laissent voir à la surface du sol que les débris des étages supérieurs dont les escarpements dominent toujours.

Localités : Saint-Fortunat, *r*.

Nautilus Araris (Nov. spec).

(Pl. VI et VII.)

N. testa discoidea, compressa, late umbilicata ; anfractibus subangulatis, lineis longitudinaliter undique ornatis, radiatim striatis ; septis regulariter ac profunde recurvis ; siphunculo ovato , per magno , valde interiori ; apertura elata, intus latiori.

Dimensions : diamètre, **210** millim.; largeur du dernier tour, par rapport au diamètre, 52/00 ; épaisseur, 3 8/00 ; largeur de l'ombilic, 17/00.

Coquille de grande taille, discoïde, comprimée, largement ombiliquée ; spire composée de 2 à 3 tours beaucoup plus hauts qu'épais, s'élevant en ogive tronquée, tombant dans l'ombilic par une courbe arrondie, sans inflexions sur les flancs ; dos très-légèrement anguleux ; siphon très-grand, ovale dans le sens de la hauteur (8 millim. de hauteur dans une coquille de 180 millim.

de diamètre); malgré sa grande dimension, il est tout entier compris dans le tiers inférieur de la cloison, à partir du retour de la spire.

Ombilic très-large, à bords doucement arrondis ; il laisse voir les tours intérieurs, au nombre de deux environ; les tours ne sont recouverts, par le tour suivant, que sur les 2/5 de leur largeur.

Les cloisons, au nombre de 22 à 24 par tours, sont très-recourbées et décrivent, en arrière, un arc de cercle prononcé, sans autres sinuosités ; d'après ce que laissent voir mes échantillons, qui ne sont que des moules calcaires, mais en très-bon état, les cloisons devaient avoir une épaisseur notable.

Je n'ai de ce beau nautile que des fragments du test, la coquille ayant disparu sur tous les exemplaires que j'ai pu observer; cependant, sur un de ces exemplaires, une valve de plicatule très-mince, en recouvrant une petite place près de l'ombilic, a conservé les ornements ; un autre spécimen m'a permis d'en distinguer aussi quelques traces dans la région dorsale, il en résulte la certitude que le *Nautilus Araris* était couvert, sur toute sa surface, de lignes irrégulières entrecroisées, assez fines relativement, formant un réseau où les lignes longitudinales dominaient cependant.

La coquille devait arriver à une très-grande taille ; car, sur un échantillon de 210 millim. de diamètre, les cloisons se montrent jusqu'à l'extrémité du dernier tour.

Le *Nautilus Araris*, si nettement séparé de tous les nautiles du lias, par la hauteur de ses tours, la grandeur de son ombilic, la forme régulièrement cintrée de ses cloisons et par son grand siphon ovale placé au tiers inférieur, paraît être caractéristique des premières couches de la zone à *Bel. clavatus*; il est surtout répandu dans les calcaires marneux à *Ammonites Davœi* ; on le rencontre, mais rarement, dans le banc rouge inférieur; il n'est pas rare dans les carrières du Mont-d'Or, mais je ne l'ai jamais rencontré hors du département du Rhône.

L'on peut voir, dans les ornements sculptés qui décorent la

façade de l'église St-Jean de Lyon, une curieuse représentation
de ce nautile, dans les compartiments du portail de gauche, à
l'entrée sur la place. Les parois verticales qui encadrent les trois
portes principales de l'édifice sont couvertes de bas-reliefs représentant des sujets fantastiques tirés de l'Apocalypse ; dans l'un
de ces compartiments, dont je reproduis ici le dessin, on voit le
Nautilus Araris, embelli d'une tête de chien.

La copie n'est pas très-fidèle et l'ombilic est dessiné trop ouvert,
mais il ne peut rester aucun doute que notre nautile ait servi de
modèle pour la coquille figurée ; le nombre et la forme des cloisons exclut toute autre imitation ; si les carrières du lias, des
environs de Lyon, n'étaient pas encore exploitées, à la fin du
XIVe siècle, date où remonte la construction de cette partie de
l'église primatiale, on pouvait trouver alors néanmoins, sur
plusieurs points du Mont-d'Or lyonnais, des affleurements des
couches du lias moyen, et le *Nautilus Araris* qui s'y rencontre
souvent, toujours entier et de grande taille, devait certainement
attirer l'attention des habitants de la contrée ; rien de plus
naturel, dès lors, que de voir cette coquille servir de modèle aux

maîtres tailleurs d'images, chargés d'illustrer de figures variées la façade de notre cathédrale.

Localités : Saint-Cyr, Saint-Fortunat, Saint-Didier, Ville-sur-Jarnioux, dans les calcaires marneux inférieurs, au-dessus du banc rouge, quelquefois même dans ce banc.

Explication des figures : pl. VI, *Nautilus Araris* de Saint-Fortunat, vu par côté, de grandeur naturelle. Pl. VII, fig. 1, le même vu du côté de la bouche. Fig. 2, fragment de cloison du même nautile, de Ville-sur-Jarnioux, vu par derrière. Fig. 3, fragment du test pris contre l'ombilic. Fig. 4, portion du test prise sur le dos. De ma collection.

Ammonites armatus (SOWERBY).

(Pl. VIII, fig. 1 et 2.)

1815. Sowerby, *Mineral conchol.* pl. 95.
1822. Young et Bird, *Yorkshire*, pl. 14, fig. 2 à 4.
1842. D'Orbigny, *Paléontol. française jurassique*, p. 270, pl. 78.

Rien de plus rare, dans le bassin du Rhône, que les exemplaires, un peu complets, de l'*Amm. armatus.*

Les tours de cette ammonite sont arrondis, un peu déprimés ; les côtes, peu saillantes, décrivent une courbe en avant et sont plus marquées à la partie interne des tours ; les épines, très-grosses et très-longues, sont dirigées hors du plan de la coquille et ne viennent pas en contact avec le tour qui suit ; sur les tours intérieurs elles sont infiniment plus petites et moins importantes.

La figure donnée par d'Orbigny, pl. 78, représente fort bien la forme générale, mais les épines sont trop courtes et trop coniques ; quant à la figure de l'ouvrage de Sowerby, elle ne montre que des traces plus ou moins confuses de ces ornements si saillants et si caractéristiques ; la fig. 4 de la pl. 14, de Young et Bird,

quoique très-grossièrement dessinée, en donne une idée beaucoup plus exacte.

Le nombre des pointes descend quelquefois assez bas, comme
on peut le voir par le fragment dessiné pl. VIII, fig. 1. D'après cet
échantillon l'ammonite ne pouvait pas en compter plus de 17 sur
le dernier tour, au diamètre de 90 millim.

C'est certainement par erreur que Quenstedt réunit à l'*Amm*.
armatus de Sowerby, l'ammonite figurée : Cephalopoden, pl. 4,
fig. 5, qui n'est pas, je pense, autre chose que l'*Amm. trimodus*,
jeune (voir plus loin cette dernière espèce). Quant à l'ammonite
figurée par Oppel (mittle Lias, pl. 1, fig. 4), sous le nom d'*Amm.
armatus*, elle ne paraît pas non plus appartenir à cette espèce,
dont elle s'éloigne par la forme de ses tours et la position de ses
épines au bord extérieur; il faut y voir, sans doute, l'*Amm. submuticus* du même auteur. Voir *Die Juraformation*, p. 278.

L'*Amm. armatus* se rencontre dans les couches les plus inférieures du lias moyen, et c'est un des fossiles les plus caractéristiques de ce niveau.

Localités : Lournand, pas très-rare, mais peu commune
dans les autres localités qui sont : Saint-Fortunat, Saint-
Rambert (Le Chappon), Sainte-Hélène, Le Mole (Les Places).

Explication des figures : pl. VIII, fig. 1, fragment d'*Amm.
armatus*, de Lournand. Fig. 2, fragment de la même espèce,
aussi de Lournand, de grandeur naturelle. De ma collection.

Ammonites quadrarmatus (Nov. spec.).

(Pl. IX, pl. X, fig. 1, 2, 3. Pl. XI, fig. 1.)

*Testa per magna, discoidea, compressa; anfractibus ovatis,
convexiusculis, ultimo quidem quadrato, transversim inæqua-
liter costatis; costis 26, externe et interne tuberculis spinifor-*

mibus ornatis, intermediisque striatis; dorso convexo trans-
versim costato; apertura ovata compressa, ultimo autem
anfractu quadrangulari, subdepressa.

Dimensions :

Diamètre,	285 millim.	200 millim.	166 millim.
Largeur du d^{er} tour,	22 1/2 /00	28 1/2 /00	35/00
Epaisseur,	24/00	27/00	29/00
Ombilic,	56/00	47 1/2 /00	38 1/2 /00

Très-grande coquille, comprimée dans son ensemble, largement ombiliquée, non carènée ; spire composée de tours ovales,
légèrement convexes sur les côtes où ils sont ornés de côtes
irrégulières parmi lesquelles, sur l'avant-dernier tour, on en
compte 26, plus saillantes que les autres et qui portent un
tubercule épineux près de l'ombilic, il y a un autre tubercule,
plus marqué, en haut du tour près du dos ; les côtes secondaires
sont au nombre de 5 à 7 entre chaque épine ; l'ombilic est large,
profond, et les tours y tombent brusquement, mais par un angle
arrondi.

Cette ammonite est du nombre de celles qui subissent dans leur
forme des changements considérables en arrivant à l'âge adulte.
Si on considère un tour isolé, pris sur un spécimen du diamètre
de 260 mill., il est presque impossible de supposer qu'il appartienne à la même espèce que les tours intérieurs du même échantillon.

C'est au diamètre de 160 mill., environ, que la métamorphose
commence ; les tours qui, jusqu'alors sont ovales, comprimés,
deviennent presque tout à coup carrés, et même un peu déprimés;
les tubercules épineux doublent de volume, en même temps qu'ils
diminuent en nombre, puisque chaque série qui comptait, jusque-
là, 26 épines par tour, n'en compte plus que 17 à 18 au dernier
tour ; les petites côtes qui couvraient les flancs et le dos s'effa-
cent, puis la série de tubercules qui bordait l'ombilic s'en éloigne
graduellement, de manière à se trouver bientôt sur le milieu du

tour, pour garder cette position jusqu'à la fin; — de plus,
comme, dans leur changement de forme, les tours perdent en
hauteur relativement, et ne sont pas plus élevés à l'extrémité de
la coquille qu'au tour précédent, le recouvrement diminue notablement, et au lieu d'être des 2/5es du tour, il n'est plus à la fin
que de 1/7e environ. Aussi, voit-on, dans la dernière moitié de
le dernière révolution, la série supérieure des tubercules appa-
raître à découvert dans l'ombilic. Il faut remarquer aussi que,
à mesure que la coquille grandit, la hauteur relative des tours
diminuant, la largeur relative de l'ombilic augmente dans une
forte proportion.

Les tubercules de l'*Am. quadrarmatus* sont allongés dans le sens
de la hauteur, irréguliers, comme pincés; je ne connais que les
épines des *Ammonites Davœi* et *Flandrini* (voir plus loin), dont la
forme s'en rapproche dans leur irrégularité; sur tout le dernier tour la série supérieure l'emporte, en importance et en
volume, sur la série inférieure, tandis que c'est l'inverse qui
existe pour les tours intérieurs. Les épines et les stries sont plus
régulières dans le jeune âge; les côtes, apparentes depuis le fond
de l'ombilic, se portent d'abord fortement en arrière, puis,
arrivées au premier tubercule, se dirigent en droite ligne en
sens contraire, c'est-à-dire en avant.

La bouche qui, à la fin de l'avant-dernier tour, est encore
ellipsoïdale et comprimée, devient ensuite, presque tout à coup,
de forme carrée et légèrement plus large que haute. Les mesures
que je donne, indiquant les proportions pour trois diamètres
différents, feront bien juger les changements que la coquille
subit dans sa forme.

Mes échantillons ne permettent pas d'observer les lobes; je
pense que la plus grande partie du dernier tour de l'échantillon
figuré, réduit de moitié, pl. IX, appartient à la dernière loge.

Cette magnifique ammonite vient du banc rouge, des couches
les plus profondes du lias moyen, au niveau de l'*Amm. armatus*;
je l'ai recueillie à Saint-Fortunat, et dans les carrières du
Monteillet, à Saint-Didier, jamais dans les autres localités.

Localités : Saint-Fortunat, Saint-Didier (Le Monteillet), *r*.

Explication des figures : pl. IX, *Ammonites quadrarmatus*, de Saint-Fortunat, vue par côté, réduite à moitié de la grandeur naturelle. Pl. XI, fig. 1, bouche de la même, de grandeur naturelle. Pl. X, fig. 1, spécimen du Monteillet, de grandeur naturelle. Fig. 2, portion du dos de la même ammonite. Fig. 3, coupe du dernier tour de la même.

N. B. Un accident au tirage a gravement endommagé cette planche X.

Ammonites submuticus (OPPEL).

(Pl. XII, fig. 1 et 2, et pl. XLIV, fig. 2, 3 et 4.)

1849. Quenstedt, *Ammonites natrix oblongus*; *Cephalopoden*, pl. 4, fig. 16.
1854. Oppel, *Amm. armatus, mittl. lias*, p. 73, pl. 1, fig. 4 et 5.
1856. Oppel. *Amm. submuticus, die Juraformation*, p. 278.

Dimensions : diamètre, 190 millim.; largeur du dernier tour, 27/00; épaisseur, 25/00; ombilic, 50/00.

Coquille de grande taille, comprimée dans son ensemble, largement ombiliquée; spire formée de tours arrondis, légèrement comprimés, ornés sur le dernier de 40 côtes principales, peu saillantes, portant une pointe, assez forte, en haut du tour vers le dos; les côtes, peu marquées dans l'ombilic, se dirigent d'abord en arrière, puis traversent le tour dans le sens du rayon, en augmentant un peu de volume; dans les intervalles paraissent deux ou trois côtes, plus petites et plus effacées; le dos, plus ou moins large, est peu convexe et tout à fait dépourvu de carène; l'ombilic est profond, les tours y tombent par une courbe largement arrondie; les tours se recouvrent assez peu pour que l'on puisse apercevoir partout, dans l'ombilic, les tubercules des tours intérieurs.

Oppel est d'avis qu'il ne faut ranger dans cette espèce que les ammonites fortement comprimées; il me semble que les variétés qui le sont beaucoup moins, comme le bel échantillon que j'ai fait figurer pl. XII, doivent aussi être inscrites sous le même nom d'*Amm. submuticus*.

L'*Amm. natrix* de Zielen (*die Verstein Würtembergs*, pl. 4, fig. 5) a des côtes beaucoup plus saillantes, pas de côtes accessoires et le dos muni d'une carène obtuse des mieux indiquées.

De nouvelles recherches viennent de me faire trouver, tout nouvellement, un exemplaire grand et comprimé de l'*Amm. submuticus*, dont la forme se rapproche beaucoup des figures d'Oppel; je l'ai recueilli dans la carrière de la Rivière, à Poleymieux, dans les bancs les plus inférieurs du lias moyen ; voici les proportions que me donne ce spécimen : diamètre, 150 millim.; largeur du dernier tour, 23 1/2 /00; épaisseur, 16/00; ombilic, 57/00.

Localités: Saint-Fortunat, Dardilly-le-Paillet, Poleymieux, du banc rouge inférieur, *r*.

Explication des figures : pl, XII, fig. 1, *Ammonites submuticus* des carrières du Paillet, à Dardilly, de grandeur naturelle. Fig. 2, coupe du dernier tour, de la collection Victor Thiollière. Pl. XLIV, fig. 2, autre exemplaire plus comprimé, de Poleymieux, de grandeur naturelle, avec son test. Fig. 3, fragment de Saint-Fortunat, vu par le dos, moule. Fig. 4, coupe du même. De ma collection.

Ammonites Morogensis (Nov. spec.).

(Pl. XIII.)

Testa discoidea, per magna, compressa, late-umbilicata ; anfractibus ovatis, compressis, transversim costatis ; costis

interne et externe aculeatis, subfascicularibus, intermediisque
striatis ; dorso angusto, convexo; apertura ellipsoidali, elata ;
septis...?

Dimensions : diamètre, 338 millim.; largeur du dernier
tour, 25/00 ; épaisseur, 16/00; ombilic, 52/00.

Un autre échantillon moins grand donne :
Diamètre, 280 millim.; largeur du dernier tour, 24/00 ;
épaisseur, 18/00; ombilic, 52/00.

Très-grande coquille comprimée, largement ombiliquée, dos
étroitement arrondi, non caréné, spire composée de tours elliptiques, comprimés, dont la sixième partie seulement est recouverte
par le tour suivant; ces tours sont ornés de 25 à 35 côtes
flexueuses, peu saillantes, portant chacune deux épines, l'une
au quart inférieur en partant de l'ombilic, l'autre à peine indiquée, près du dos; entre chacune de ces côtes principales, il y en
a trois autres aussi larges, qui paraissent un peu groupées en
faisceau; passé le diamètre de 280 millim., les côtes principales
à tubercules persistent seules.

L'ombilic, quoique très-ouvert, ne laisse jamais voir cependant
la série supérieure des épines; les tours arrivent sur l'ombilic
par une courbe doucement arrondie.

Cette belle espèce conserve à tous les âges la même forme
d'une manière fort remarquable; elle paraît rare et appartient
aux couches les plus inférieures du lias moyen.

Quoique les échantillons soient d'une assez belle conservation,
il m'a été malheureusement impossible de distinguer les lobes.

Les quatre espèces que nous venons de décrire, c'est-à-dire
les *Ammonites armatus, quadrarmatus, submuticus* et *Morogensis,*
paraissent former une famille naturelle, réunissant des caractères
communs; en effet ces espèces sont toutes de très-grande taille,
sans carène, et leurs ornements consistent en grosses côtes principales, ornées d'épines, et en côtes accessoires entre celles-ci. Elles
se rencontrent, en outre, toutes les quatre dans les couches les

5

plus inférieures de la zone; occupant ainsi une place toute spéciale et fort bien définie à la base du lias moyen.

Localités : Saint-Christophe, Moroges, r. r.

Explication des figures : Pl. XIII, *Ammonites Morogensis*, de Moroges, de grandeur naturelle. De ma collection.

> **N. B.** Par une erreur du dessinateur, le deuxième tour intérieur est figuré trop étroit dans la partie où il n'est pas recouvert et qui est au bas de la planche; sa largeur doit être reportée jusqu'à la ligne ponctuée qui indique le vrai contour.

Ammonites Heberti (OPPEL).

(Pl. VIII, fig. 5 et 6, et pl. X, fig. 4.)

1842. D'Orbigny, *Ammonites brevispina; Paleont. Française. Jurassique*, p. 272, pl. 79.
1856. Oppel, *Ammonites Heberti; die Juraformation*, p. 278.

Dimensions : Au diamètre de 74 millim.; largeur du dernier tour, 32/00; épaisseur, 29/00; ombilic, 45/00. — au diamètre de 35 millim., largeur du dernier tour, 31/00; épaisseur, 42/00; ombilic, 37/00.

Coquille de moyenne taille, discoïdale, avec dos arrondi, largement ombiliquée; spire composée de tours déprimés dans le jeune âge et qui deviennent plus tard légèrement comprimés, en conservant toujours leur forme arrondie; ces tours sont recouverts partout de petites côtes rayonnantes, peu saillantes mais très-nettes et assez égales, réunies en faisceau sur les flancs où l'on remarque 20 à 26 de ces groupes à chaque tour, portant chacun deux épines; ces séries d'épines sont assez rapprochées, la première au tiers de la largeur du tour, la seconde qui est aussi la plus marquée est au deuxième tiers en remontant, et le tout est disposé de manière à ce que les deux rangées d'épines soient très-nettement apparentes dans l'ombilic. Les petites côtes non épineuses passent sur le dos de l'ammonite où elles continuent très-régulièrement.

L'Ammonite figurée par d'Orbigny, pl. 79, sous le nom d'*A. brevispina* (Sowerby), est très-certainement loin d'appartenir à cette espèce. Oppel, qui a pu comparer l'échantillon type de l'auteur anglais, s'est assuré du fait; il a donc été autorisé à donner un nom à cette Ammonite, et l'a appelée *Amm. Heberti*.

Cette forme est rare dans le bassin du Rhône; cependant j'ai pu en étudier quelques échantillons, assez bien conservés. Les lobes que l'on trouvera figurés pl. VIII, fig. 6, sont pris sur un spécimen de Saint-Fortunat, qui ne permet pas de les distinguer complétement, mais ce que l'on en voit est caractéristique; ils s'écartent, par quelques détails de ceux dessinés dans la *Paléontologie Française*; dans mon spécimen, les découpures de la branche oblique du lobe latéral viennent toucher, pour ainsi dire, les digitations du lobe dorsal et descendent beaucoup plus bas; les selles sont aussi moins massives et plus dégagées.

Dans le mémoire de M. de Hauer (*ueber die Cephalopoden aus dem Lias der N. O. Alpen*), les deux Ammonites figurées pl. 17, fig. 4 à 7, sous le nom d'*Amm. brevispina*, me paraissent appartenir à l'*Amm. Heberti*.

Localités : Saint-Fortunat, Saint-Maurice, Lournand, Nolay chemin de Borgy, *r.*

Explication des figures : Pl. VIII, fig. 5, *Amm. Heberti* de Saint-Fortunat, vue par côté, de grandeur naturelle. Fig. 6, lobes de la même, grossis 3 fois. Pl. X, fig. 4, *Amm. Heberti*, jeune, de Nolay, vue par le dos. De ma collection.

Ammonites muticus (D'ORBIGNY).

1842. D'Orbigny, *Paléontol. Française*, *Jurassique*, p. 274, pl. 80.

Ce qui distingue cette Ammonite de l'espèce précédente, *A. Heberti*, c'est l'absence de la série intérieure de pointes épineuses et surtout le peu de profondeur de l'ombilic, les tours étant comprimés, depuis le jeune âge, tandis que chez l'*Amm.* *Heberti* ils sont fortement déprimés.

Les côtes et les épines peuvent se distinguer, dans l'ombilic, jusque sur les premiers tours les plus intérieurs ; au diamètre de 14 millim. on compte, sans difficulté, 25 côtes par tour.

J'ai recueilli à Saint-Fortunat un petit exemplaire du diamètre de 27 millim., il n'est pas entier, mais d'une bonne conservation.

Localités : Saint-Fortunat, Le Mole, Les Places, *r.*

Ammonites arietiformis (OPPEL).

(Pl. XI, fig. 2 et 3.)

1854. Oppel, *Der mittlere Lias Schwabens*, p. 79, pl. 1, fig. 7, 8, 9.

Dimensions : Diamètre, 78 millim.; largeur du dernier tour, 22/00 ; épaisseur, 20/00 ; ombilic, 62/00.

Ammonite très-ouverte, comprimée ; spire composée de tours plus hauts qu'épais, au nombre de 7, ornés de 30 à 32 côtes saillantes, séparées par des intervalles plus larges qu'elles-mêmes, décrivant une très-légère courbe, en se portant en avant vers le haut du tour ; le nombre des côtes est le même pour les tours intérieurs; dos arrondi, surmonté d'une quille étroite, accompagnée de traces plus ou moins apparentes de sillons latéraux.

Je crois être dans le vrai en réunissant mes échantillons à l'espèce décrite par Oppel, quoique la plupart présentent des différences, soit dans les proportions de l'enroulement, soit dans la forme et le nombre des côtes.

Cette coquille, généralement peu commune, se rencontre cependant en grand nombre et très-bien conservée à Perrigny (Jura) près de Lons-le-Saunier ; c'est un spécimen de cette localité que j'ai fait figurer pl. XI, fig. 2 et 3. La forme de la quille varie beaucoup ; sur un très-grand nombre d'échantillons de Perrigny, j'en remarque un seul qui s'éloigne notablement de tous les autres par les sillons larges et profonds qui accompagnent la carène ; les échantillons de Saint-Fortunat et de la Meillerie se rapprochent d'avantage de ceux dont Oppel donne la figure.

Sur un de mes spécimens de Saint-Fortunat se trouvent posés, en grand nombre, ces petits corps cristallisés en pyramide surbaissée, que Quenstedt décrit du même niveau, sous le nom de *Nagelkalk* (*der Jura*, p. 305, pl. 42, fig. 1 et 3); les plus grands ne dépassent pas le diamètre de 1 1/2 millim.

C'est encore le même échantillon qui porte adhérent à sa surface un petit brachiopode qui se rencontre rarement et dont on trouvera la description plus loin : *Thecidea Bouchardi* (*Davidson*).

Localités : Saint-Fortunat, Jamble, Lournand, La Meillerie (carrière de Balme), *r.*
Très-abondante à Perrigny (Jura).

Explication des figures : Pl. XI, fig. **2**, *Amm. arietiformis* de Perrigny, de grandeur naturelle. Fig. 3, la même du côté de la bouche. De ma collection.

Ammonites Maugenesti (D'ORBIGNY).

1842. D'Orbigny, *Paléontol. Française, Jurassique*, p. 254, pl. 70.

Cette forme se rencontre très-rarement dans le lias moyen du bassin du Rhône.

Localités : Borgy (Saône-et-Loire), La Meillerie (carrière de Balme), La Pointe-d'Orchex, derrière le Mole, d'après M. E. Favre, *r.*

Ammonites Normanianus (D'Orbigny).

1842. D'Orbigny, *Paléont. Française, Jurassique,* pl. 88.

Dimensions : Diamètre, 86 millim.; largeur du dernier tour, 28/00; épaisseur, 17/00 ; ombilic, 48/00.

Je ne puis mieux faire, pour cette rare espèce, que de renvoyer le lecteur à la figure et à la description de d'Orbigny, qui sont d'une remarquable exactitude.

Si l'on compare cette espèce à l'*Amm. Thouarsensis*, indépendamment de la différence des lobes, qui est considérable, on voit que l'*Amm. Normanianus* a des côtes bien plus nombreuses, plus flexueuses, plus obliques, plus irrégulières surtout, sur la partie inférieure des tours ; un certain nombre de ces côtes ne descend pas plus bas que la moitié du tour.

On la rencontre au même niveau que l'*Amm. Bechei*, dans les couches inférieures de la zone.

Localités : Perrigny (Jura) près de Lons-le-Saunier, *r*. De ma collection.

Ammonites bipunctatus (Roemer).

1836. Roemer, *Oolithen Gebirge,* p. 193.
1844. D'Orbigny, *Ammonites Valdani, Paleon. Franç. Jurassique,* p. 71.
1845. Quenstedt, *Amm. Valdani, Cephalopoden,* pl. 5, fig. 3.
1855. Oppel, *Amm. bipunctatus, die Juraformation,* p. 280.

Je n'ai rencontré qu'un fragment de cette Ammonite des couches inférieures du lias moyen; mais ce fragment ne peut laisser aucun doute sur l'espèce, il vient des carrières de Saint-Fortunat.
Quoique la description de Roemer ne soit pas accompagnée d'un

dessin, elle est faite avec beaucoup de soin et d'exactitude, et dès lors le nom qu'il a donné à cette Ammonite, dès 1836, doit prévaloir.

Localités : Saint-Fortunat, r. r. La Pointe-d'Orchex, derrière Le Mole, Mont-de-Lans.

Ammonites Masseanus (D'ORBIGNY).

1843. D'Orbigny, Paléontol. Française Jurassique, pl. 58.
1855. OPPEL, die Juraformation, p. 231.

Dimensions : Diamètre, 140 millim.; largeur du dernier tour, 35/00 ; épaisseur, 17/00 ; ombilic, 40/00.

Coquille discoïdale, comprimée, carénée et pourvue d'une carène saillante ; spire composée de tours comprimés, à peine convexes sur les flancs et dont les 2/5 et un peu plus sont recouverts par le tour suivant ; ils sont ornés d'environ 30 côtes arrondies, larges et mais peu saillantes, qui s'élèvent de l'ombilic en ligne droite, s'oblitèrent tout à coup, en arrivant aux 2/3 de leur course et sont alors remplacées par trois plis, beaucoup plus petits, qui se portent fortement en avant, jusque contre la carène ; les côtes sont bien marquées en bas du tour où elles forment de fortes ondulations ; mais elles cessent de se montrer, tout à fait dans l'ombilic où les tours tombent en formant un angle obtus. Les parties où le test est conservé montrent qu'il existait de petites lignes, régulièrement espacées, qui couvraient toute la coquille, dans le sens des côtes.

l'Amm. Masseanus, qui paraît rare partout, appartient aux couches qui sont placées au-dessous de l'Amm. Davœi.

Localités : Saint-Fortunat, La Meillerie (carrières de Leucon), r.

Ammonites Flandrini (Nov. spec.)

(Pl. XIV, fig. 1 et 2.)

Testa discoïdea, compressa, carinata ; anfractibus compressis, ovatis, transversim irregulariter costatis ; costis in medio latere papulis haud eminentibus adornatis, externe oblique trifurcatis; dorso rotundo, carinato; apertura compressa; oblonga.

Dimensions : Diamètre, 202 millim.; largeur du dernier tour, 32/00, épaisseur, 16/00; ombilic, 40/00.

Grande coquille discoïdale, comprimée, caréné, pourvue d'une quille mince, très-saillante et non coupante; spire formée de tours comprimés, elliptiques, deux fois plus hauts qu'épais, à peine convexes sur les flancs et arrondis extérieurement; ces tours sont ornés de 54 à 58 côtes, ou plutôt de plis, mal indiqués, irréguliers, quoique fortement marqués sur l'ombilic; ces plis marchent absolument en ligne droite et dans le sens du rayon jusqu'à la moitié de la largeur du tour; là un petit mamelon, arrondi, est implanté sur chaque côte, qui continue ensuite d'une manière indécise, puis arrivée aux 3/4 de la largeur, se partage en trois ou quatre petits plis qui se portent fortement en avant, viennent buter obliquement contre la quille et montrent encore une irrégularité tout à fait caractéristique.

Les tubercules qui décorent les flancs ne sont certainement pas des protubérances épineuses; le test conservé parfaitement avec tous les détails de son ornementation, montre bien que ce ne sont que des mamelons fort peu saillants; il ne peut y avoir aucune incertitude sous ce rapport.

Les tours tombent carrément dans l'ombilic, qui est très-largement ouvert; ils ne sont pas tout à fait recouverts à moitié par le tour suivant, et la série médiane de tubercules n'est pas cachée entièrement dans l'ombilic.

Ce qu'il y a de remarquable, c'est l'allure irrégulière que montrent l'écartement, la saillie et même la direction des côtes, des mamelons et même des petites côtes cintrées, qui, dans les espèces rapprochées par leur forme, sont ordinairement très-régulières; les lobes ne sont pas visibles.

L'*Amm. Flandrini* a quelques rapports avec l'*Ammonites Masseanus*, du même niveau, pour la forme et les ornements; mais le nombre des côtes et les perles qui décorent le milieu des tours de la première, ne permettent pas de les confondre; la carène diffère de celle de l'*Amm. Masseanus* en ce qu'elle paraît séparée nettement du mouvement des flancs, dont la courbure vient se terminer brusquement, sans se raccorder avec la saillie perpendiculaire qui forme la quille, semblable, pour ce détail, à la carène qui distingue l'*Amm. variabilis* du lias supérieur.

Cette magnifique espèce, appartient aux couches inférieures de la zone et je l'ai recueillie à Moroges dans le calcaire rougeâtre à Bélemnites; elle a été trouvée le jour même où nous parvenait la nouvelle de la mort prématurée de notre grand peintre Hippolyte Flandrin, et j'ai voulu inscrire sous son nom l'une des plus belles formes certainement des *Ammonites jurassiques*.

L'exemplaire unique que je possède a conservé la plus grande partie de son test mais ne laisse malheureusement rien voir de la forme des lobes.

Localités : Moroges, *r. r.*

Explication des figures : Pl. XIV, *Ammonites Flandrini*, de grandeur naturelle. Fig. 2, coupe de la bouche. De ma collection.

Ammonites Kurriànus (Oppel).

1862. Oppel, *Palæontologische Mittheilungen*, p. 136, pl. 42, fig. 3.

Le seul fragment qui soit à ma disposition n'est pas en bon état; il appartient à la dernière loge, ce qui explique sa compres-

sion et sa déformation ; je l'ai recueilli dans les couches inférieures de la zone, à Saint-Didier, carrière du Monteillet.

La forme des côtes s'accorde très-bien avec celle de la figure
d'Oppel ; il en est de même de la forme des tours, rétrécis vers
le dos et montrant leur plus grande épaisseur sur l'ombilic ; ce
que l'on peut voir des lobes coïncide également ; mais le mode
d'enroulement diffère, et mon échantillon paraît avoir un ombilic
bien plus ouvert ; est-il un peu déformé ?

Localités : Saint-Didier, Monteillet banc rouge, *r. r.*

Ammonites venustulus (Nov. spec.)

(Pl. XVII, fig. 4, 5, 6.)

*Testa discoïdea, compressa, late umbilicata, non carinata ;
anfractibus compressis, lateribus complanatis, transversim costatis ; costis rectis, regularibus, elevatiusculis, externe aculeatis ;
dorso angusto, subcostato ; apertura percompressa : septis.....?*

Dimensions : Diamètre, 95 millim ; largeur du dernier tour,
26/00 ; épaisseur, 13/00 ; ombilic, 54/00.

Coquille très-élégante et régulière, très-comprimée, non carénée ; spire formée de tours comprimés, presque droits sur les
flancs et se recouvrant en contact ; ils sont ornés, sur le dernier,
de 60 côtes, droites, régulières, peu saillantes, séparées par des
intervalles égaux à elles-mêmes ; visibles depuis l'ombilic, elles
se terminent près du dos par une épine courte mais bien marquée, remplacée, au dernier tour, par une simple protubérance ;
dos étroit, convexe, presque lisse ; bouche comprimée, à peine
entamée par le tour précédent, le recouvrement étant nul pour
ainsi dire.

L'ombilic, très-large et très-peu profond, laisse voir une série
très-élégante de couronnes d'épines, qui s'appuient régulière-

ment contre la base du tour suivant; au diamètre de 6 millim., les ornement sont déjà les mêmes; on compte 8 tours de spire, et le nombre des côtes, sur l'avant-dernier tour, est de 55.

Cette charmante espèce, dont l'échantillon a conservé tout son test, paraît passer à des formes moins comprimées et portant des côtes plus fortes. On croit apercevoir, indépendamment des côtes, des traces de lignes d'accroissement très-peu marquées.

L'*Amm. venustulus* a les plus grands rapports avec l'*Amm. muticus* d'Orbigny, qui se trouve bien au même niveau, mais celle-ci, beaucoup moins comprimée, a des côtes moins nombreuses et inclinées en avant; je trouve que la figure, pl. 80, de la *Paléontologie Française* est assez différente des échantillons que j'ai recueillis en grand nombre, au ravin des Coutards, près Saint-Amand (Cher), gisement indiqué de l'*Amm. muticus*.

Il est évident que plusieurs espèces sont confondues et que, lorsqu'on aura réuni un nombre suffisant d'échantillons montrant les ornements extérieurs ainsi que les lobes, il y aura une révision à faire pour les Ammonites rapprochées de celle que nous venons de décrire; les *Amm. muticus, submuticus, natrix, Regnardi*, montrent beaucoup de rapports et, bien étudiées, amèneront plus d'un rapprochement. En attendant l'*Amm. venustulus* m'a paru assez nettement caractérisée pour avoir, dès à présent, une place à part dans les espèces épineuses du lias moyen inférieur.

Localités : Nolay chemin de Borgy, partie inférieure de la zone, r.

Explication des figures : Pl. XVII, fig. 4, *Amm. venustulus* de Nolay, de grandeur naturelle. Fig. 5, la même, vue par le dos. Fig. 6, la même, coupe de la bouche. De ma collection.

Ammonites globosus (Zieten).

(Pl. XVIII, fig. 3 et 4.)

1832. Zieten, *Die Versteinerungen*, pl. 28, fig. 2.

1849. Quenstedt, *Cephalopod.*, pl. 15, fig. 8.
1854. Oppel, *Mittl. Lias*, pl. 3, fig. 7.

Dimensions : Diamètre, 12 1/2 millim.

Très-petite coquille globuleuse, non carénée, avec des indices de larges côtes sur le moule ; ombilic très-petit ; la dernière loge cependant prend un mouvement excentrique et se rétrécit pour former la bouche ; cette particularité s'observe fort bien sur les exemplaires recueillis dans nos environs ; ainsi pour cette petite espèce, la grandeur, les détails de la forme et le niveau géologique s'accordent parfaitement avec l'*Amm.* de la Souabe ; elle se trouve, avec les *Amm. margaritatus* de petite taille, dans les marnes à Bélemnites inférieures.

M. U. Schloenbach (*ueber den Eisenstein der mittl. Lias* ; *in Zeitschrift der deutschen geologischen Gesellschaft*, 8° Berlin, 1863, XV Band, page 562) dit que depuis peu de temps Oppel désignait notre *Ammonite* sous le nom d'*Amm. centriglobus*, parce qu'elle diffère véritablement de l'*Amm. globosus* du lias inférieur.

Localités : Saint-Christophe (Saône-et-Loire), *r.*

Explication des figures : Pl. XVIII, fig. 3, *Amm. globosus* de Saint-Christophe, grossie deux fois. Fig. 4, la même, de côté. De ma collection.

Ammonites Henleyi (Sowerby).

(Pl. XVIII, fig. 1 et 2.)

1817. Sowerby, *Mineral. conchology*, pl. 172.
1818. Reinecke, *Nautilus striatus*, fig. 65 et 66.
1821. Sowerby, *Miner. conch. Amm. Bechei*, pl. 280.
1844. D'Orbigny, *Paleont. Franc., Jurass. Amm. Bechei et Amm. Henleyi*, pl. 82 et 83.

L'on est généralement d'accord, aujourd'hui, pour réunir, en une seule espèce, les *Ammonites Henleyi* et *Bechei* de Sowerby, et l'on a reconnu que cette Ammonite montre les différences les plus extraordinaires dans sa forme générale et ses ornements ; sous ce rapport on peut la comparer à l'*Amm. Amaltheus.*

Dans le bassin du Rhône, c'est toujours la forme rapprochée de l'*Amm. Bechei* (Sowerby), que j'ai rencontrée, soit, mais rarement, dans les couches les plus inférieures de la zone, soit au niveau de l'*Amm. Davœi* ; elle n'est commune nulle part, mais on la trouve dans toutes les parties du bassin, comme on peut le voir par les gisements indiqués.

La localité où la forme paraît se rapprocher le plus de la figure, pl. 82 de la *Paléontologie Française*, est Perrigny, près de Lons-le-Saunier, où l'on trouve même des spécimens plus comprimés, portant des stries rayonnantes et des tubercules très-petits ; dans le département du Gard, au contraire, à Meyrannes, près de Saint-Ambroix, les mêmes couches ont fourni l'échantillon que j'ai fait représenter, pl. XVIII, fig. 1 et 2, et qui est si remarquable par l'énorme saillie de ses ornements. Malgré ce faciès si différent, il est impossible de ne pas réunir cette Ammonite à l'*Amm. Henleyi* ; les autres exemplaires de diverses localités oscillent pour la forme entre ces deux formes extrêmes. Voici les proportions que me donne l'échantillon de Meyrannes : Diamètre, 63 millim.; largeur du dernier tour, 44/00; épaisseur, 60/00; ombilic, 15/00. Chaque série de tubercules ne dépasse pas le nombre de 12 par tour ; ces tubercules épineux sont énormes relativement au diamètre de la coquille.

L'*Ammonites Henleyi* se trouve dans le lias moyen de presque tous les pays ; j'en ai recueilli un magnifique exemplaire dans une contrée où les *fossiles jurassiques* sont peu communs, dans le midi de la France, au pied des Pyrénées, à Albas, département de l'Aude ; le gisement précis est chemin de Fontjoncouze, croisée du chemin de Saint-Laurent ; le spécimen, d'un diamètre de 190 millim., est en fort bon état et porte ses lobes jusqu'à l'extrémité du dernier tour ; sa forme est tout à fait celle de la pl. 280, de Sowerby; la même localité m'a fourni de grands exemplaires de l'*Amm. capricornus.*

Localités : Saint-Fortunat, Saint-Cyr, Saint-Didier Monteillet, Dardilly, Lagnieu Chavigne, Saint-Rambert Chappou, Saint-Maurice, Meillerie (carrière de Leucon), Le Mole Les Places, Meyrannes près Saint-Ambroix.

Explication des figures : Pl. XVIII, fig. 1, *Amm. Henleyi*, variété à gros tubercules, de Meyrannes. Fig. 2, la même, vue par le dos, de grandeur naturelle. De la collection du frère Euthyme.

Ammonites Loscombi (SOWERBY).

1817. Sowerby, *Mineral conchology*, p. 183.
1844. D'Orbigny, *Paléont. Française, Jurassique*, pl. 75.
1848. Quenstedt|, *Amm. heterophyllus numismalis : Cephalopod*, pl. 6, fig. 5.

Je n'ai que des fragments de cette Ammonite qui paraît très-rare dans le bassin du Rhône ; les couches du lias du Var m'ont fourni un échantillon appartenant à une coquille, d'un diamètre de 190 millim, et qui cependant porte ses lobes jusqu'à l'extrémité du dernier tour, ce qui montre que l'espèce pouvait arriver à une grande taille ; le test y est en partie conservé et laisse voir de petites lignes rayonnantes très-égales et régulières, formant une élégante ornementation ; ces lignes, légèrement flexueuses, sont fortement inclinées en avant et décrivent ensuite un sinus arrondi sur le dos, où elles conservent toute leur valeur ; j'ai recueilli ce beau fragment à la montée qui mène de la Roque-Brussanne à Mazaugues (Var).

Localités : Sainte-Hélène, Mazaugues, *r. r.*

Ammonites Zetes (D'Orbigny).

1845. Quenstedt, *Amm. heterophyllus Amalthei, Cephalopoden*,
     pl. 6, fig. 1.
1850. D'Orbigny, *Amm. zetes; Prodrome, étage* 9e, no 55.
1856. Oppel, *Die Juraformation*, p. 289.

Dimensions : Diamètre, 158 millim.; largeur du dernier tour,
50/00; épaisseur, 22/00; ombilic, 15/00.

Grande coquille discoïdale, comprimée, non carénée, qui se
trouve rarement dans notre lias; elle se montre dans les couches
inférieures de la zone, au niveau de l'*Amm. Davœi.*

Sa forme plus comprimée, ses lobes dont les deux premiers
sont énormes, l'ouverture de l'ombilic, sont les caractères qui
séparent l'*Amm. Zetes* de l'*Amm. heterophyllus* du lias supérieur;
son large ombilic empêche aussi de la confondre avec l'*Amm.
Oppeli (Schloenbach)* qui se trouve dans la même zone, mais un
peu plus bas, et dont les tours intérieurs portent, d'ailleurs, une
carène distincte.

Malheureusement nos échantillons sont rares et dépouillés de
leur test.

Localités : Saint-Fortunat, ma collection et celle de
M. Falsan; Dignes-les-Bains, *r*.

Ammonites Oppeli (Schloenbach).

1863. U. Schloenbach, *Zeitschrift der deutschen Geologischen
     Gesellschaft*, XV Band, p. 545, pl. 12, fig. 2.
1865. U. Schloenbach, *Beitrage zur Palaeontologie : jurassische
     Ammoniten*, p. 15, pl. 1, fig. 4.

Les figures qui représentent cette Ammonite ont été réunies,

par erreur, aux Ammonites du lias inférieur ; voir, par conséquent, même ouvrage, 2º partie, lias inférieur.

(Pl. XXXV, fig. 1 et 2.)
(Pl. XXXVI, fig. 1 et 2.)

Dimensions : Diamètre, 111 millim.; largeur du dernier
tour, 57/00 ; épaisseur, 29/00 ; ombilic, 4 1/2/00
Autre : Diamètre, 154 millim.; largeur du dernier tour, 58/00 ;
épaisseur, 24/00 ; ombilic 5/00.
Autre exemplaire, qui n'a que le moule : Diamètre, 193 millim.; largeur du dernier tour, 57/00 ; épaisseur 22/00 ;
ombilic, 3 1/2/00.

Grande coquille discoïdale, comprimée, spire formée de tours
comprimés, très-hauts, arrondis sur les flancs, ornés de petites
lignes flexueuses peu marquées et groupées en faisceaux ; plus
marquées vers le dos où elles se portent en avant ; la plus grande
épaisseur paraît être au milieu du tour, mais aucun de mes
échantillons ne porte de traces de l'angle indiqué par M. Schloenbach dans cette partie de la coquille, les flancs décrivant une
courbe légèrement mais régulièrement convexe; dos étroit,
arrondi, portant une quille étroite et peu saillante, mais parfaitement indiquée, jusqu'au diamètre de 110 millim.; passé ce
diamètre, le dos devient arrondi, un peu anguleux, mais sans
carène distincte ; l'ombilic est des plus étroits sans être fermé.

Les lobes sont très-profondément découpés, le lobe dorsal
large et court ; aucun de mes échantillons ne permet de les voir
assez distinctement pour que je puisse en donner le tracé complet ; je renvoie donc pour ce détail à la fig. 4 c de la pl. 1 du
second mémoire de M. U. Schloenbach.

Très-rapprochée de l'*Amm. Buvigneri*, l'*Amm. Oppelli* en est
cependant nettement séparée par la forme de ses tours et de son
dos ; en effet l'*Amm. Buvigneri* n'a jamais de carène et cependant
sa forme est beaucoup plus atténuée vers le dos ; de plus la

plus grande épaisseur de ses tours n'est pas au milieu, comme chez l'*Amm. Oppeli*, mais bien plus rapprochée de l'ombilic.

Cette belle espèce se rencontre dans les couches les plus profondes de la zone ; on trouvera dans la seconde partie de ces études, lias inférieur, à la page 125, les raisons qui m'avaient fait penser d'abord que l'*Amm. Oppeli* se trouvait dans les couches supérieures du lias inférieur et qui expliquent l'erreur par suite de laquelle les figures qui concernent cette espèce, sont placées au milieu des planches de cette 2° partie.

Localités : Saint-Fortunat, Ville-sur-Jarnioux, Sainte-Hélène, Jambles, Lournand, r.

Explication des figures : Pl. XXXV (2° partie lias, inférieur), fig. 1, *Ammonites Oppeli*, de Jambles, de grandeur naturelle. Fig. 2, la même, vue du côté de la bouche. Pl. XXXVI, (2° partie), fig. 1, *Ammonites Oppeli*, de Lournand, vue par côté aux 3/4 de la grandeur naturelle. Fig. 2, la même, vue du côté de la bouche. De ma collection.

Ammonites capricornus (SCHLOTHEIM).

1820. Schlotheim, *Petref*, p. 71, fig. de Knorr, pl. 1, fig. 5.
1844. D'Orbigny, *Amm. planicosta* ; *Paléont. Franc., Jurassique*, pl. 65.
1854. Oppel, *Amm. maculatus* ; *Mittl. Lias Schwab.* pl. 1, fig. 6.
1855. Oppel, *Amm. capricornus* ; *Die Juraformation*, pl. 276.

Dimensions : Diamètre, 65 millim.; largeur du dernier tour, 31/00; épaisseur, 29/00; ombilic, 48/00.

Un exemplaire d'une grandeur inusitée me donne les proportions suivantes : Diamètre, 145 millim.; largeur du dernier tour, 26/00; épaisseur, 24/00; ombilic, 52/00.

L'*Ammonites capricornus* est, avec l'*Amm. Davœi*, l'espèce la

6

plus caractéristique et la plus répandue dans les couches inférieures de la zone à *Bel. clavatus*; où la rencontre partout où ces couches sont abordables.

Elle a été, pendant longtemps, confondue avec l'*Amm. planicosta* du lias inférieur, dont la forme se rapproche beaucoup, en effet, au premier coup d'œil; mais on remarque bien vite que l'*Amm. capricornus* est bien plus comprimée, qu'elle a des tours moins nombreux, au même diamètre, que ses tours sont plus hauts, ses côtes plus minces et plus inclinées; enfin elle arrive à une taille bien plus grande que l'*Amm. planicosta*, car cette dernière ne dépasse jamais le diamètre de 45 millim.

L'*Amm. capricornus*, avec un nombre de côtes qui ne s'écarte pas de 23 à 25 par tour, mesure ordinairement de 60 à 70 millim., mais elle peut atteindre un diamètre presque double ; j'ai recueilli à Sarry un exemplaire de 115 millim., et qui porte ses lobes jusqu'à l'extrémité du dernier tour; à cet âge la coquille paraît plus largement ouverte, et l'ombilic plus grand. Les tours intérieurs étant oblitérés, je ne suis pas sûr de cet échantillon.

Je n'ai jamais rencontré l'*Amm. capricornus* avec son test; tous mes échantillons ne sont que des moules calcaires, la plupart en bon état. La figure donnée par d'Orbigny, pl. 65, sous le nom d'*Amm. planicosta*, est excellente et peut servir de type.

Localités : Saint-Fortunat, Saint-Cyr, Saint-Didier, Pommiers, Sarry, Saint-Christophe, Col-des-Encombres, près Saint-Martin-de-Belleville Le Roc-Retourné, c. c.

Ammonites Lucifer (Nov. spec.).

(Pl. XLIV, fig. 1).

Testa compressa, non carinata; anfractibus expositis, compressis, convexiusculis ; costis æqualibus, rectis, simplicibus, acutis : dorso subangulato, subcostato : umbilico lato, paululum excavato; apertura compressa, oblonga; septis.....?

Dimensions : Diamètre, 87 millim.; largeur du dernier
tour, 30/00; épaisseur, 22/00 ; ombilic, 50/00.

Un autre exemplaire : 143 millim. de diamètre; largeur du
dernier tour, 29/00 ; épaisseur, 22/00 ; ombilic, 47/00,

Coquille comprimée, non carénée; spire composée de tours
comprimés et cependant convexes sur les flancs, ornés en travers
de 22 à 28 côtes rectilignes, simples, pas très-élevées, mais anguleuses et marquées dès l'ombilic ; dos rétréci, sans être caréné,
sur lequel les côtes viennent passer en s'atténuant beaucoup ; les
tours sont très-peu recouverts ; l'ombilic grand, mais peu profond
(c'est là un des caractères de l'espèce); les côtes droites et rayonnant depuis le centre, sans aucune inflexion, comme une étoile
qui scintille, donnent à cette Ammonite une apparence toute
spéciale ; le test est mince, quand il est bien conservé on remarque qu'il est couvert, partout, de lignes rayonnantes, comme
dans la plupart des espèces du même groupe.

Les lobes ne sont visibles sur aucun de mes échantillons.

L'*Amm. Lucifer* habite les couches les plus inférieures du
lias moyen et monte quelquefois jusqu'au niveau de l'*Amm.
Davœi.*

J'en ai recueilli à Saint-Fortunat un grand exemplaire, du
diamètre de 140 millim., qui ne porte que 22 côtes sur le dernier tour; c'est le seul qui laisse voir la forme du dos ; il est
malheureux qu'on ne puisse rien apercevoir des tours intérieurs;
il en résulte que nous n'avons pas une certitude complète qu'il
appartienne à l'espèce décrite ; les proportions s'accordent
d'ailleurs très-bien avec celles des autres échantillons.

Localités : Saint-Fortunat, Dardilly, Lournand, Jambles,
Sainte-Hélène, r.

Explications des figures : Pl. XLIV. fig. 1, *Amm. Lucifer*,
de Lournand, de grandeur naturelle. De ma collection.

Ammonites latæcosta (Sowerby).

(Pl. XLV, fig. 1 à 4.)

1827. Sowerby, *mineral conchology*, pl. 556, fig. 2, *non* fig. 1, *non*
     d'Orbigny.
1856. Oppel, *die Juraformation*, pl. 275.

Dimensions : Diamètre, 100 millim.; largeur du dernier
tour, 33/00 ; épaisseur, 29/00 ; ombilic. 41/00.

Dans le grand ouvrage de Sowerby, volume 6, page 106, une
faute d'impression fait attribuer la fig. n° 1, de la pl. 556, à
l'*Amm. latæcosta*, et la fig. 2, de la même planche, à l'*Amm,
brevispina*. C'est Oppel qui, le premier, a signalé cette erreur,
qui a porté le trouble et la confusion dans l'histoire de ces deux
espèces d'Ammonites ; il est facile, cependant, en comparant le
texte anglais aux figures, de rétablir la vérité. Cette observation
est d'autant plus utile à faire, que l'*Amm. latæcosta* joue un rôle
assez important parmi les Ammonites des couches inférieures du
lias moyen. Cette belle espèce, qui se rencontre à peu près toujours de la même taille, se reconnaît facilement et peut être
regardée comme caractéristique pour ce niveau. En voici la description :

Coquille comprimée dans son ensemble, quoique assez épaisse,
non carénée, à ombilic large et profond ; spire composée de tours
de forme elliptique, ornés en travers de côtes simples très-saill-
lantes, arrondies, égales, se portant très-légèrement en avant et
séparées par des intervalles égaux à elles-mêmes : Au diamètre de
100 millim., on compte 30 côtes sur le dernier tour ; au diamètre
de 65 millim., 25. Ces côtes passent sur le dos en s'atténuant
plus ou moins, sans s'effacer jamais. Comme le test est extraordinairement épais, lorsque l'on examine un moule, les côtes sem-

blent plus séparées et souvent très-amoindries sur le dos, où quelques moules présentent même comme un indice de carène.

Les tours, au nombre de 5, sont recouverts au tiers par le tour suivant.

Dans son jeune âge elle ressemble beaucoup à l'*Amm. capricornus*; mais elle en diffère sous beaucoup de rapports, dès qu'elle a pris un peu de développement; l'*Amm. latæcosta* a les tours plus élevés et plus arrondis sur les flancs, les côtes bien plus nombreuses, plus cintrées, plus étroites et surtout plus en saillie, moins marquées sur le dos. L'*Amm. capricornus* est toujours d'une taille plus petite et son ombilic beaucoup plus grand.

Je remarque, sur les exemplaires qui ont conservé leur test, que la surface conserve des traces de petites lignes rayonnantes; les côtes ne prennent leur saillie verticale qu'à une petite distance de l'ombilic, où les tours ne tombent pas par un mouvement brusque, presque anguleux, comme chez l'*Amm. capricornus*, mais par un angle très-doucement arrondi.

Le lobe dorsal descend plus bas que tous les autres; la selle dorsale est peu élevée; la première selle latérale est au contraire très-haute; les lobes latéraux se terminent à peu près sur la même ligne.

L'*Amm. latæcosta* se rencontre au-dessous des couches à *Amm. Davœi*.

Localités : Saint-Fortunat, Lournand, Nolay, Moroges, *r*.

Explication des figures : Pl. XLV, fig. 1, *Ammonites latæcosta*, de Nolay, de grandeur naturelle, de la collection V^or Thiollière. Fig. 2, la même, vue par le dos. Fig. 4, lobes pris sur un exemplaire de Saint-Fortunat, grossis 2 fois. Fig. 3, coupe de l'ouverture, de grandeur naturelle.

Ammonites trimodus (Nov. spec.).

(Pl. XV, fig. 1 à 3, pl. XVI, fig. 1 et 2.)

Testa discoidea, compressa, non carinata; anfractibus com-
pressis, ovatis, transversim costatis; costis latis, numerosis,
simplicibus, externe evanescentibus; dorso angusto, vix striato;
penultimo anfractu vel antepenultimo, repente mutatur typus:
anfractibus depressis, subquadratis, costatis; costis rarioribus,
elatis, per magnis tuberculis ornatis; apertura tum elleptica,
compressa, tum alterna vice, quadrata, depressa; septis.....?

Dimensions : Diamètre, 226 millim.; largeur du dernier
  tour, 34/00; épaisseur, 21/00; ombilic, 43/00.

Autre exemplaire : Diamètre, 150 millim.; largeur du dernier tour, 33/00; épaisseur, 21/00; ombilic, 40/00.

Coquille discoïdale, comprimée, un peu renflée, non carénée;
spire composée de tours dont la forme change, à plusieurs reprises, et exige une description spéciale, en notant, toutefois, que le
recouvrement des tours paraît être assez constant, malgré les
métamorphoses successives qu'ils subissent, et dépasse un peu le
quart de leur largeur.

Les trois premiers tours, jusqu'au diamètre de 5 millim., sont
lisses, arrondis, sans ornements.

Les deux tours qui viennent ensuite, sont ornés de petites
côtes droites, saillantes, régulières, séparées par des intervalles
plus larges qu'elles-mêmes; le second de ces tours, à petites côtes
nombreuses, arrive au diamètre de 15 millim. et compte 20 côtes.

La coquille parvenue à ce degré de développement, un changement extraordinaire se produit; quelques-unes des côtes prennent
une saillie inusitée; cette inégalité va bien vite en s'exagérant, les
petites côtes disparaissent et il ne reste plus que d'énormes tuber-

cules ou plutôt de fortes épines, au nombre de 10 environ par tour ; ces épines implantées sur les faces latérales, sont un peu plus rapprochées du dos que de l'ombilic et paraissent dirigées en dehors ; ce nouveau faciès continue pendant à peu près 1 tour 1/2, et l'Ammonite construit ainsi sa coquille jusqu'à ce qu'elle atteigne un certain diamètre, sans suivre, sous ce rapport, de lois bien régulières puisque les épines cessent tantôt au diamètre de 40 millim., et tantôt continuent jusqu'à celui de 60 millim.

Avant d'arriver à sa forme régulière adulte, la coquille traverse encore une phase, assez courte (un tiers de tour environ), une nouvelle période de transition ; les gros tubercules disparaissent et sont remplacés par des côtes étroites, irrégulières, très-peu saillantes, bien marquées sur le dos, qui s'arrondit, tout en se comprimant ; petit à petit ces côtes s'élargissent, se régularisent, et bientôt la dernière livrée se montre pour continuer jusqu'à la fin. Ce dernier changement arrive encore sans suivre de loi bien régulière, tantôt au diamètre de 80 millim., tantôt à celui de 110 millim., et même de 120 millim.

Dès lors les tours se compriment, prennent une forme ellipsoïdale régulière ; des côtes arrondies, peu saillantes, qui deviennent de plus en plus régulières, se montrent au nombre de 40 par tour ; ces côtes, séparées par des intervalles un peu plus étroits, s'affaiblissent beaucoup en arrivant en haut du tour, et disparaissent presque sur le dos où l'on ne remarque plus que de faibles ondulations.

Au diamètre de 226 millim., les côtes sont au nombre de 49, et l'Ammonite compte 8 tours 1/2.

Indépendamment des côtes, le test montre encore des lignes rayonnantes, dont les traces sont plus apparentes dans les sillons.

Si je n'avais pas rencontré des exemplaires de cette curieuse Ammonite, au même niveau, dans des gisements très-éloignés et très-indépendants les uns des autres, d'une taille semblable, et très-constante dans ses métamorphoses, je l'aurais certainement regardée comme le produit d'une déformation accidentelle.

La taille de l'*Amm. trimodus* devait être considérable, puisque le grand échantillon figuré pl. XVI, est muni de ses lobes jusqu'à la fin du dernier tour ; malheureusement aucun de mes exemplaires ne permet de distinguer le dessin des lobes.

L'*Ammonites ziphus* (Zieten), *Vest. Wurtemb.*, pl. 5, fig. 2, représente, d'une manière singulièrement exacte, les tours intérieurs de l'*Amm. trimodus* ; il est cependant difficile d'admettre que l'*Amm. ziphus*, connue et décrite depuis si longtemps, étudiée par tous les géologues qui se sont occupés des fossiles du lias, se soit toujours présentée ainsi dépourvue de ses tours extérieurs, n'offrant aux observateurs que la partie intérieure de la spire, limite où commencent toujours les petites côtes non épineuses et sans jamais conserver de traces de cette partie extérieure, de beaucoup la plus importante et qui, par sa forme, devait présenter une résistance efficace aux chances de destruction. Il faut remarquer de plus que l'*Amm. ziphus* se rencontre à un niveau un peu plus bas que celui de l'*Amm. trimodus*, soit dans les couches les plus élevées du lias inférieur.

La ressemblance que l'*Amm. ziphus* présente avec notre Ammonite, pour les tours intérieurs, n'est pas plus surprenante que l'identité presque complète qu'offre, pour les tours extérieurs, une autre Ammonite décrite par M. U. Schloenbach, sous le nom d'*Amm. tamariscinus* (*Ueber neuer und weniger bekannte Jurassische Ammoniten*, 4°, *Cassel*, 1865, *Abdruck aus Palæontographica*, XIII *band*). La forme des tours et des côtes coïncide parfaitement; mais ici encore il y a ce fait singulier que, sur 11 fragments que M. Schloenbach a pu réunir de différentes localités, pas un seul ne montre la partie intérieure de l'Ammonite ; rien ne vient démontrer par conséquent l'identité de l'*Amm. tamariscinus* avec l'espèce qui nous occupe. Il est de plus une circonstance qui vient augmenter encore mes doutes sur cette identité : M. Schloenbach signale des détails dans l'ornementation du test de l'*Amm. tamariscinus*, détails qui consistent en petites entailles interrompues, qui se suivent en formant des lignes longitudinales, c'est-à-dire dans le sens de la spire ; de plus ces entailles sont coordonnées en lignes rayonnantes parallèles aux côtes ; cette particularité remarquable ne se retrouve pas sur mes échantillons de l'*Amm. trimodus*, dont la surface paraît très-bien conservée. L'*Amm. tamariscinus* a été trouvée dans la zone supérieure du lias inférieur.

Toutes ces considérations m'ont engagé à ne prendre, pour notre Ammonite, ni le nom de *ziphus*, ni celui de *tamariscinus*. Si, dans la suite, l'attention fixée d'avantage sur cette forme, fait rencontrer dans les gisements où se trouvent ces deux Ammonites des spécimens plus complets et qui permettent d'asseoir un jugement définitif, je ne serais pas surpris que l'on fût amené à réunir les trois espèces en une seule.

L'*Amm. trimodus* se trouve, au Mont-d'Or, à un niveau un peu plus élevé que l'*Amm. ziphus*, je l'ai recueillie, en place, à Saint-Fortunat, dans la couche la plus inférieure du lias moyen, quelques décimètres au-dessus des dernières couches à *Amm. raricostatus*. Le grand et bel échantillon, dessiné pl. XVI, vient de Nolay ; d'après les notes qu'a bien voulu me communiquer M. de Charmasse, il a trouvé cette Ammonite dans la carrière de la Croix, à Nolay, à un niveau qui lui paraît appartenir encore aux couches à *Amm. raricostatus*; les autres spécimens ont été recueillis dans les déblais. Rien de plus difficile, d'ailleurs, pour les carrières de Saône-et-Loire et de la Côte-d'Or, que de démêler la ligne qui sépare le lias inférieur du lias moyen ; comme je l'ai déjà fait remarquer, les caractères minéralogiques, la couleur et l'apparence des fossiles n'offrent pas la moindre différence.

Localités : Saint-Fortunat, Nolay, *r*,

Explication des figures : Pl. XV, fig. 1, *Amm. trimodus*, de Nolay, de grandeur naturelle, de ma collection. Fig. 2, autre exemplaire de Nolay, de la collection de M. de Charmasse. Fig. 3, le même, vu du côté du dos. Pl. XVI, fig. 1, grand spécimen, aussi de Nolay, Fig. 2, coupe de la bouche. Du cabinet de M. de Charmasse.

Ammonites plumarius (Nov. spec.).

(Pl. XVII, fig. 1, 2, 3.)

Testa discoidea, compressa, non carinata ; anfractibus compressis, ovatis, costatis ; costis rectis, externe evanescentibus ; penultimo anfractu, costis bispinosis ; summa testæ tunica verruculis minutis, inequalibus adornata, longitudinaliter dispositis ; apertura ovata ; septis.....?

Dimensions : Diamètre, 131 millim.; largeur du dernier tour, 36/00; épaisseur, 23/00; ombilic, 41/00.

Coquille comprimée, non carénée; spire composée de tours comprimés, elliptiques, ornés de 30 côtes droites, égales, bien marquées sur la moitié inférieure des tours et disparaissant vers le dos qui est lisse; ces côtes sont plus étroites que les intervalles, elles marquent depuis le fond de l'ombilic et se dirigent en arrière. Au second tour intérieur on en compte 24, et l'on remarque que chaque côte porte deux petites épines, qui partagent la hauteur du tour en trois parties; les deux séries d'épines sont apparentes dans l'ombilic, quoique le tiers des tours environ soit recouvert; la série d'épines la plus rapprochée de l'ombilic est plus marquée; les épines disparaissent entièrement sur le dernier tour.

Les très-petites portions de test qui restent visibles indiquent une surface curieusement ornementée; la coquille paraît couverte de lignes saillantes, interrompues, courant dans le sens de la spire, formant des séries de petites collines allongées, séparées entre elles par une distance moindre qu'un demi-millimètre; ces ornements, fort délicats, paraissent appartenir à la partie tout à fait superficielle du test.

Cette Ammonite, dont je n'ai qu'un seul exemplaire, ne peut se confondre avec l'*Amm. latæcosta* dont les côtes sont tout à fait

différentes et la surface dépourvue de lignes ponctuées ; —
l'*Amm. hybrida*, dont la forme est rapprochée, offre des proportions toutes différentes et recouvre ses tours intérieurs en ca-
chant le second rang de tubercules.

Localités : Lournand, *r. r.* couches les plus inférieures de
la zone.

Explication des figures : pl. XVII, fig. 1, *Ammonites plumarius*, de Lournand, de grandeur naturelle ; fig. 2, coupe
de la bouche ; fig. 3, fragment du test, grossi 5 fois. De ma
collection.

Ammonites margaritatus (MONTFORT SPEC.).

1808. Montfort, *Amaltheus margaritatus, Conchyl. systématique*,
    pl. 90.
1844. D'Orbigny, *Ammonites margaritatus, Paleont. Franç., Juras-
    sique*, pl. 67 et 68.
1845. Quenstedt : *Ammonites amaltheus : Cephalop.* pl. 5, fig. 4.

L'*Ammonites margaritatus* est l'espèce la plus généralement
répandue dans le lias moyen, et la plus caractéristique pour
l'étage entier ; mais, comme on la trouve à peu près à tous les
niveaux dans cet étage, sa présence ne peut plus servir de guide
pour se reconnaître dans les subdivisions.

Elle commence à se montrer dans les couches presque les plus
basses, dans les calcaires marneux où pullulent les Bélemnites,
un peu au-dessous de l'*Amm. Davœi ;* à ce niveau, l'*Amm. margaritatus* est en nombre considérable, mais ordinairement de très-
petite taille.

Elle continue ensuite, toujours représentée par des individus
dont le plus grand n'arrive pas au diamètre de 30 mill., dans les
marnes grises à *Amm. capricornus*, puis dans toute l'énorme série
des marnes grises bleuâtres qui forment, dans nos contrées, la

partie moyenne de l'étage; mais quand ces marnes cessent et que l'on arrive aux calcaires de la zone supérieure, alors, comme on le verra plus loin, les exemplaires et l'*Amm. margaritatus* deviennent moins nombreux, mais ils arrivent à une très-grande taille.

J'ai, des calcaires inférieurs, de très-petits spécimens (10 millimètres de diamètre), sur lesquels il est encore possible de distinguer quatre tours, et qui déjà laissent voir des indices des stries et des nodosités de la quille.

Il paraît que l'*Amm. margaritatus* se montre en Allemagne un peu plus tard que dans notre lias ; on la trouve, dans nos contrées, dans les couches qui précèdent l'*Amm. Davœi*.

Localités : Saint-Rambert Chappou, Perrigny, col des Encombres, Bex et partout *c. c.*

Ammonites Fimbriatus (SOWERBY).

1817. Sowerby, *Mineral conchology*, pl. 164.
1842. D'Orbigny, *Paléontol. Franç.. jurassique*, p. 313, pl. 98.

Je ne puis mieux faire, pour cette Ammonite, que de renvoyer à la description et à la figure de d'Orbigny, qui sont d'une grande exactitude.

Il y a toujours eu beaucoup de confusion pour cette espèce, que de nombreux auteurs ont voulu réunir soit à l'*Amm. cornucopiæ*, soit à l'*Amm. lineatus*; mais elle mérite, je crois, une place séparée. Alliée de très-près à l'*Amm. cornucopiæ*, on l'en distingue par ses ornements moins grossiers, sa forme toujours plus comprimée et une différence qui paraît constante dans les lobes; le dessin des lobes, que l'on trouve pl. 98 de la *Paléontologie française*, est très-fidèlement rendu.

L'*Amm. Fimbriatus* est l'espèce la plus caractéristique, la plus répandue et la plus importante du lias moyen, pour le niveau de la *Belemnites paxillosus*. On la rencontre souvent de très-grande taille, mais il est rare de la recueillir avec son test bien conservé.

Localités : Uzer, Dignes les Bains et partout, *c. c.*

Ammonites Jamesoni (SOWERBY):

1827. Sowerby, *Mineral Conchol.*, pl. 555, fig. 1.
1844. D'Orbigny, *Amm. Regnardi*, *Paléont. franç. Jurassique*, pl. 72.

Cette Ammonite, qui se trouve immédiatement au-dessous et très-rapprochée de l'*Amm. Davœi*, paraît varier, dans ses proportions et ses ornements, d'une manière considérable. La plupart des fragments que fournissent nos carrières peuvent se rapporter à la figure de Sowerby; quelques-uns sont plus épais, très-peu portent des traces de pointes en haut des tours; un très-grand exemplaire de Saint-Fortunat me donne les dimensions suivantes :

Diamètre, 220 mill; largeur du dernier tour, 27/00; épaisseur, 18/00; ombilic, 50/00.

L'on trouve souvent, avec l'*Amm. Davœi*, une Ammonite très-comprimée, à côtes très-saillantes sur le dos. Le dessin de Quenstedt (*Cephalopoden*, pl. 4, fig. 1) se rapproche beaucoup de ces fragments; mais dans nos échantillons les côtes, portées en avant, sont plus fortement marquées sur le dos; aussi l'Ammonite est caractérisée par un contour extérieur ondulé d'une manière très-saillante.

Cette forme semblerait demander une place à part; mais en examinant une série, on trouve des formes intermédiaires, des mêmes localités, qui rattachent cette variété à l'*Amm. Jamesoni*.

Localités : Saint-Fortunat, Saint-Cyr, Saint-Didier, Saint-Rambert, Nolay, Sainte-Hélène, Moroges, Le Môle.

Ammonites Davœl (SOWERBY).

Pl. XI, fig. 4. 5, 6.

1822. Sowerby, *Mineral Conchol.*, pl. 350.
1844. D'Orbigny, *Paleontol. Française, Jurassique*, pl. 81.

De toutes les ammonites du lias moyen, l'*Amm. Davœi* est la forme la plus importante et la plus caractéristique, car ses ornements et sa taille sont des plus constants, et elle se présente toujours au même niveau, c'est-à-dire au-dessus des couches les plus inférieures du lias moyen, et en compagnie des *Amm. capricornus* et *Fimbriatus*. Je ne connais pas un gisement où affleure ce niveau et où l'on ne rencontre pas l'*Amm. Davœi*.

Elle arrive quelquefois à une assez grande taille, et j'ai vu des exemplaires qui dépassaient le diamètre de 130 mill. — La localité qui présente ces grands échantillons est Saint-Rambert (Ain), au-dessus du hameau du Chappou; les fragments dont on trouvera les dessins pl. XI, fig. 4, 5, 6, peuvent donner une idée des chagements de forme que subit la coquille, près de la bouche, quand le test est à peu près conservé.

Localités : partout, *c. c.*

Explication des figures : Pl. XI, fig. 4, fragment d'*Amm. Davœi*, de Lagnieu, vu par côté. Fig. 5, le même vu par le dos. Fig. 6, fragment de Saint-Rambert, par côté. Les trois fragments dessinés fig. 4, 5 et 6 appartiennent à la dernière loge ou à la partie non cloisonnée de l'ammonite.

Ammonites hybrida (D'ORBIGNY).

1844. D'Orbigny, *Paleont. Franç*, pl. 85.
1853. Oppel, *Der mittlere Lias Schwabens*, pl. 3, fig. 3 à 6.
1858. Quenstedt, *Amm. polymorphus mixtus, der Jura*, p. 129, pl. 15, fig. 12 — 20.

Dimensions : Diamètre, 17 mill.; largeur du dernier tour, 35/00; épaisseur, 30/00; ombilic, 40/00

Petite coquille discoïdale, arrondie ; tours arrondis, presque lisses, un peu plus hauts qu'épais, recouverts à peine sur le quart de la largeur ; les flancs sont ornés de stries ou plis peu marqués, un peu ondulés, qui passent sur le dos sans inflexion ; par place, on voit un pli plus petit venir s'insérer là entre les autres.

Ombilic profond dans lequel les tours tombent par un contour brusque mais arrondi ; la forme du dos est tout à fait opposée à celle indiquée par d'Orbigny, pour les jeunes ; mais comme cette Ammonite est une de celles qui varient considérablement, que sa forme se rapproche beaucoup de celle de certains spécimens d'Oppel, je n'hésite pas à l'inscrire sous le nom d'*hybrida*.

Localités : Recueillie par M. A. Falsan dans les couches à *Amm. Jamesoni* de Saint-Cyr,*r. r.*

Ammonites Coquandi (REYNÈS)

(Pl. XVIII, fig. 5, 6.)

1868. Reynès, *Essai de géologie et de paléontologie Aveyronnaises*, p. 97, pl. 3, fig. 6.

L'échantillon en fragment, mais très-bien conservé, que j'inscris sous ce nom, ne me permet pas de donner les proportions de l'Ammonite. Comme toutes les coquilles passées à l'état cristallin, elle s'est brisée en éclats quand j'ai voulu la dégager du calcaire excessivement dur qui lui sert de gangue.

Le diamètre mesure environ 18 mill.; les tours sont comprimés mais renflés, ornés de 36 côtes simples, rondes, saillantes, séparées par des sillons un peu plus petits ; ces côtes, en arrivant en haut du tour, s'infléchissent en avant et forment sur le dos un sinus arrondi sans s'interrompre ou s'atténuer en rien. — Ces ornements ont quelques rapports avec ceux de l'*Amm. angulatus*, jeune ; mais les tours de ce dernier sont plus comprimés, plus anguleux ; ses côtes sont plus coupantes, et le sinus qu'elles décrivent sur le dos est plus anguleux et plus prononcé en même temps ; d'ailleurs, les côtes s'atténuent au milieu du sinus, ce qui n'arrive pas chez l'*Amm. Coquandi*.

Il faut que cette Ammonite soit peu répandue, car elle ne figure pas dans la collection *Sauvaneau* (actuellement au musée de Lyon), et cependant ce géologue, qui exploitait avec tant de zèle les montagnes du Bugey, avait fouillé souvent la localité qui m'a fourni l'échantillon que je décris aujourd'hui ; localité où bien peu de personnes, je crois, ont fait, depuis lors, des recherches.

Oppel décrit, dans ses *palæontologische Mittheilungen*, p. 132, pl. 41, fig. 3, sous le nom d'*Amm. Henseli*, une petite Ammonite qui ressemble à l'*Amm. Coquandi*; mais les côtes y passent sur le dos sans former le sinus en avant qui caractérise notre espèce ; l'*Amm. Henseli* qui n'est connue aussi que par un seul fragment, a été recueillie au mont Hierlatz, près de Hallstadt, à un niveau fort rapproché de celui de notre Ammonite.

On peut comparer encore à l'*Amm. Coquandi* une Ammonite décrite sous le nom d'*Ammonites Goslariensis* par M. U. Schloenbach (*Palæontographica B. 13, ueber neue und weniger bekannte Jurassiche Ammoniten*). Il y a certainement de remarquables rapports de ressemblance entre les deux espèces.

M. Reynès m'a donné l'assurance que l'*Amm. Coquandi* n'avait pas de carène, et que c'était par une erreur de son dessinateur que la figure 6 de sa pl. 3, indique une ligne sur le dos de son *Ammonites Coquandi*.

Localités : Saint-Rambert, au-dessus du Chappou, *r. r.*

Explication des figures : Pl. XVIII, fig. 5, fragment de l'*Amm. Coquandi*, de Saint-Rambert, vu par le dos, grossi 2 fois. Fig. 6, le même, vu par côté. De ma collection.

Ammonites centaurus (D'Orbigny).

1842. D'Orbigny, *Paleont. Française*, pl. 76, fig. 3 à 6.
1853. Oppel, *der mittl. Lias*, pl. 3, fig. 8.
1858. Quenstedt, *der Jura.*, p. 135, pl. 16, fig. 16.

Petite Ammonite de 20 millim. de diamètre, rare dans le bassin
du Rhône; je ne la connais que du lias moyen de Digne (Basses-
Alpes), où elle n'est pas rare; les épines latérales, près du dos,
sont quelquefois conservées et saillantes. Les échantillons de
Digne, que je dois à la bienveillante communication de M. A.
Garnier, sont très-semblables à ceux qui pullulent dans le beau
gisement des Coutards, près de Saint-Amand (Cher).

Localités : Digne (Basses-Alpes), Les Bains.

Ammonites brevispina (Sowerby).

1827. Sowerby, *Mineral conchology*, pl. 556, fig. 1, *non* 2, *non*
     d'Orbigny.
1830. Zieten, *die Versteinerungen*; *Amm. natrix*, pl. 4, fig. 5.
1845. Quenstedt, *Amm. natrix rotundus*; *Cephal.*, pl. 4, fig. 17.
1858. Oppel, *Amm. brevispina*; *die Juraformation*, p. 278.

Dimensions : Diamètre, 120 millim.; largeur du dernier
tour, 26 1/2 /00, épaisseur, 20/00; ombilic, 50/00.

Coquille comprimée, non carénée et très-largement ombiliquée;
spire composée de 7 tours comprimés, arrondis, ornés de côtes
droites, arrondies, séparées par des intervalles égaux à elles-
mêmes, et marquées par un léger tubercule en arrivant au bord
extérieur; dos convexe sur lequel les côtes passent en s'élargissant et en s'atténuant.

7

Je compte 37 côtes sur le dernier tour, 35 sur le second et 30 sur le troisième intérieur; les tours se recouvrent très-peu; les lobes, confus sur mon échantillon, paraissent se rapporter très-bien à ceux indiqués par Quenstedt.

Le spécimen de Saint-Christophe, que j'ai sous les yeux, est en partie couvert de ces curieuses petites pyramides cristallisées, que Quenstedt décrit sous le nom de *Nagelkalke* et que l'on trouve dans les gisements du Wurtemberg, sur les mêmes fossiles du lias moyen; le diamètre varie de 2 à 3 millim.; ces petits corps imitent tout à fait la forme de petites patelles. Voir Quenstedt, *der Jura*, p. 305.

Il faut remarquer que la figure 1, de Sowerby, est faussement indiquée, dans le texte du *Mineral Conchology*, comme celle de l'*Amm. latœcosta*, voir les détails donnés à ce sujet, page 84.

Localités : Saint-Christophe, *r.r.*

COUP D'OEIL

SUR LES AMMONITES DE LA ZONE A BELEMNITES CLAVATUS

Les Ammonites jouent encore, dans la zone inférieure du lias moyen, un rôle trop important, pour qu'il ne soit pas à propos de faire suivre la description des espèces de quelques considérations d'ensemble.

La première chose qui frappe d'abord, c'est la grande inégalité dans la distribution des espèces aux différents niveaux de la zone; ainsi la presque totalité des Ammonites signalées se rencontre dans les deux ou trois premiers mètres inférieurs et ne se rencontre que là ; l'on ne trouve plus, dans la très-considérable épaisseur des couches qui suivent, que de petites coquilles qui appartiennent presque toujours à l'*Amm. margaritatus*. Tandis que des mollusques d'une organisation inférieure traversent plusieurs zones et se perpétuent, sans changements appréciables, depuis le lias inférieur, pour continuer encore leur existence dans la zone supérieure du lias moyen, les Ammonites de la zone à *Bel. clavatus* restent presque toutes spéciales à ce niveau et peuvent être regardées comme caractéristiques ; les *Amm. margaritatus* et *fimbriatus* seules passent dans la zone à *Pecten œquivalvis*. Pas une de ces espèces ne se montre dans le lias inférieur.

Si l'on considère les formes, on remarque une grande variété ; depuis les ombilics fermés (*Amm. zetes, Oppeli*), jusqu'aux Ammonites ouvertes largement, aux tours se recouvrant à peine (*Amm. Davœi, capricornus, venustulus*) ; depuis les coquilles à carènes les plus marquées (*Amm. Masseanus, Flandrini*), jusqu'à celles à dos arrondis (*Amm. Fimbriatus, latœcosta*).

Quelques-unes des espèces de la zone à *Bel. clavatus* sont remarquables par leur tendance à changer soit la forme de leurs tours, soit leurs ornements, soit leur mode d'enroulement, une une fois arrivées à une certaine période de leur développement ; il y a même des Ammonites qui présentent ainsi successivement trois formes différentes ; les *Amm. quadrarmatus, globosus* et surtout l'*Amm. trimodus*, sont des exemples de ces curieuses déviations que l'on retrouve plus tard à un degré remarquable, dans une Ammonite de l'oxfordien inférieur, l'*Amm. athleta*.

Les Ammonites de la zone inférieure du lias moyen paraissent être dépourvues d'*Aptychus* ; en effet, parmi le très-grand nombre de spécimens de ce niveau, que j'ai eu l'occasion d'étudier, je n'en ai jamais rencontré.

Les couches les plus inférieures de la zone fournissent un groupe naturel d'Ammonites de très-grande taille, qui ont entre elles plus d'un rapport et un air de famille incontestable; je veux parler des *Ammonites armatus, submuticus, quadrarmatus* et *Morogensis*; toutes les quatre sont munies d'une ou deux rangées de

pointes sur les flancs, de petites côtes, peu saillantes, groupées
par 3 ou 4, et présentent un dos arrondi plus ou moins sillonné.
je regrette de n'avoir pas eu l'occasion de comparer leurs lobes
qui doivent avoir, probablement, une grande analogie entre eux;
Il est remarquable de trouver ces espèces cantonnées à un niveau
des plus restreints, qu'elles ne dépassent jamais, formant ainsi
un horizon caractéristique; malheureusement, de ces quatre
espèces il n'y a que l'*Amm. armatus* qui ait fixé jusqu'à présent
l'attention des paléontologistes. On peut encore considérer
comme alliée de très-près à ces quatre espèces, l'*Amm. Heberti*,
chez qui l'on retrouve le dos arrondi et les épines latérales en nombre plus petit que les côtes; si la forme et les ornements justifient
ce rapprochement, la taille cependant reste beaucoup plus petite.

Les couches calcaires qui forment la base du lias moyen se
font ainsi remarquer par l'abondance des Ammonites qu'elles
renferment; sur une épaisseur verticale, qui ne dépasse pas deux
mètres, on peut recueillir 30 espèces parfaitement caractérisées
et la plupart de grande taille; comme ces couches sont posées
immédiatement sur la partie supérieure du lias inférieur (zone
à *Amm. oxynotus*), que nous avons déjà trouvée si remarquable
par sa richesse en Ammonites, il en résulte que les dépôts du lias
montrent, en contact de superposition, deux zones peu importantes en épaisseur, mais singulièrement dignes d'attention par
leur abondance en belles espèces d'Ammonites, qui toutes sont
caractéristiques de leur niveau; il a donc fallu que, dans les
mers liasiques de cette période, les conditions spéciales, propres
à favoriser le développement des céphalopodes, se soint perpétuées
sans interruption pendant le dépôt de la zone à *Amm. oxynotus*
et pendant le dépôt des couches inférieures du lias moyen; il a
fallu de plus qu'une autre cause, bien puissante, tandis que tout
continuait à favoriser la durée du genre, vînt anéantir d'une
manière totale les espèces du lias inférieur et faire surgir les
30 espèces du lias moyen, sans qu'une seule espèce s'élevât
du niveau inférieur au niveau supérieur. Il me semble que ce
fait, dans la vie des Ammonites, est tout à fait digne de fixer
l'attention.

Notons encore que ces 30 espèces qui se rencontrent à la base de la zone à *Bel. clavatus*, ne continuent pas pendant les dépôts si importants de la même zone qui surmontent ces couches inférieures ; ces Ammonites ne dépassent jamais les couches inférieures, et l'on ne rencontre plus dans l'énorme épaisseur des marnes bleues que quelques petites *Ammonites margaritatus*.

Chemnitzia Periniana (D'ORBIGNY).

1850. D'Orbigny, *Paléont. Franç.*, pl. 243, fig. 1 à 3.

Les côtes sont droites au nombre de 15 à 16 par chaque tour ; les tours aussi hauts que larges.
Couches inférieures de la zone.

Localités : Nolay, chemin de Borgy, *r*.

Chemnitzia Carusensis (D'ORBIGNY).

1850. D'Orbigny, *Paléont. Française*, p. 34, pl. 237, fig. 13 à 15.

D'après d'Orbigny, environs de Châlons-sur-Saône, c'est-à-dire près de Givry et de Russilly.

Localités : Givry (Saône-et-Loire), *r*.

Chemnitzia undulata (ZIETEN).

(Pl XVIII, fig. 8.)

1832. Benz. Zieten, *die Verstein, Würtemb.*, pl. 32, fig. 2, *Turritella undulata*.
1852. Oppel, *Scalaria liasica, der mittl. Lias*, pl. 3, fig. 13, 14.
1858. Quenstedt, *Scalaria liasica, der Jura.*, pl. 19, fig. 5 à 8.

Dimensions : Longueur, plus de 60 millim.

Cette coquille, qui se rencontre presque toujours de grande taille, paraît commune dans le lias moyen inférieur; M. A. Locard en a recueilli un très-beau moule dans les calcaires roses à *Amm. Fimbriatus* de Saint-Fortunat.

Le fragment, de Saint-Cyr, dont je donne le dessin, arrive au diamètre de 20 millim. A cette taille les côtes sont moins distinctes; ce ne sont plus que de larges ondulations; les lignes longitudinales irrégulières persistent encore sur les flancs et couvrent aussi le dessus du dernier tour.

Je ne pense pas devoir réunir la *Chemnitzia undulata* à la *Ch. Perinima* (d'Orbigny) et à d'autres espèces décrites, dont les tours sont d'une forme assez différente, bien moins convexe, et dont l'angle sutural est moins grand; la figure que donne Oppel (*mittl. Lias.* pl. 3, fig. 14) d'un échantillon de *Breitenbach*, est celle qui se rapproche le plus de la forme de notre coquille.

Localités : Saint-Fortunat, Giverdy, Saint-Cyr, Saint-Maurice.

Explication des figures : Pl. XVIII, fig. 8, fragment de Saint-Cyr, *Chemnitzia undulata*, de grandeur naturelle.

Chemnitzia Suessi (STOLICZKA).

(Pl. XVIII, fig. 10.)

1860. Stoliczka, *Sitzungb. d. k. Akad. d. Wiss.* — 1861. *Gastropoden und Acephalen der Hierlatz-schichten*, p. 163, pl. 1, fig. 2.

Dimensions : Longueur calculée , 19 millim.; diamètre, 5 millim.; angle spiral, 14°

Coquille conique, allongée; spire formée d'un angle régulier, composée de tours à peine convexes, ornés en travers de côtes droites, régulières, un peu inclinées en avant, et au nombre de 20, au moins, par tour; le tout est recouvert de fines stries longitudinales; les côtes s'arrêtent, en haut des tours, un peu avant la suture et en sont séparées par un petit sillon.

La suture est nette et profonde.

Le dernier tour, légèrement arrondi en avant, est couvert en dessus de fines lignes concentriques, très-serrées.

La *Chemnitzia Suessi* a beaucoup de rapports avec la *Ch. Periniana*, mais elle s'en distingue très-bien par le nombre beaucoup plus grand de ses côtes, par la forme de son dernier tour qui est moins haut (la bouche, que mon échantillon ne laisse pas voir, doit être par conséquent moins allongée), enfin par le sillon qui coupe les côtes en haut des tours. On distingue nettement sur mes échantillons les lignes longitudinales; le trait le plus caractéristique est le nombre considérable de stries fines concentriques qui couvrent le dessus du dernier tour.

Localités : Lournand le château, Lournand les chaumes, *r*.

Explication des figures : Pl. XVIII, fig. 10, *Chemnitzia Suessi*, de Lournand, grossie deux fois. De ma collection.

Trochus Gaudryanus (D'ORBIGNY).

1850. D'Orbigny, *Paléont. Française*, p. 268, pl. 311, fig. 4 à 7.

Signalé par d'Orbigny, dans le lias moyen des environs de Châlons-sur-Saône.

Trochus Calefeldiensis (U. SCHLOENBACH).

1863. U. Schloenbach *Zeitschrift des Deuts. Geol. Gesellschaft* XV. Band. *Ueber den Eisenstein*, etc., p. 528.

Dimensions : Hauteur, 23 millim.; diamètre, 17 millim.;
angle spiral, 50°.

Le *Trochus Calefeldiensis* se rencontre dans les couches à *Amm.
Fimbriatus ;* il est dans nos contrées exactement de la taille indiquée par M. Schloenbach pour celui de Calefeld.

Les ornements semblent être un peu plus fortement marqués et plus compliqués sur les échantillons français ; la coquille est très-mince, l'ombilic, fort étroit, mais il existe réellement et empêche de réunir l'espèce au *Trochus Gaudryanus* d'Orbigny, assez rapproché pour la forme et les détails ; il en est de même pour les *Turbo Escheri* et *Meriani*, de Goldfuss.

Localités : Saint-Fortunat, Saint-Christophe, Lournand le château, *r*.

Trochus Cluniacensis (Nov. spec.)

(Pl. XVIII, fig. 7.)

Testa conica, imperforata ; anfractibus lævigatis convexiusculis, rotundatis, inferne limbatis ; spira angulo 90°.

Dimensions : Hauteur, 7 millim.; diamètre, 7 millim.; angle, 90°.

Coquille conique, globuleuse, lisse, sans ombilic ; spire formée d'un angle régulier, composé de tours ronds, convexes, sans ornements ; seulement, en arrière contre la suture, on remarque un petit bourrelet saillant, arrondi, séparé du reste du tour par une petite dépression.

Ce mouvement du test le sépare nettement du *Trochus nudus*, avec lequel sa petite taille pourrait le faire confondre.

Le sommet paraît tronqué parce que la coquille développe le

premier quart de sa volute sur un plan presque horizontal, comme le ferait une hélice déprimée, et ce n'est qu'après un tour et demi que la spire s'élève et prend son angle régulier.

Localités : Lournand le château , *r*.

Explication des figures : Pl. XVIII, fig. 7, *Trochus Clunia-censis*, de Lournand, grossi trois fois. De ma collection.

Trochus Helicinoides (ROEMER).

1836. Roemer, *Oolithen-Gebirge*, p. 150, pl. 11, fig. 13.

Dimensions : Hauteur, 4 millim.; largeur, 4 millim.; angle spiral un peu moindre qu'un angle droit.

Petit trochus, avec son test parfaitement conservé, des marnes bleues inférieures.

Le dernier tour est arrondi en avant, l'ombilic large, la coquille sans ornements. On remarque seulement quelques bandes irrégulières, peu marquées, qui courent obliquement en arrière, sur les tours.

Je regrette de ne pouvoir pas faire figurer ce petit échantilon, qui a été égaré.

Localité : Saint-Didier, vallon d'Arche, des marnes bleues.

Trochus Nisus (D'ORBIGNY).

1847. D'Orbigny, *Prodrome*, 8e étage, no 61.
1850. D'Orbigny, *Paléont. Française*, p. 250, pl. 30³, fig. 5 à 8.

Dimensions : longueur, 11 millim. ; diamètre , 8 millim.

Coquille conique, plus haute que large, largement ombiliquée ; spire formée d'un angle très-légèrement concave, composée de tours étroits carénés en avant ; les tours sont au nombre
de 9.

La coquille que j'ai sous les yeux et qui provient du Bugey, où
je l'ai recueillie dans les montagnes au-dessus de Saint-Rambert,
s'accorde parfaitement, même pour la taille, avec la coquille du
Calvados décrite par d'Orbigny.

Localités : Au-dessus de Saint-Rambert (Ain), après Le
Chappou. r.

Trochus Thetis (M. in GOLDFUSS).

1842. Goldfuss, *Petrefacta*, p. 34, pl. 179, fig. 10.
1858. Quenstedt, *Turbo heliciformis, der Jura*, p. 155, pl. 19, fig.
23 à 26.

Dimensions : Longueur, 7 millim.; diamètre, 7 millim ;
angle, 66°.

Petite coquille conique, ombiliquée ; spire formée d'un angle
régulier, plutôt un peu concave, composée de tours convexes,
ornés de 14 à 15 grosses côtes verticales qui sont un peu plus
saillantes en haut et en bas des tours.

Les tours sont au nombre de 6, la suture très-profonde ; le
dernier tour montre en avant, de grosses lignes spirales peu
marquées et un ombilic nettement caractérisé.

Quenstedt admet, pour ce trochus, la figure donnée par Zieten
pl. 33, fig. 3, sous le nom de *turbo heliciformis :* ce rapprochement
me paraît inadmissible. La figure de Goldfuss, au contraire, pl.
179, fig. 10, représente notre type très-fidèlement, même pour
la taille.

Nous retrouverons cette jolie coquille dans la zone supérieure ;

d'après Quenstedt, elle se trouve aussi en Allemagne dans les deux subdivisions du lias moyen.

Localités : Lournand le château, r.

Trochus nudus (M. in Goldfuss).

1842. Goldfuss, *Petrefacta*, pl. 180, fig. 1.

Les plus grands exemplaires mesurent en hauteur 7 millim.; le diamètre est à peu près le même. Ce petit trochus n'est pas très-rare.

Localités : Saint-Rambert (Ain), Le Chappou, Lournand le château, Saint-Christophe.

Trochus Gouberti (Nov. spec.).

Testa conica, umbilicata; spira angulo 58°; anfractibus complanatis, lævigatis, antice subangulosis, longitudinaliter bilineatis; ultimo anfractu supra-convexo, concentrice crebris lineis notato; apertura subquadrata.

Coquille conique, lisse, plus haute que large, ombiliquée; spire formée d'un angle régulier, composée de tours plans, lisses, portant seulement deux lignes très-bien marquées, à la partie supérieure des tours, la seconde de ces lignes étant exactement placée à la moitié de la largeur du tour. On compte 9 à 10 tours; le dernier, subcaréné en dehors, est convexe en-dessus et couvert de fines lignes concentriques; ombilic de moyenne grandeur, bouche arrondie, un peu carrée. Quoique la surface paraisse lisse, elle est pourtant couverte de fines lignes d'accroissement très-obliques.

Le *Trochus Gouberti* se rapproche du *Trochus Mariæ* d'Orbigny, mais il est moins élancé, les tours ne sont pas en gradins, l'ombilic plus petit, et le dernier tour strié en avant ; plus rapproché encore du *Trochus eburneus*, que j'ai décrit, des couches supérieures du lias moyen (1). Ce dernier en diffère parce qu'il n'a pas d'ombilic, et qu'il ne porte pas de stries en avant sur le dernier tour.

Localités : Lournand le château, *r.*

Trochus mamillaris (MOORE).

(Pl. XVIII, fig. 9.)

1865. Ch. Moore, *On the middle et upper lias of the south west of England*, p. 92, pl. 5. fig. 7 et 8.

Dimensions : hauteur 5 1/2 millim.; diamètre, 5 millim.; angle, 52°.

Petite coquille globuleuse, à peine plus haute que large ; spire formée d'un angle régulier, composée de 5 tours très-convexes ornés d'un grand nombre de lignes transverses, coupées par des lignes longitudinales de même importance et qui forment de petites nodosités aux croisements; les tours sont légèrement anguleux et présentent en dehors un méplat peu arrêté.

Le dernier tour, qui est plus haut que le reste de la coquille, est arrondi en avant et orné de 5 à 6 lignes spirales qui diminuent de volume en se rapprochant de l'ombilic, lequel est à peine indiqué ; la bouche est parfaitement ronde.

(1) Note sur quelques Fossiles peu connus ou mal figurés du lias moyen, in-8°, Lyon, 1857, 3 pl.

Localités : Lournand le château; deux exemplaires.

Explication des figures : Pl. XVIII, fig. 9, *Trochus mamillaris* de Lournand, grossi 4 fois.

Turbo Itys (D'ORBIGNY).

1850. D'Orbigny, *Paléontol. Française*, pl. 326, fig, 11 à 13.

Cette charmante petite espèce, très-rare dans notre lias, est parfaitement représentée dans la *Paléontologie Française*; l'angle spiral semble, cependant, un peu plus ouvert sur l'échantillon de Saint-Fortunat que j'ai sous les yeux.

Localité : Saint-Fortunat, *r*.

Turbo Escheri (M. IN GOLDFUSS).

1842. Goldfuss. *Petrefacta*, p. 96, pl. 193, fig. 14.

Les échantillons de Saône-et-Loire sont très-semblables à ceux d'Amberg.

Localités : Lournand le château, *r*.

Turbo Meriani (GOLDFUSS).

1842. Goldfuss, *Petrefacta*, p. 97, pl. 193, fig. 16.

Localités : Lournand le château, *r*.

Phasianella turbinata (STOLICZKA).

1860. Stoliczka, *Ueber die Gastropoden und Acephalen der Hier-latz-schichten*, p. 177, pl. 3, fig. 1 et 2.

Dimensions : longueur totale, 15 à 16 millim.; diamètre, 7 millim.; angle spiral, 33°.

Coquille allongée, sans ombilic ; à peine aperçoit-on la trace d'une petite fente ombilicale ; spire formée d'un angle régulier, composée de 7 tours convexes sans être très-saillants, lisses ; suture bien marquée ; le dernier tour arrondi en avant, bouche ronde...? L'échantillon ne laisse pas voir tout son contour ; le bord columellaire est fortement cintré ; le dernier tour ne fait pas la moitié de la hauteur totale.

Aucun de mes exemplaires ne laisse voir les fines lignes spirales, sur la base, que signale M. Stoliczka.

Localités : Lournand le château, Nolay, chemin de Borgy.

Phasianella Jason (D'ORBIGNY).

1850. D'Orbigny, *Paléontol. Française*, p. 318, pl. 324, fig. 1 à 3.

Cette petite espèce, d'une longueur de 10 millim., a été trouvée par M. A. Falsan, dans les marnes bleues du vallon d'Arche, et paraît peu commune, autant du moins que permettent de le supposer les occasions si rares de fouiller ce gisement.

Localités : Saint-Didier, Arche, r. Collection de M. A. Falsan.

Phasianella phasianoides (E. Deslongchamps).

1843. E. Deslongchamps, *Melania phasianoides*, *Mémoir. Soc.*
     Linn. de Normandie, vol. 7, p. 228, pl. 12, fig. 14.
1850. D'Orbigny, *Paléont. Française*, *Phasianella phasianoides*,
     p. 319, pl. 324, fig. 4.

L'échantillon de petite taille que j'ai sous les yeux, ne laisse
pas apercevoir les faibles stries longitudinales indiquées.

Localités : Russilly (Saône-et-Loire), *r*.

Pleurotomaria subdecorata (M. in Goldfuss).

1843. Goldfuss, *Petrefacta*, p. 71, pl. 185, fig. 3.

J'inscris sous le nom de *Pl. subdecorata* un magnifique Pleurotomaire, de très-grande taille, que j'ai recueilli dans les calcaires
des couches à *Amm. Davœi*, au-dessus du hameau du Chappou,
dans les montagnes de Saint-Rambert (Ain).

La hauteur est de 75 millim., le diamètre de 85, les tours, fortement en gradins, sont très-hauts et au nombre de 7 à 8. l'angle
fort ouvert se rapproche beaucoup de 100°; la bande du sinus,
placée en avant, est saillante, ornée en long d'une forte côte
obtuse, et elle n'a pas plus de 2 1/2 millim. de largeur sur le dernier tour; on remarque au-dessus de cette bande et en avant
deux lignes longitudinales fortement ondulées; au-dessous de la
bande du sinus, une dizaine de lignes longitudinales, assez régulièrement espacées; celles qui sont placées sur l'angle des tours
se chargent de nodosités peu marquées; le tout est recouvert par
des lignes d'accroissement irrégulières et serrées.

La partie en avant du dernier tour est en mauvais état sur mon échantillon.

Localités : Saint-Rambert le Chappou, *r.*

Pleurotomaria multicincta (SCHUBLER ZIETEN SP..)

1832. Zieten, *Trochus multicinctus , die Versteinerungen,* pl. 34 , fig. 1.

Dimensions : Diamètre, 108 millim.; épaisseur du dernier tour, 29 millim.

Grande coquille, beaucoup plus large que haute, très-largement ombiliquée; spire formée de tours légèrement convexes, le dernier anguleux extérieurement, régulièrement convexe en dessus et couvert partout de lignes concentriques; des lignes d'accroissement viennent les croiser et se montrent plus marquées à mesure que la surface descend, par une large courbure, dans l'ombilic.

Le moule semble indiquer que la bande du sinus était placée un peu plus haut que la moitié des tours.

Je ne crois pas me tromper en réunissant ce grand pleurotomaire à celui de Boll, quoique la figure de celui-ci paraisse assez différente; mais Oppel, qui possédait l'échantillon de Zieten, dit positivement que la figure de la planche 34 n'est pas fidèle.

Localités : Lournand les chaumes, *r. r.* De ma collection.

Pleurotomaria principalis (M. IN GOLDFUSS).

1843. Goldfuss, *Petrefacta,* p. 72, pl. 185, fig. 10.

Dimensions : Hauteur et diamètre, 13 millim.
Petite coquille conique, ombiliquée; spire formée d'un angle régulier, plutôt un peu concave.

D'Orbigny réunit ce pleurotomaire au *Trochus princeps* de Koch et Dunker. C'est, je crois une erreur ; il suffit de comparer les caractères les plus essentiels, surtout la bande du sinus, pour reconnaître les différences.

La coquille que je décris s'accorde au contraire parfaitement avec celle d'Amberg, figurée par Goldfuss. La bande du sinus, placée un peu plus haut que le milieu du tour, n'est pas saillante mais bordée par deux lignes en relief très-régulières ; elle est couverte de petits chevrons ; la bouche est carrée, légèrement déprimée, à angles arrondis ; l'ombilic, de grandeur moyenne.

Localités : Lournand le château, *r. r.*

Pleurotomaria rustica (E. Deslongchamps).

1849. E. Deslongchamps, *Mémoires de la Soc. Linn. de Normandie,* 8ᵉ vol., p. 76, pl. 12, fig. 1.

Coquille conique, bien plus haute que large ; les tours en gradins portent sur le milieu, ou plutôt un peu plus haut, une énorme bandelette extrêmement saillante, sans être en carène aiguë ; cette bandelette est limitée par quelques lignes saillantes très-irrégulières ; les ondulations qui forment presque des tubercules dans les figures de M. Deslongchamps, sont moins importantes dans nos pleurotomaires, et les lignes spirales plus finement marquées ; la coquille paraît être d'une épaisseur considérable.

Localités : Saint-Rambert le Chappou, *rr.*

Pleurotomaria expansa (Sowerby sp.).

(Pl. XVIII, fig. 11 et 12.)

1821. Sowerby, *Helicina expansa, miner. conchol,* pl. 273, fig. 1 à 3.

8

1850. D'Orbigny, *Pleurotomaria expansa ; Paléont. Française*,
p. 413, pl. 352, fig. 1 à 4.

J'ai recueilli ce pleurotomaire dans les couches les plus basses
de la zone.

Il y a un détail important pour lequel je ne suis d'accord
ni avec la figure donnée par M. Deslonchamps, ni avec celle de
d'Orbigny ; un exemplaire de Lournand, dont le test est entièrement conservé, me fait voir que la bande du sinus n'est pas
carénée, ni striée en travers, mais qu'elle forme une petite
rigole arrondie sur l'angle des tours et est couverte de 5 à 6
lignes longitudinales ; il y a bien de petits chevrons, qui
viennent croiser ces lignes, mais ils sont à peine visibles à
l'aide des plus forts grossissements ; cette bande creuse n'est pas
tout à fait recouverte par le tour suivant qui laisse apercevoir
1/3 à peu près de sa largeur.

Les stries longitudinales qui couvrent les tours du côté de la
spire, sont beaucoup plus serrés du côté extérieur.

Localités : Saint-Fortunal, Saint-Didier, Dardilly, Pouilly,
Saint-Nizier, Drevain, Borgy, Saint-Christophe, Lournand.

Explication des figures : Pl. XVIII, fig. 11. *Pleurotomaria
expansa* de Lournand, grossi 4 fois. Fig. 12, portion de la
bandelette du sinus, fortement grossie.

Pleurotomaria Heliciformis (E. Deslongchamps).

1846. E. Deslongchamps, *Mém. Soc. Linn. de Normandie*. 8e vol.,
p. 149. pl. 17, fig. 2.
1850. D'Orbigny, *Pleurotomaria rotellæformis, Paléont. Française*,
pl. 348, fig. 3 à 7.

Dimensions : Hauteur, 26 millim. ; diamètre, 32 millim.

La coquille que j'ai sous les yeux, s'accorde mieux pour la forme avec le dessin de M. Deslonchamps qu'avec celui de d'Orbigny. — Elle est encore moins déprimée que la fig. 2, de M. Deslongchamps.

La coquille est très-mince, fragile, couverte de lignes d'accroissement très-obliques; la bandelette, très-nettement limitée, est un peu plus large comparativement.

Localités: Saint-Christophe, ma collection; Col des Encombres, collection de M L. Pillet, r.

Alaria subpunctata (MUNSTER SP.).

1843. Goldfuss, *Pterocera subpunctata. Petrefacta*, pl. 169, fig. 7.
1855. D'Orbigny, *Paléont. Française*, *Pterocera subpunctata*, pl 429, fig. 3 et 4.
1864. Piette, *Alaria subpunctata. Paléontol. Française*, pl. 3, fig. 3 à 5.

Localités : Ravin de Pinperdu, près de Salins (Jura), r. r.

Cerithium reticulatum (E. DESLONGCHAMPS).

1842. E. Deslongchamps, *Mém. Soc. Linné. de Normandie*, 7e vol p. 208, pl. 11, fig. 38 et 39.

Ce cerithium, très-rare dans la zone inférieure du lias moyen, est très-abondant, au contraire, dans la zone supérieure, comme on le verra plus loin; chercher le *Cerithium reticulatum* dans la zone a *Pecten æquivalvis*, où l'on trouvera une description détaillée.

Localités : Lournand les chaumes, couches les plus inférieures, r. r.

Pholadomya ambigua (SOWERBY).

1819. Sowerby, *Miner. Conchol.*, pl. 227.
1836. Roemer, *Die Versteinerungen*, p. 137, pl. 15, fig. 1.

Dimensions : Longueur, 41 millim.; largeur, 70 millim,
épaisseur, 34 millim.

Elle est commune dans notre lias.

Les côtes, au nombre de 8, assez également espacées, deviennent peu apparentes à moitié distance des crochets ; sillons
concentriques, irréguliers, bien marqués.

La forme d'ensemble de mes échantillons se rapproche beaucoup plus de la figure de Roemer que de celle de Sowerby.

Dans les marnes à *Pent. basaltiformis.*

Localités : Saint-Fortunat.

Pholadomya obliquata (PHILLIPS).

1829. Phillips, *Yorkshire*, pl. 13, fig. 15.

Dimensions : Longueur, 38 millim.; largeur, 80 millim.;
épaisseur, 44 millim.

Forme très-rare et jamais en bon état de conservation. Au
niveau de l'*Am. Jamesoni.*

Les crochets, très-saillants, sont maigres et les côtes rayonnantes à peine visibles.

Localités : Saint-Fortunat, r. r.

Pholadomya decorata (ZIETEN).

1830. Zieten, *Die Versteinerung*, p. 87, pl. 66, fig. 2 *a. c.*
1840. Agassiz, *Etudes critiques*, p. 101, pl. 7, fig. 17 et 18.

La *Pholadomya decorata* n'est pas très-rare dans la zone et se rencontre dans les couches les plus inférieures, souvent de très-grande taille (90 millim. largeur).

Les plis rugueux concentriques sont très-marqués et assez irréguliers ; contrairement à ce que dit Agassiz, je remarque que l'aire cardinale est très-nettement marquée jusque sous les crochets.

Localités : Saint-Fortunat.

Pholadomya Voltzi (AGASSIZ).

1840. Agassiz, *Etudes critiques*, p. 122, pl. 3 *c.*, fig. 1 à 9.

Le très-bel échantillon que j'ai sous les yeux n'est pas entier, malheureusement ; les crochets, tout à fait antérieurs sont massifs et renflés, les sillons concentriques, très-bien marqués, décrivent les contours indiqués par les figures d'Agassiz ; les côtes rayonnantes, très-nombreuses, obliques, sont à peine marquées. En arrivant au bord inférieur, on en compte 14 ; il y en a 15 d'indiquées sur l'échantillon d'Agassiz, figuré sous le n° 8.

Localités : Moiré (Rhône), *r*. De ma collection.

Pleuromya striatula (AGASSIZ).

1840. Agassiz, *Etudes critiques*, p. 239, pl. 28, fig. 10 et 11.

Cette pleuromye est beaucoup plus rare dans le lias moyen que
dans le lias inférieur ; nous verrons qu'elle manque tout à fait,
ainsi que ses congénères, dans la zone supérieure à *Pecten
æquivalvis*.

Elle arrive quelquefois à une assez grande taille ; j'ai des
exemplaires de Saint-Christophe dont la largeur dépasse 65 millimètres.

Localités : Saint-Fortunat, Saint-Didier carrières d'Arche, Saint-Cyr, Dardilly, Saint-Christophe. *c.*

Pleuromya macilenta (Nov. spec.).

(Pl. XIX, fig. 1 et 2.)

*Testa compressa, antice rotundata, postice lata, producta ;
margine superiore subrecto, declivi ; margine inferiore
paulisper arcuato ; umbonibus anticis, prominulis, non involutis.*

Dimensions : Longueur, 35 millim. ; largeur, 57 millim. ;
épaisseur, 19 millim.

Coquille très-comprimée, à contours largement arrondis ; côté
antérieur en rostre arrondi, côté postérieur de même, d'une
manière encore plus marquée et plus large ; bord inférieur très-
légèrement arqué ; bord supérieur droit et oblique ; crochets
petits, assez saillants, non recourbés, placés au tiers antérieur.

La coquille paraît fermée à l'exception de la partie postérieure ;
le trait principal est la compression considérable, mais je crois
que la coquille a subi une déformation qui empêche d'apprécier
exactement les rapports de position des deux valves ; peut-être
faudrait-il la rapprocher de la *Pleuromya glabra* (Agassiz).

Localités : Saint-Fortunat, dans les marnes inférieures à Bélemnites, *r*. De ma collection.

Explication des figures : Pl. XIX, fig. 1, *Pleuromya macilenta* de Saint-Fortunat. Fig. 2, la même vue du côté des crochets.

Gresslya striata (AGASSIZ).

(Pl. XVIII, fig. 13 à 15.)

1840. Agassiz, *Études critiques*, p. 219, pl. 13 *c.*, fig. 7 à 9.

Dimensions : longueur, 30 millim.; largeur, 43 millim.; épaisseur, 23 millim.

Coquille ramassée, arrondie; crochets assez forts mais peu saillants et fortement recourbés en avant, situés au quart antérieur; une dépression descend du sommet perpendiculairement sur le bord palléal qui est droit; le bord cardinal déclive, un peu convexe; les deux extrémités latérales arrondies; celle antérieure forme un rostre tranchant.

L'échantillon que j'ai sous les yeux, n'est qu'un moule, mais la forme est bien celle du dessin donné par Agassiz, comme on peut en juger par la figure.

Localités : Meyrannes, *r*.

Explication des figures : Pl. XVIII, fig, 13. *Gresslya striata* de Meyrannes, vue par côté. De la collection du frère Enthyme. Fig 14, La même, du côté des crochets. Fig. 15, la même vue du côté antérieur.

Leda palmæ (SOWERBY SP.).

(Pl. XIX, fig. 3 et 4.)

1825 Sowerby, *Nucula palmæ, min. conch.*, pl. 475.
1837. Goldfuss, *Nucula subovalis, Petref.* pl. 125, fig. 4.
1858. Quenstedt, *Nucula palmæ, der Jura,* pl. 13, fig. 42.

Dimensions : longueur, 8 millim.; largeur, 13 millim.; épaisseur, 6 millim.

Assez rare, se rencontre dans les couches qui renferment l'*Amm. Davœi.*

Localités : Saint-Didier, Arche, Saint-Christophe, Saint-Maurice, Besançon (Chapelle-des-Buis), Meyrannes de la collection du frère Euthyme.

Explication des figures : Pl. XIX, fig. 3, *Leda palmæ* de Besançon, de grandeur naturelle. Fig. 4, la même, vue du côté des crochets, grossie 3 trois fois.

Leda Galatea (D'ORBIGNY).

(Pl. XIX, fig. 5 et 6.)

1850. D'Orbigny, *Prodrome,* 8° *étage,* n° 152.
1856. Oppel, *Die Juraformation.* p. 295.

Dimensions : Longueur, 3 1/2 millim.; largeur, 6 millim.; épaisseur, 2 millim.

Petite coquille lisse, beaucoup plus large que longue, à

contour elliptique; crochets saillants, aigus, placés au tiers
antérieurs; les deux extrémités latérales également et largement
arrondies.

La *Nucula inflexa* de Roemer (*Die Versteiner*, pl. 6, fig. 15), de
l'oolite inférieure, est d'une forme tout autre et ne peut pas, il
me semble, lui être réunie, comme le pense M. Quenstedt.

La *Nucula striata* Roemer (même planche, fig. 11) s'accorde
mieux pour la forme, mais elle est fortement striée.

Localités : Saint-Fortunat, Saint-Maurice, r. Dans les
marnes inférieures à *Pentacrinus basalliformis*.

Explication des figures : Pl. XIX, fig. 5, *Leda Galatea* de
Saint-Fortunat, grossie 4 fois. Fig. 6, la même vue du côté
antérieur. De ma collection.

Nucula variabilis (QUENSTEDT).

1858. Quenstedt, *Der Jura.*, p. 188, pl. 23, fig. 28.

Dimensions : Longueur, 6 millim.; largeur 7 millim.; épaisseur, 4 millim.

Petite coquille globuleuse, crochets submédians, un peu antérieurs; surface lisse avec deux ou trois lignes d'accroissement
près du bord, coquille épaisse.

On la trouve en nombre considérable dans la lumachelle à
lingules, c'est-à-dire au niveau le plus élevé de la zone; malheureusement la roche pyritisée est d'une dureté excessive et ne
permet pas d'isoler les fossiles. C'est la coquille qui, après la
Lingula Voltzi, joue le rôle le plus important dans cette très-mince
subdivision du lias moyen.

Localités : Poleymieux (rivière), Giverdy, Ville-sur-Jarnioux, Besançon (Chapelle-des-Buis), c.

Astarte resecta (Nov. spec).

(Pl. XIX, fig. 7.)

Testa valde compressa, ovato-subtetragona, subæquilatera ; costis concentricis, regularibus, acutis ; umbonibus acuminatis; margine cardinali postice secata.

Dimensions : longueur, 6 millim.; largeur...?

Coquille très-comprimée, ornée de 13 gros plis excentriques en escaliers, assez égaux ; les sommets très-aigus ; le côté cardinal postérieur offre une ligne absolument droite, comme si le bord avait été tranché.

Les plis sont très-réguliers tout en augmentant un peu en largeur, en approchant du bord palléal ; sur l'angle saillant qu'ils forment on remarque une ligne ou très-petit sillon.

L'échantillon, parfaitement conservé du reste, est caché en partie et ne permet pas de donner le contour de la coquille d'une manière sûre.

Localités : Lournand le château, r.

Explication des figures : Pl. XIX, fig. 7, *Astarte resecta* de Lournand, grossie 5 fois. De ma collection.

Astarte lenticula (Nov. spec.).

Testa subinflata, rotundata, parvissima, costis concentricis regularibus et numerosis ornata.

Très-petite coquille, de forme arrondie, aussi large que longue, assez renflée, ornée de 13 à 14 plis concentriques, qui paraissent un peu plus écartés dans la région des crochets, autant que l'on peut le distinguer dans une coquille dont le diamètre n'arrive pas à 2 millim. Le grand nombre des plis concentriques empêchent de considérer cette très-petite astarte comme la jeune d'une autre espèce.

Localités : Moroges, sur une *Ammonites Latæcosta*, *r. r.*

Unicardium globosum (MOORE).

1865. Ch. Moore, *On the middle et upperlias of the south west of England*, p. 103, pl. 7, fig. 15.

Dimensions : Longueur, 12 millim.; largeur, 14 millim.

Coquille globuleuse, ornée de stries concentriques avec deux ou trois lignes d'accroissement plus marquées, contour arrondi, valves fortement renflées; crochets proéminents, peu épais, recourbés en avant; ils sont un peu plus rapprochés du côté antérieur. Je ne puis pas voir la charnière.

D'Orbigny, dans le *Prodrome*, décrit sous le nom d'*Unicardium Janthe* (8° étage, n° 179), une coquille de Salins (Pinperdu) qu'il aut probablement rapporter à notre espèce.

Localités : Saint-Fortunat, Pannessières, Salins ?... dans les couches inférieures. *r.* De ma collection.

Cardium multicostatum (PHILLIPS).

1835. Phillips, *Yorkshire*, pl. 13, fig. 21.
1838. Goldfuss, *Petrefacta*, pl. 143, fig. 9.

Echantillon assez grand, avec de très-fortes lignes d'accroissement.

Localités : Lournand le château, r.

Cardium truncatum (Sowerby).

1829. Sowerby, *Miner. Conchol.*, pl. 553, fig. 3.
1838. Goldfuss, *Petrefacta, Cardium truncatum*. pl. 143, fig. 10.

Petite coquille épaisse, assez globuleuse; les crochets, presque
médians, sont bien formés et contournés à la pointe; les lignes
rayonnantes, qui se voient du côté postérieur, ne sont pas très-
marquées.

Très-abondante dans la petite couche à lingules, à la partie
supérieure des marnes bleues.

Localité : Ville-sur-Jarnioux, c.

Pinna Sepiæformis (Nov. spec.)

(Pl. XX, fig. 1 et 2.).

*Testa ovata, elongata, compressa, clausa; postice plana, rotun-
data; valvis concentrice plicatis, radiatim costatis; costis rectis,
distantibus; valvis nullo sulco dimidiatis.*

Dimensions : Longueur, 130 millim.; largeur, 65 millim.;
épaisseur, 25 millim.

Coquille allongée, comprimée, de forme elliptique, arrondie
et fermée à sa base; la forme générale peut être comparée à celle
d'un os de sèche, mais il faudrait tenir compte de la partie où
sont les crochets, qui manque sur mon échantillon; la coquille,
très-mince pour sa taille, présente une surface régulièrement

convexe, sans traces de fissure médiane; elle est ornée de douze
fortes lignes saillantes, arrondies, droites, irrégulièrement espacées, qui ne descendent qu'aux trois quarts de la longueur;
elles sont croisées par des lignes transverses, concentriques,
moins hautes et bien plus rapprochées entre elles, qui décrivent
une courbe descendante des plus prononcées; le dessin des ornements se rapproche beaucoup de celui de la *Pinna Hartmanni*,
dont la forme générale est si différente, la *Pinna Sepiæformis*
étant comprimée, arrondie en bas et fermée; mon échantillon,
qui a conservé son test, ne paraît pas avoir subi de déformation
notable dans son ensemble; les bords inférieurs sont cependant
évidemment dérangés et comprimés.

Les *pinna* sont extrêmement rares dans la zone à *Belemnites
clavatus* de notre région; je possède encore un échantillon de
Saint-Fortunat en mauvais état, qui montre des fissures médianes.

Localités : Saint-Fortunat, *r. r.*

Explication des figures : Pl. XX, fig. 1, *Pinna sepiæformis*,
de Saint-Fortunat, de grandeur naturelle. Fig. 2, la même,
vue par côté. De ma collection.

Mytilus elongatus (Koch et Dunker).

1837. Koch et Dunker, *Modiola elongata*; *Nordd. Oolithgebildes*,
p. 22, pl. 7, fig. 12.

Assez grosse espèce, dont je n'ai aucun échantillon entier; la
coquille paraît épaisse, arquée; elle est recouverte de petits plis
concentriques, très-réguliers, profonds; la présence de ces plis
sur toute la surface, leur profondeur, leur allure me laissent
peu de doute sur l'identité avec l'espèce allemande; le fragment
de Meyrannes a cependant une forme plus arquée et qui s'éloigne
en cela de la figure indiquée.

Localités : Meyrannes, *r*. Collection du frère Euthyme.

Mytilus numismalis (OPPEL SP.).

(Pl. XIX, fig. 8 et 9).

1853. Oppel, *Modiola numismalis; mittl. Lias*, p. 121; pl. 4, fig. 17.

Dimensions : Long., 68 mill.; larg., 21 mill.; épaiss., 22 mill.
Autres :   — 43 —   — 14 —   — 8 —

Coquille allongée, d'assez grande taille; le côté antérieur est droit, l'autre s'arrondit; la plus grande largeur paraît être sur le milieu de la coquille; une forte carène part des crochets et traverse la valve obliquement, mais elle est peu marquée dans la moitié inférieure; l'extrémité inférieure, moins épaisse, s'arrondit régulièrement en perdant un peu de sa largeur. Toute la surface brillante est couverte d'ondulations sur lesquelles on distingue une foule de petites lignes d'accroissement.

La taille de notre mytilus dépasse de beaucoup celle indiquée par Oppel; d'un autre côté, la forme d'ensemble s'accorde assez bien avec celle du *mytilus Morrisi* (Goldfuss : *mytilus scalprum, Petref*, pl. 130, fig. 9), et je n'hésiterais pas à inscrire notre coquille sous ce nom, si les plis ne me paraissaient pas tout à fait différents, disposés par faisceaux irréguliers sur toute la surface.

Localités : Saint-Fortunat, Giverdy, Lournand, dans la partie supérieure des marnes bleues, au contact de la petite couche à lingules, *c*.

Explication des figures : Pl. XIX: fig. 8, *mytilus numismalis*, de Giverdy, de grandeur naturelle. Fig. 9, le même, vu du côté antérieur. De la collection de M. Al. Falsan.

Limea Konlnckana (Chapuis et Dewalque).

(Pl. XIX, fig. 10 et 11.)

1851. Chapuis et Dewalque, *Fossiles du Luxembourg*, p. 192, pl. 26, fig. 9.

Dimensions : Longueur et largeur, 18 millim.

Coquille assez renflée, arrondie, ornée de 22 à 24 côtes, en forme de toit, séparées par des intervalles égaux à elles-mêmes ; ces côtes portent sur chacune de leurs pentes 4 à 5 lignes régulières de points saillants ; le fond des sillons est couvert de stries concentriques ; l'arète des côtes est munie de tubercules rugueux qui se recouvrent en forme de tuiles ; l'ensemble des ornements a beaucoup de rapports avec ceux du *Pecten barbatus* (Sowerby). La dimension est quelquefois beaucoup plus grande que la taille indiquée; plus du double d'après quelques fragments.

Les points saillants me paraissent bien plus nombreux que dans les échantillons de Jamoigne ; je ne connais pas les oreilles.

Localités : Dardilly, Saint-Rambert Chappou, r. r.

Explication des figures : Pl. XIX, fig. 10, *Limea Koninckana*, de Dardilly, de grandeur naturelle. Fig. 11, une portion du test, grossie. De ma collection.

Limea acuticosta (Goldfuss).

Voir pour les détails dans la zone supérieure où elle est beaucoup plus répandue.

Localités : Saint-Fortunat, Nandax, r, dans les marnes à Bélemnites.

Lima punctata (Sowerby sp.)

1815. Sowerby, *Plagiostoma punctatum. Miner, Conchol*, pl. 113.

La variété que j'inscris ici, et qui vient des marnes supérieures, se distingue de la *Lima punctata* du lias inférieur par la disposition de ses ornements : les lignes rayonnantes ponctuées, fort irrégulières, sont ici beaucoup plus espacées ; il y a, en moyenne, près du bord, un millimètre, entre chaque, de distance.

Localités : Saint-Fortunat, Saint-Cyr.

Lima pectinoides (Sowerby sp.).

1815. Sowerby, *Plagiostoma pectinoides. Mineral Conchology*, pl. 114, fig. 4.
1838. Goldfuss, *Lima pectinoides. Petrefacta*, pl. 102, fig. 12.

Dimensions : Longueur, 40 millim.; largeur, 36 millim.
Cette lima, à côtes alternantes, qui se montre à tous les niveaux du lias, est beaucoup moins répandue dans le lias moyen que dans le lias inférieur.

Localités : Saint-Fortunat, Dardilly le Paillet, Saint-Rambert Chappou, *r*.

Lima Meyrannensis (Nov. spec.).

(Pl. XIX, fig. 12 à 14.)

Testa ovato-obliqua, inequilaterali, compressa; costis radiantibus 20 acutis, prominentibus, interstitiis plano concavis, striis concentricis, crebris, lamellosis, undique notatis ; auriculis.....?

Dimensions : Longueur, 23 millim.; largeur, 20 millim.; épaisseur, 7 millim.

Coquille comprimée, formant un ovale régulier ; l'angle apicial est très-ouvert, au moins 100°; elle est ornée de 19 à 20 côtes rayonnantes, aiguës, séparées par des sillons concaves arrondis, plus larges qu'elles-mêmes ; toute la surface est recouverte de stries concentriques, coupantes, irrégulières, presque ondulées, plus serrées dans la région palléale ; le côté buccal est droit sans être excavé, le côté anal régulièrement arrondi.

Oreilles inconnues.

Par sa forme ovale, son peu d'épaisseur et la nature de ses ornements, cette lima ne peut se confondre avec aucune autre espèce décrite.

Localités : Meyrannes, r.

Explication des figures : Pl. XIX, fig. 12, *Lima Meyrannensis*, de grandeur naturelle. Fig. 13, la même, vue du côté palléal. Fig. 14, portion du test fortement grossie. De la collection du frère Euthyme.

Avicula sexcostata (ROEMER).

1836. Roemer, *Oolithen Gebirge*, p. 87, pl. 4, fig. 4
1858. Quenstedt, *Monotis sexcotata, der Jura*, p. 185, pl. 23, fig. 7.

Dimensions : Longueur et largeur, 10 millim.

Il est presque impossible d'obtenir des échantillons de cette petite avicule ; elle se rencontre dans les marnes bleues qui ne

9

sont pas exploitées et qui ne fournissent que des empreintes que le moindre froissement détruit ; la figure donnée par Quenstedt représente fort bien nos spécimens.

Localités : Saint-Didier, vallon d'Arche, partie inférieure des marnes bleues.

Avicula papyria (QUENSTEDT sp.).

(Pl. XX, fig. 3, 4 et 5.)

1858. Quenstedt, *Monotis papyria, der Jura*, p 409, pl. 43, fig. 31 et 32.

Dimensions : Longueur, 47 millim.; largeur, 44 millim.

Coquille de grande taille, arrondie, moyennement renflée (la valve gauche), mince, couverte partout de côtes rayonnantes onduleuses, peu saillantes, irrégulières, alternant avec d'autres lignes beaucoup plus petites; sur certaines valves les ornements deviennent à peine visibles, surtout près de la région palléale ; sur les échantillons bien conservés de faibles lignes concentriques sont encore marquées.

Le sommet dépasse notablement la ligne cardinale ; l'expansion anale assez développée, se rattachant au reste de la coquille par une ligne un peu sinueuse ; expansion buccale bien plus courte ; de faibles lignes concentriques les couvrent toutes deux ; la ligne du ligament, mince et rectiligne, est moindre que le diamètre transversal ; elle se creuse en rigole du côté anal, et ce petit canal se termine à la moitié de la largeur de l'oreille.

La valve droite est plane, recouverte des mêmes ornements et un peu moins grande que la valve bombée ; l'expansion buccale, tout à fait tronquée, ne consiste qu'en une bande étroite qui compte 5 millim. à partir du crochet et qui est séparée brusquement de la valve par un sinus très-étroit ; cette petite oreille est bordée de sillons coupants et bien marqués, qui se montrent aussi sur la partie du contour de la valve qui est en face d'elle ; cette très-petite portion de la coquille est la seule où les ornements soient un peu fortement marqués.

L'impression musculaire est ovale, petite et placée du côté postérieur.

L'*Avicula papyria* est assez abondante dans les marnes à *P. basaltiformis* des carrières de Saint-Fortunat ; il est malheureusement difficile d'obtenir un spécimen non brisé.

Quenstedt dit qu'elle est commune dans les couches à *Amm. raricostatus* de Breitenbach ; dans notre lias elle se trouve certainement à un niveau bien plus élevé, en compagnie de l'*Amm. Davœi.*

Localités : Saint-Fortunat, Saint-Cyr, Saint-Germain, *c.*

Explication des figures : Pl. XX, fig. 3, *Avicula papyria*, de Saint-Fortunat, valve gauche, de grandeur naturelle. Fig. 4, la même, valve droite, aussi de Saint-Fortunat. Fig. 5, fragment de la valve droite vue par l'intérieur pour montrer le sinus. De ma collection.

Avicula Fortunata (NOV. SPEC.).

(Pl. XXI, fig. 3 et 4.)

Testa ovato-compressa, inæquivalvi, radiatim costata ; costis simplicibus, equalibus ; sulcis concavis latioribus, vix lineis evanescentibus notatis ; latere buccali vel anali radiatis.

Dimensions : Longueur, 9 millim.; largeur, 8 millim.

Petite espèce bien distincte ; valve gauche ornée de 12 à 15 côtes régulières, non coupantes mais arrondies, séparées par des intervalles lisses d'une largeur double ; avec une forte loupe on distingue quelques faibles stries rayonnantes dans ces intervalles ; les côtes sont peu marquées vers le crochet qui est rond et large comparativement, et dépasse d'une manière notable la ligne cardinale.

L'oreille antérieure est couverte de petits plis, bien marqués, qui ne sont que la continuation des côtes ; celle postérieure, beaucoup plus large, sans être prolongée en aile aiguë, porte les mêmes ornements, un peu moins marqués ; le nombre de 12 à 15 côtes indiqué ne se rapporte qu'à celles qui rayonnent sur la coquille elle-même, sans y comprendre celles plus petites et plus serrées qui se continuent sur les deux oreillettes.

Valve droite plus petite et, si je ne me trompe, très-convexe ou bombée ; je ne la connais que par sa surface intérieure qui paraît lisse avec faibles indices de côtes.

Localités : Giverdy, puits de Montout, dans la petite couche à lingules, c.

Explication des figures : Pl. XXI, fig. 3, avicula Fortunata, de Giverdy, valve gauche grossie 2 fois. Fig. 4, valve droite, vue du côté intérieur, grossie 2 fois. De ma collection.

Avicula Sinemuriensis (D'Orbigny).

1850. D'Orbigny, Prodrome, étage 7e, no 125.
— Avicula inæquivlavis : Phillips, Zieten ; Goldfuss (non Sowerby).
1867. E. Dumortier, Avicula Sinemuriensis, Études paléontol., 2e partie, pl. 48, fig. 2 et 3.

Cette avicule est beaucoup moins commune dans le lias moyen de nos contrées que dans le lias inférieur ; elle se rencontre assez souvent cependant, mais toujours en mauvais état, dans les marnes à Pent. basaltiformis de Saint-Fortunat ; sa taille est assez grande.

Le nom spécifique est peu convenable, car l'espèce ne caractérise pas le Sinémurien seul et passe, comme on le voit, dans le lias moyen.

Localités : Saint-Fortunat, Saint-Didier, dans les marnes inférieures. De ma collection. Montout, dans les marnes bleues supérieures. De la collection de M. Locard.

Avicula calva (U. SCHLOENBACH).

(Pl. XXI, fig. 1 et 2.)

1863. U. Schloenbach, *Ueber die Eisenstein : Zeitschrift der Deuts. geol. Gesellschaft*, XV. Band, p. 541, pl. 13, fig. 2.

Dimensions : Longueur et largeur, 30 millim; épaisseur, 7 à 8 millim.

La valve gauche, entièrement lisse, de forme ronde, assez renflée, le crochet assez proéminent ou fortement recourbé ; la ligne cardinale droite, creusée en gouttière, est plus courte que la largeur de la coquille ; la valve droite plane, plutôt un peu concave, montre des lignes rayonnantes peu saillantes mais très-distinctes, quoique la valve gauche, sur mes échantillons, soit parfaitement lisse. L'exemplaire complet que j'ai sous les yeux porte, sur le milieu de la valve droite, une très-forte ligne d'accroissement concentrique, imitant une coquille superposée ; cet exemplaire bivalve montre que les deux valves avaient la même dimension, fait assez rare chez les avicules.

L'*Avicula calva* me paraît bien séparée de l'*A. papyria* par sa coquille lisse, plus ronde, à crochets plus prononcés ; les valves droites se ressemblent beaucoup dans les deux espèces.

Localités : Saint-Fortunat, Saint-Cyr, Saint-Didier, Dardilly, Pouilly, c.

Explication des figures : Pl. XXI, fig. 1, *Avicula calva* de
Saint-Fortunat, de grandeur naturelle. De ma collection.
Fig. 2, la même, autre spécimen bivalve de la même localité,
vue du côté de la valve droite. Collection de M. A. Falsan.

Inoceramus ventricosus (Sowerby sp.).

(Pl. XXI, fig. 5 et 6.)

1823. Sowerby, *Crenatula ventricosa. Miner. Conch.*, pl. 443.
1836. Goldfuss, *Inoceramus nobilis. Petrefacta*, pl. 109, fig. 4.

Cette coquille remarquable, très-abondante dans les marnes
grises inférieures du Mont d'Or lyonnais, ne se présente jamais
qu'en fragments. Elle est aussi extraordinaire par sa grande
taille que par le peu d'épaisseur de son test fibreux et fragile ; en
effet, sur des échantillons qui devaient mesurer plus de 10 centimètres de diamètre, la coquille n'arrive jamais à l'épaisseur de
1 millim. et, le plus souvent, ne dépasse pas un demi-millim.
Cette circonstance explique très-bien le mauvais état des spécimens, qui sont toujours brisés de manière à ne rien laisser voir
de la forme générale ; et, cependant les stries et les sillons sont
parfaitement conservés.

Je donne le dessin de deux fragments d'après lesquels on peut
se faire une idée des ornements. La fig. 6., pl. XXI, représente
un assez grand fragment portant une ligne verticale formée par
une série d'inflexions des stries, arrangées irrégulièrement en
chevrons superposés, le tout imprimé en creux sur la coquille ;
cette impression provient sans doute d'un accident, car je ne vois
rien dans les dessins des auteurs qui corresponde à cette modification du test.

Localités : Saint-Cyr, Saint-Fortunat et toutes les carrières
du lias du Mont-d'Or, *c. c.*

Explication des figures : Pl. XXI, fig. 5, *Inoceramus ventricosus*, de Saint-Fortunat, fragment de grandeur naturelle. Fig. 6, autre, même localité. De ma collection.

Pecten Hehli (D'ORBIGNY).

1833. Zieten, *Pecten glaber*, *Versteiner*, pl. 53, fig. 1.
1850. D'Orbigny, *Pecten Hehli. Prodrome, étage 7e*, no 130.
1867. E. Dumortier, *Études Paléontologiques*, 2e partie, pl. 12, fig. 5 et 6.

Très-peu abondant, on le rencontre dans les marnes inférieures à Bélemnites, où il est de taille moindre que dans l'étage du lias inférieur.

Localités : Saint-Fortunat, Saint-Didier.

Pecten acutiradiatus (GOLDFUSS).

(Pl. XXI, fig. 8.)

1838. Goldfuss, *Petrefacta*, pl. 89. fig. 6.

Dimensions : Longueur et largeur, 22 millim.

Petite coquille de forme ronde, ornée de 24 côtes aiguës, séparées par des intervalles plus grands qu'elles-mêmes, formant des sillons arrondis, recouverts partout par des stries concentriques coupantes plus serrées dans la région palléale.

Sur une des valves les côtes sont plus minces et les stries concentriques, près des crochets, sont beaucoup plus fortes, plus distantes, jusqu'à devenir presque égales aux côtes elles-mêmes, avec lesquelles elles forment (là seulement) un quadrille fort élégant; sur les deux valves on remarque, en dehors de la dernière côte, une area couverte de stries horizontales, beaucoup plus larges que les lignes concentriques dont elles sont tout à fait indépendantes comme direction.

Ces ornements (stries horizontales) manquent tout à fait dans les grands Pecten que nous inscrivons plus loin sous le nom de *Pecten acuticostatus* (Lamarck) : il me semble par cela même impossible de réunir les deux espèces, comme le propose M. U. Schloenbach (*Zeitschrift der Deuts, geol. Geselschaft XV Band*, 1863, p. 542). On comprend en effet que la complication des ornements se montrant sur de petits Pecten et manquant tout à fait sur des coquilles beaucoup plus grandes, ne peut être attribuée à une modification du test : si cette observation est confirmée par d'autres paléontologistes, elle permettra de distinguer les deux Pecten à côtes coupantes du lias moyen.

Le *P. acutiradiatus* est assez commun dans les marnes inférieures. Nous l'avons déjà rencontré dans la zone supérieure du lias inférieur.

Localités : Saint-Fortunat, Saint-Didier, Dardilly.

Explication des figures : Pl. XXI, fig. 8, *Pecten acutiradiatus*, de Dardilly, vu par côté, grossi 2 fois. De ma collection.

Pecten acuticostatus (LAMARCK).

(Pl. XXI, fig. 7.)

1818. Lamarck , *Pecten acuticosta* : *Animaux sans vertèbres*, 2e édition, t. 7, p. 157.
1831. Zieten, *Pecten acuticostatus* : *Die Verstein*, pl. 53, fig. 6.

Coquille assez grande (la longueur va jusqu'à 60 millim.), de forme ronde, ornée de 22 à 24 côtes aiguës, séparées par des sillons arrondis bien plus larges, le tout recouvert par des lignes coupantes extraordinairement serrées ; l'oreille, qui laisse passer le bissus, porte 3 rayons croisés par des stries concentriques. L'espèce est assez abondante dans les marnes inférieures, mais toujours en fragments dont les ornements sont en général fort bien conservés.

Déjà signalé et figuré, il y a un siècle, en 1768, par Knorr, il a été confondu plus tard, soit avec le *P. priscus*, soit avec le *P. æquivalvis*, soit avec le *P. acutiradiatus*, Goldfuss. On peut le distinguer de ce dernier, qui lui ressemble beaucoup, en examinant la partie latérale du test qui déborde de chaque côté, après la dernière côte ; cette partie de la coquille est recouverte par la continuation des stries concentriques, tandis que dans le *P. acutiradiatus* elle est ornée de coches horizontales, formant une aréa tout à fait distincte ; de plus les valves se rejoignent sur ce point en formant un angle aigu dans le *P. acuticostatus*, tandis que dans le *P. acutiradiatus* elles forment un angle des plus obtus. (Voir les détails donnés à l'espèce précédente.)

Le *P. priscus* a les côtes rondes et non coupantes ; il en est de même pour le *P. æquivalvis*, qui ne se montre d'ailleurs que beaucoup plus haut.

Localités : Saint-Fortunat, Saint-Didier, Saint-Cyr, Saint-Christophe, Pouilly, *c*.

Explication des figures : Pl. XXI, fig. 7, fragment de *P. acuticostatus*, de Pouilly, grossi 2 fois. De ma collection.

Pecten Amalthei (Oppel).

1854. Oppel, *Der mittl. Lias Schwabens*, p. 115, pl. 4, fig. 9.

Dimensions : Longueur, 13 millim.; largeur, 12 millim.; angle apicial un peu moindre qu'un droit.

Ce petit Pecten porte 22 à 24 côtes droites, minces, irrégulièrement espacées, séparées par des intervalles plus grands ; le
tout croisé par de fines lignes concentriques. Les oreilles assez
petites, subégales ; du côté antérieur les côtes ne vont pas jusqu'au bord et laissent en dehors une aréa grande relativement ;
les côtes paraissent imprimées en creux à l'intérieur.

Localités : Saint-Didier, Giverdy, Narcel, dans les marnes
bleues.

Pecten priscus (SCHLOTHEIM SP.).

(Pl. XXII, fig. 3.)

1820. Schlotheim, *Pectinites priscus. Petrefact.*, p. 222.
1833. Goldfuss. *Pecten priscus. Petrefacta*, pl. 89, fig. 5.
1867. E. Dumortier, *Études Paléontol.*, 2e partie, p. 216, pl. 48,
fig. 4.

Le Pecten que j'inscris ici sous le nom de *P. priscus*, n'est pas
identiquement le même que celui que j'ai décrit du lias inférieur,
et je ne suis pas sûr de sa détermination :
Longueur et largeur, 35 millim.; nombre des côtes, 21. Les
côtes sont larges et rondes. La partie restée libre en dehors de la
dernière côte est recouverte par la continuation des stries concentriques, sans autre complication ; les oreilles sont petites ; la
postérieure est recouverte par les stries concentriques, fines et
régulières qui prennent dans cette partie la direction verticale ;
l'antérieure a de plus deux ou trois côtes rayonnantes larges
mais peu marquées, le passage du bissus bien indiqué ; le sommet arrive précisément sur la ligne cardinale.

Localités : Saint-Fortunat, marnes inférieures, Giverdy,
Poleymieux, dans la petite couche à lingules, r.

Explication des figures : Pl. XXII, fig. 3, *Pecten priscus*, de Saint-Fortunat, de grandeur naturelle. De ma collection.

Pecten textorius (SCHLOTHEIM SP.)

(Pl XXII, fig. 2)

1820. Schlotheim, *Pectinites textorius*, p. 229.
1840. Goldfuss, *Pecten textorius* : *Petrefacta*, pl. 89, fig. 9.

La moins caractéristique de toutes les coquilles de la formation Jurassique ; on le retrouve à peu près à tous les niveaux.

Il n'est pas très-commun dans la zone à *Bel. clavatus* ; il offre quelquefois une variété très-remarquable par le grand nombre de ses côtes et la finesse de ses ornements ; c'est alors le *Pecten texturatus* (Goldfuss, pl. 90, fig. 1). Je trouve des passages qui semblent justifier la réunion des deux espèces ; je donne le dessin d'une de ces valves finement costulées ; nous verrons le même fait se reproduire pour certains exemplaires du *Pecten textorius*, dans la zone supérieure.

Localités : **Saint-Fortunat, Saint-Cyr, Dardilly, Pannes-sières**, *c.*

Explication des figures : Pl. XXII, fig. 2, *Pecten textorius*, de Saint-Maurice, variété à fines côtes. De ma collection.

Pecten Rollei (STOLICZKA).

(Pl. XXII, fig. 1.)

1860. Stoliczka, *Ueber die Gastropoden und Acephalen der Hierlatz-Schichten (Jahrbuch d. k. k. geol. Reichsanstalt)*, p. 197, pl. 6, fig. 5 et 6.

L'angle apicial est moindre qu'un droit; une vingtaine de lignes saillantes partent des crochets en augmentant de dimension; à moitié distance, d'autres lignes viennent s'insérer entre celles-ci, mais sans grande régularité; des lignes concentriques beaucoup plus fines recouvrent le tout; l'oreille antérieure, assez grande, est ornée de lignes entrecroisées; celle postérieure, plus petite, ne porte que des lignes concentriques.

Localités : Saint-Fortunat, Dardilly, r. r.

Explication des figures : Pl. XXII, fig. 1, *Pecten Rollei*, de Dardilly, de grandeur naturelle. De ma collection.

Pecten Fortunatus (Nov. spec.)

(Pl. XXII, fig. 4.)

Testa rotundata, depressa, æquilatera. costata ; costis 33-36 rotundatis , lamellis angustioribus transversim regulariter striatis.

Dimensions : Longueur et largeur, 45 millim.

Coquille équilatérale, régulièrement arrondie; l'angle apicial est droit ; les valves, très-peu bombées, portent 33 à 36 côtes droites, arrondies, peu saillantes, dont un bon nombre prend naissance à une certaine distance des crochets. Toute la surface est couverte de lignes concentriques, saillantes sans être rudes, et qui ondulent sur les côtes et les sillons; ces lignes concentriques, dont trois occupent à peu près la largeur d'un millimètre, sont très-régulières, bien visibles à l'œil nu et produisent un ensemble fort élégant; les lignes qui forment l'angle apicial sont légèrement concaves; oreilles inconnues.

Ce beau Pecten ne peut être confondu avec le *P. textorius*, dont il a l'aspect d'ensemble, car ses ornements sont très-différents. Ses côtes ont une tendance marquée à se grouper par deux comme chez le *P. textorius*

Localité : Saint-Fortunat, marnes inférieures, *r. r.*

(Pl. XXII, fig. 4.)

Hinnites Davœi (Nov. spec.).

(Pl. XXI, fig. 9 et 10.)

Testa suborbiculari, depressa, radiatim costata ; costis rectis, asperulis, inæqualibus, numerosis ; umbonibus angustis sed inflatis ; auriculis ?

Dimensions : Longueur et largeur, 58 millim.

Grande coquille arrondie, peu convexe, aussi large que longue, régulière. Angle apicial, environ 90°. Les valves sont couvertes de côtes rectilignes, rigides, portant de petites aspérités en forme de dents de rapes excessivement serrées ; on compte 24 côtes principales ; entre chacune desquelles se montrent 5 à 6 côtes accessoires plus fines, inégales entre elles et portant cependant toutes les mêmes ornements.

Cette belle coquille, dont je n'ai pas d'échantillons tout à fait complets, paraît avoir beaucoup de rapports avec l'*Hinnites velatus* : mais il y a des différences qui ne permettent pas de la réunir à cette espèce. L'*Hinnites Davœi* a des stries rayonnantes droites, régulières, qui vont sans aucune déviation du crochet à la région palléale, ce qui ne se remarque jamais chez l'*Hinnites velatus*, dont les côtes changent plusieurs fois de direction, s'infléchissent à droite ou à gauche, sont flottantes et non rectilignes. D'ailleurs les dentelures âpres, qui ornent toutes les lignes de l'*H. Davœi*, forment un caractère saillant qui manque tout à fait à l'*H. velatus*.

Enfin l'*H. Davœi* est plus grand, d'une forme plus ronde, moins allongée, moins bombée que l'*H. velatus* ; on ne peut pas dire d'ailleurs qu'il ne soit qu'une modification de ce dernier, puisqu'on retrouve l'*H. velatus*, avec tous ses caractères, dans la zone supérieure et surtout dans les dépôts du lias supérieur, où il est particulièrement abondant. Je ne connais que la valve gauche.

Localités : Saint-Fortunat, marnes inférieures, niveau de l'*Amm. Davœi, r.*

Explication des figures : Pl. XXI, fig. 9, *Hinnites Davœi,* de Saint-Fortunat, de grandeur naturelle. Fig. 10, portion du test, grossi. De ma collection.

Gryphæa obliqua (GOLDFUSS).

1819. Lamarck, *Gryphœa cymbium; Anim. sans vertèbres*, 2e édit., vol. 7, p. 204.
1833. Goldfuss, *Gryphœa obliqua ; Petrefacta*, pl. 85, fig. 2.

La *Gryphæa obliqua* continue à peupler les diverses couches du lias moyen, sans montrer de caractères qui la différencient de celles que nous trouvons dans la partie supérieure du lias inférieur. On peut distinguer un nombre considérable de variétés.

La régularité des lignes concentriques de la valve supérieure, qui est plus concave, l'absence presque complète de sinus dans la grande valve, l'élargissement de la coquille, le crochet moins recourbé et portant presque toujours l'empreinte d'un point d'attache, sont autant de caractères qui la séparent de la *Gryphæa arcuata.*

On rencontre souvent de très-petites gryphées globuleuses, à coquilles minces, que je regarde comme des jeunes de notre espèce.

Je donne (Pl. XXII, fig. 5) le dessin d'une très-grande gryphée du lias moyen inférieur, qui est une forme tout à fait exceptionnelle et dont le crochet est plus fortement recourbé que dans les échantillons les plus contournés de la *G. arcuata*. — La coquille est étroite, très-rugueuse, très-épaisse, très-légèrement oblique, sans sinus ; cette forme est des plus rares et tranche d'une manière remarquable avec les innombrables *G. obliqua* qui pullulent partout.

La *G. obliqua*, quoique très-nombreuse, ne forme jamais ces amas extraordinaires que présente, dans le lias inférieur, la *G. arcuata*, dont les coquilles accumulées, sans mélange d'autres matériaux, présentent un vrai conglomérat et remplissent des couches entières de leurs valves.

Je n'ai jamais rencontré dans la zone à *Belemnites clavatus*, la grande *Gryphæa gigantea* (Sowerby) inscrite si souvent, par erreur, sous le nom de *Gryphæa Cymbium* (Lamarck). Cette espèce, dans nos contrées, est tout à fait caractéristique pour la zone supérieure à *P. æquivalvis*, où elle devient le fossile le plus important sur beaucoup de points du bassin du Rhône.

Localités : Partout, *c. c.*

Explication des figures : *Gryphæa obliqua* de Saint-Fortunat, forme extrême. De ma collection.

Ostrea irregularis (M. IN GOLDFUSS).

1834. Goldfuss, *Petrefacta*, p. 20, pl. 79, fig. 5.

Très-rare dans la zone.

Deux petits exemplaires attachés à la coquille de la *Pinna sepiæformis*.

Localités : Saint-Didier, *r. r.*

Ostrea sportella (E. Dumortier).

(Pl. XXII, fig. 6 et 7.)

Voir, pour la synonymie, la même espèce dans la zone supérieure.

L'*Ostrea sportella*, si nombreuse et si caractéristique pour la zone supérieure du lias moyen, se montre déjà, mais en petits exemplaires isolés, dans la zone à *Bel. clavatus*.

J'ai recueilli, dans les marnes inférieures, à Saint-Fortunat, une valve operculaire qu'il est impossible de méconnaître et dont je donne le dessin parce qu'il est assez rare d'en obtenir de bons échantillons, même au niveau de l'*Am. spinatus*, où la valve inférieure abonde. La longueur de cette valve ne dépasse pas 16 mill., et cependant le talon est bien marqué, l'empreinte musculaire profonde et la coquille épaisse relativement.

Il ne peut y avoir le moindre doute sur le niveau des fossiles de Saint-Fortunat ; les gisements du lias moyen y sont disposés de manière à ce que les marnes inférieures soient toujours séparées des calcaires durs de la zone supérieure par un intervalle horizontal considérable.

Localités : Saint-Fortunat, marnes inf., *r. r.*

Explication des figures : Pl. XXII, fig. 6, *Ostrea sportella* de Saint-Fortunat, jeune, valve supérieure, vue extérieure, grandeur naturelle. Fig. 7, la même, vue intérieure. De ma collection.

Harpax Parkinsoni (Bronn).

1824. Bronn, *Syst. urweltl. Konchil.* Pl. 6, fig. 16.
1858. E. Deslongchamps, *Essai sur les Plicatules fossiles*, p. 37, pl. 9 et 10.

Très-peu commune dans la zone à *Bel. clavatus ;* on en ren-contre des exemplaires de petite taille dans les marnes grises inférieures et quelquefois dans les marnes bleues micacées.

Localités : Saint-Fortunat.

Anomya striatula (OPPEL).

1856. Oppel, *Die Juraformation*, p. 227.
1863. Terquem et Piette, *Lias inférieur*, p. 113, pl. 14, fig. 5.
1867. E. Dumortier, *Études paléontologiques*, 2ᵉ partie, p. 224, pl. 49, fig. 13 et 14.

La taille qui dépasse 20 mill., les stries rayonnantes, fines et régulières, mais changeant de direction à chaque ligne d'accrois-sement, tout empêche de distinguer cette Anomie de l'espèce que j'ai déjà décrite du lias de la Meillerie. — Ayant eu depuis l'occasion de revoir cette localité, je remarque qu'il y a beau-coup de chances pour que les échantillons si beaux qu'y a recueillis M. Falsan, dans la carrière de la Balme, appartiennent au lias moyen ; les Ammonites que fournissent les carrières de la Meillerie, indiquent souvent ce niveau : l'uniformité des caractères minéralogiques des calcaires rend très-difficile de reconnaître le niveau des fossiles par l'aspect de la roche qui les empâte.

Localités : Moroges, avec l'*Am. Flandrini*, r. r.

Anomya numismalis (QUENSTEDT).

1858. Quenstedt, *Der Jura*, p. 311, pl. 42, fig. 9.

Petite coquille ronde, de 10 mill. environ, et dont les stries rayonnantes ne sont pas visibles. Je dois à la bienveillante communication de M. Pellat, deux exemplaires du même gisement, et dont la forme n'est pas la même. L'un régulièrement bombé est d'un contour circulaire; l'autre plus large que long, à surface tourmentée, peu convexe, porte une ligne cardinale rectiligne dont la longueur dépasse la moitié de la largeur totale.

Localités : Pouilly-sous-Charlieu. Collection de M. E. Pellat.

Terebratula punctata (SOWERBY).

1812. Sowerby, *Miner. Conch.*, pl. 15, fig. 4.
1863. E. Deslongchamps, *Paléont. Fran., brachiop. Jurassiques*, p. 160, pl. 40 et 41.

Très-rare dans la zone inférieure ; je ne la connais que dans les couches marneuses où l'on trouve l'*Am. Davœi.*

Localités : Saint-Fortunat, Saint-Didier, Saint-Germain, Pouilly, *r. r.*

Terebratula Cor (LAMARCK).

1819. Lamarck, *Anim. sans vertèbres*, 2e éd., vol. 7e, p. 326.
1863. E. Deslongchamps, *Paléont. Française*, p. 78, pl. 9, 10 et 11.

Cette espèce se rencontre encore quelquefois dans les couches les plus inférieures de la zone ; j'en ai plusieurs spécimens des calcaires rouges les plus inférieurs, mais elle ne paraît pas dépasser ce niveau ; sa taille est moindre et sa forme un peu plus allongée que dans le lias inférieur.

Localités : Saint-Didier, Monteillet, banc saigneux, *r.*

Terebratula numismalis (LAMARCK).

1819. Lamarck, *Animaux sans vertèbres*, 2º éd., vol. 7ᵉ, p. 334,
  nº 17.
1850. Davidson, *Liasic Brachiopoda*, p. 36, pl. 5, fig. 4 à 9.

Se trouve partout et de toutes les grandeurs ; elle est presque
toujours déformée et comprimée dans les marnes de nos contrées ; c'est une des coquilles les plus importantes et les plus
caractéristiques : on ne la rencontre pas dans les couches inférieures, au-dessous de l'*Am. Davæi*.

Localités : Partout, *c. c.*

Terebratula Mariæ (D'ORBIGNY).

(Pl. XXII, fig. 15 et 16.)

1849. D'Orbigny, *Prodrome, Liasien*, nº 236.
1863. E. Deslongchamps, *Paléont. Française, Brach. Jurass.*,
  p. 100, pl. 20.

Dimensions : Longueur, 26 millim.; largeur, 22 millim.;
épaisseur, 15 millim.

Je ne crois pas pouvoir rapprocher d'un autre type le spécimen que j'ai rapporté de Saint-Christophe : la petite valve
laisse voir le septum des *Waldheimia* ; le crochet petit, mais
caréné et très-recourbé, porte une ouverture d'une petitesse
remarquable; la forme en est un peu allongée pour l'espèce.

Localités : Saint-Christophe-en-Brionnais, *r.*

Explication des figures : Pl. XXII, fig. 15, *Terebratula Mariæ*, de Saint-Christophe, de grandeur naturelle. Fig. 16, la même, vue de côté. De ma collection.

Terebramtula Sarthacensis (D'ORBIGNY. SP.).

1847. D'Orbigny, (pars) *Prodrome Toarcien*, n° 270.
1863. E. Deslongchamps, *Paléontol. Française, Brachi. Jurass.*, p. 130, pl. 31.

Dimensions : Longueur, 31 millim.; largeur, 14 millim. 1/2; épaisseur, 9 millim. 1/2.

Cette *Waldheimia* est finement ponctuée et porte des lignes d'accroissement nombreuses et peu saillantes. La coquille est allongée, piriforme, remarquable par l'importance de son crochet, qui est prolongé et caréné, mais peu recourbé : le foramen, assez grand, est arrondi : le deltidium, en deux pièces, très-apparent.

Je remarque, dans mon spécimen du Mont-d'Or, que la plus grande largeur de la coquille est un peu plus bas que le milieu ; ce détail est en opposition avec les exemples figurés par M. Deslongchamps.

Localités : Saint-Didier, Monteillet, des couches inférieures, Cuers, r.

Terebratula Darwini (E. DESLONGCHAMPS).

1863. E. Deslongchamps, *Paléont. Française, Brach. Jur.* p. 128, pl. 30.

Dimensions: Longueur, 14 millim.; largeur, 12 millim. 1/2; épaisseur, 8 millim.

Petite espèce de la section des *Waldheimia*, rare dans notre lias. L'aréa, circonscrite par une carène bien marquée, est remarquable par son étendue.

Localités: Monteillet, Pouilly, Fressac, *r.*

Terebratula Waterhousi (DAVIDSON).

(Pl. XXII, fig. 8 et 9.)

1851. Davidson, *British Brachiopoda; Palæont. Society*, p. 31, pl. 5, fig. 12 et 13.
1863. E. Deslongchamps, *Paleont. Française*, p. 103, pl. 21, fig. 1 à 6.

Dimensions : Longueur, 12 millim.; largeur, 11 millim.; épaisseur, 7 millim.

Petite coquille globuleuse, de la section des *Waldheimia*, subtriangulaire, lisse, largement tronquée sur la région frontale, où l'on remarque un large sinus qui ne remonte pas à la moitié de la longueur; crochets recourbés, anguleux ; foramen un peu elliptique, qui entame fortement la grande valve. La *terebratula Waterhousi* se trouve, dans le Mont-d'Or, dans les couches les plus inférieures du lias moyen, à un niveau qui paraît un peu plus bas que dans les gisements signalés, du nord de la France.

Localités : Monteillet, banc rouge, *r.*

Explication des figures : Pl. XXII, fig. 8 et 9, *Terebratula Waterhousi*, de Monteillet, de grandeur naturelle. De ma collection.

Terebratula Heyseana (DUNKER).

1846. Dunker, *Ueber einige neue Versteiner. Palæontographica*,
     vol. 1er, p. 129, pl. 18, fig. 5.
1856. Quenstedt, *Der Jura*, pl. 22, fig. 21.
1863. E. Deslongchamps, *Paléont. Franç.* p. 113, pl. 24, fig. 1 à 5.

Cette *Waldheimia* a été signalée par M. Deslongchamps à
Salins et dans le midi du bassin du Rhône.

Localités : Salins, Alais, *r*.

Rhynchonella variabilis (SCHLOTH. SP.)

(Pl. XXII, fig. 13 et 14.)

1813. Schlotheim, *Terebratulites variabilis. Die Petrefact.*, p. 267.
1852. Davidson., *Rhynchonella variabilis. Monog. Palæont. Society*,
     pl. 15 et 16.

Toujours de petite taille, assez répandue.
Je donne le dessin d'une variété recueillie à Pouilly, qui me
paraît assez éloignée de la forme habituelle. C'est une coquille
globuleuse : longueur et largeur, 12 millim.; épaisseur, 8 millim.;
crochet aigu, peu recourbé, avec une très-petite ouverture. Les
valves portent 11 à 12 plis, peu coupants et peu marqués vers le
crochet, mais prononcés et anguleux sur la région frontale ; on
en compte trois dans le sinus de la valve perforée.

Localités : Partout, *c*.

Explication des figures : Pl. XXII, fig. 13 et 14, *Rhynchonella variabilis,* variété ronde de Pouilly.

Rhynchonella triplicata (PHILLIPS).

(Pl. XXII, fig. 10 à 12.)

1829. Phillips, *Yorkshire*, p. 134, pl. 13, fig. 22.
1829. Phillips, *ibid. Terebratula bidens*, pl. 13, fig. 24.
1863. U. Schloenbach, *Ueber den Eisenstein. Zeitschrift d. d. geol. Geselsch.*, p. 553.

Cette petite Rhynchonelle, très-rare dans nos contrées à ce niveau, s'éloigne beaucoup du type de la *Rhynchonella variabilis*; la figure que je donne montre qu'elle se rapporte parfaitement à l'espèce de Phillips.

Localités : Saint-Didier, Monteillet, du banc saigneux, *r*.

Explication des figures : Pl. XXII, fig. 10 à 12, *Rhynchonella triplicata*, de Monteillet, de grandeur naturelle.

Rhynchonella retusifrons (OPPEL).

1861. Oppel, *Zeitschrift. d. d. geol. Geselschaft* 13 Band, p. 544, pl. 13, fig. 5.
1863. U. Schloenbach, *Zeitsch. d. d. geol. Gesels.* 15 Band, p. 553.

Dimensions : Longueur, 13 millim.; largeur, 17 millim. 1/2; épaisseur, 9 millim.

Coquille beaucoup plus large que longue, avec flancs arrondis, ornée de 12 à 14 côtes arrondies, peu saillantes surtout vers le crochet, où elles sont pourtant visibles; les deux valves sont également bombées. Sur la valve perforée, sinus large et peu profond portant 5 plis, auquel correspond, sur la petite valve, une élévation très-légère portant 4 plis.

La coquille, peu renflée sur le front, montre là, sur une face coupée carrément, des indentations profondes. Le crochet petit, peu recourbé, porte un foramen rond avec rebords saillants.

L'espèce est établie sur des échantillons d'Hierlatz; je n'hésite pas à y rapporter la Rhynchonelle que j'ai recueillie dans les couches inférieures du lias moyen de Perrigny. M. Schloenbach signale la *Rh. retusifrons* du même niveau le mieux constaté à Calefeld.

Localités : Perrigny, *r*, *r*. De ma collection.

Rhynchonella calcicosta (QUENSTEDT).

1852. Quenstedt, *Handbuch der Petrefaktenkunde*, p. 451, pl. 36, fig. 6 à 9.

Dimensions : Longueur, 12 millim.; largeur, 12 millim.; épaisseur, 7 millim.

Petite coquille globuleuse, portant 18 côtes ; l'espèce est trop rare dans la zone pour que je puisse affirmer son identité.

Localités : Saint-Fortunat, Saint-Christophe, dans les marnes inférieures, *r*.

Rhynchonella furcillata (THEODORI, SP.).

1838. D. Buch, *Terebratula furcillata. Classification des Téréb.*, p. 143, pl. 14, fig. 13 ; *Mém. de la Soc. Géol.*, 3e vol.

Très-rare dans la zone inférieure; nous verrons plus loin

qu'elle est au contraire très-abondante dans la zone à *P. æqui-valvis ;* on peut même dire que, malgré sa présence incontestable dans la zone inférieure, il est permis de la regarder comme un des fossiles caractéristiques du lias moyen supérieur.

Localités : Saint-Fortunat, Saint-Didier, Monteillet, couches les plus inférieures, *r. r.*

Rhynchonella rimosa (V. Buch sp.).

1838. Von Buch, *Terebratula rimosa. Classification des Térébratules ; Mém. de la Soc. Géol. de France,* 3ᵉ vol. p. 142, pl. 14, fig. 12.

Dimensions : Longueur, 15 millim.; largeur, 16 millim.; épaisseur, 10 millim.

Espèce très-peu répandue dans la zone inférieure du lias moyen.

Localités : Saint-Fortunat, Nandax, *r.*

Rhynchonella Furcula (Nov. spec.).

(Pl. XXII, fig. 17 à 19.)

Testa inflata, oblonga, subpentagona, radiatim plicata ; plicis 2 vel 3, dichotomis ; valvis convexis, subæqualibus ; latere cardinali obtuso, latere palleali truncato ; umbone incurvo, mediocri, prominente.

Dimensions : Longueur, 8 millim.; largeur, 6 millim. 1/2; épaisseur, 5 millim.

Petite espèce allongée, renflée, subpentagone ; la petite valve s'élève à partir du crochet par une courbe régulière et porte 16 plis dont les 3 du milieu sont largement dichotomes ; la valve perforée montre un sinus qui porte aussi 2 plis qui se partagent en arrivant à la moitié de la longueur ; la coquille conserve une largeur sensiblement égale jusqu'au front, qui est tronqué ; le crochet, assez grand, mais médiocrement recourbé, porte une ouverture grande comparativement, et ovale ; le deltidium, en deux pièces, est bien visible ; cette charmante petite espèce est bien distincte par sa forme et ses larges plis du milieu dichotome.

Localités : Saint-Fortunat, couches inférieures, r.

Explication des figures : Pl. XXII, fig. 17, *Rhynchonella Furcula*, de Saint-Fortunat, grossie 4 fois. Fig. 18 et 19, la même, vue de profil et par derrière.

Spiriferina Walcotti (Sowerby sp.)

1823. Sowerby, *Spirifer Walcotti*. Miner. Concholo., pl. 377, fig. 1 et 2.
1850. Davidson, *Spirifer Walcotti*. British brachiopod. pl. 3, fig. 2 et 3.

La *Spiriferina Walcotti* est incomparablement moins abondante dans le lias moyen que dans le lias inférieur ; la taille est moindre aussi.

J'ai recueilli à Nandax un spécimen d'une variété rare et très-conforme à la figure que donne Davidson (*loc. cit.*), pl. 3, fig., 3 d'un exemplaire de *Radstock*.

Localités : Saint-Cyr, Saint-Fortunat, Dardilly, Sarry, Nandax, Pouilly.

Spiriferina pinguis (ZIETEN SP.).

1842. Zieten, *Spirifer pinguis. Die Versteinerung.* pl. 38, fig. 5.
1858. Quenstedt, *Spirifer tumidus. Der Jura*, p. 76, pl. 9, fig. 7.
1862. E. Deslongchamps, *Spiriferina pinguis, Bullet. Soc. Linn. de Normandie.* 7ᵉ vol. p. 262, pl. 2, fig. 1 à 3.

Dimensions : Longueur, 24 millim; largeur, 26 millim.; épaisseur, 19 millim.

Coquille globuleuse, contours arrondis, crochet grand, recourbé, portant un sinus peu profond et 8 à 10 petits plis ronds, peu saillants de chaque côté.

L'aréa très-développée est fortement concave, la coquille finement ponctuée partout, l'intérieur des valves également.

Les exemplaires adultes montrent souvent des lignes d'accroissement nombreuses, ou plutôt des expansions lamelleuses, régulièrement gauffrées, qui forment près de la commissure des valves un ornement très-élégant; on dirait que 5 à 6 valves, de forme semblable, sont empilées les unes dans les autres; la ponctuation se montre aussi bien sur ces expansions que partout ailleurs.

Localités : Saint-Christophe, Sarry, Laffrey (Isère), Privas (avant le pont de Couz), Digne les Bains.

Spiriferina verrucosa (VON BUCH SP.).

(Pl. XXIII, fig. 1).

1831. De Buch, *Delthyris verrucosa. Petrific. remarquables*, pl. 7, fig. 2.
1838. Zieten, *Spirifer verrucosus. Die Versteinerungen*, pl. 38, fig. 2.

1851. Davidson, *Spirifer rostratus, (pars) Palœontog. Society,*
p. 20, pl. 3, fig. 1.
1862. E. Deslongchamps, *Spiriferina verrucosa. Bull. Soc. Linn.
de Normandie,* 7ᵉ vol., p. 264, pl. 2, fig. 4 à 6.

Dimensions : Longueur, 10 millim.; largeur, 11 à 12 millim.

La grande valve, bombée, est munie d'un sinus large et profond qui se continue absolument jusqu'à l'extrémité du crochet et porte de chaque côté 4 plis latéraux, arrondis, dont les premiers seuls sont nettement indiqués.

La petite valve, peu convexe, porte un bourrelet et 4 plis de chaque côté ; le crochet, sans être très-saillant, est fortement recourbé ; le deltidium ne peut se confondre avec celui d'aucune autre espèce.

Le contour palléal est très-largement arrondi, et toute la surface couverte de tubercules très-gros relativement. Souvent le bord inférieur de la coquille montre une bordure convexe, formée par des lignes d'accroissement inégales, saillantes, serrées, et sur cette portion de la coquille il n'y a aucune trace de tubercules.

Il paraît impossible de réunir cette petite espèce à la *Spiriferina rostrata,* comme le demande M. Davidson ; la forme, le volume des petites tubercules, le deltidium, la taille, tout se réunit pour en faire une espèce séparée ; je ne l'ai rencontrée que dans les couches inférieures.

Localités : Saint-Didier, Monteillet, Saint-Fortunat, *r.*

Explication des figures : Pl. XXIII, fig. 1, *Spiriferina verrucosa,* de Saint-Fortunat, grossie 3 fois. De ma collection.

Thecidea Bouchardi (DAVIDSON).

(Pl. XXIII, fig. 2 et 3).

1850. Davidson, *Palœontographical Society,* p. 14, pl. 1, fig. 15 et 16.

1853. E. Deslongchamps : *Mém. sur les genres Leptœna et Thecidea. Mem. Soc. Linn. de Normandie*, 9ᵉ vol., p. 232, pl. 12, fig. 15 à 19.

Dimensions : Longueur 2 millim. 3/4; Largeur, 4 mill. 1/2.

Petite coquille, d'une forme transverse, portant sa plus grande largeur sur la ligne cardinale. La valve supérieure, très-légèrement bombée, ne laisse pas voir sa ponctuation sur mon échantillon ; la partie inférieure est régulièrement arrondie ; la charnière forme une ligne droite en bord relevé sur toute sa longueur ; la valve adhérente montre fort bien ses dents et une séparation mince, perpendiculaire, avec deux petites cavités arrondies et profondes, entourées d'une bordure large, saillante, mais dont les granulations ne sont pas visibles sur mes échantillons.

Les 3 spécimens figurés de grandeur naturelle, sont attachés à un fragment d'*Ammo. arietiformis*, provenant de Saint-Fortunat, que j'ai recueilli moi-même, en place, dans la couche la plus profonde du lias moyen ; leur niveau ne présente pas, par conséquent, la moindre incertitude. Cette couche est placée immédiatement sur le calcaire à *Amm. raricostatus*. J'en ai également rencontré des exemplaires fixés sur l'*Amm. Fimbriatus*, de la même localité ; il est singulier que la zone supérieure du lias moyen, si riche d'ailleurs en Brachiopodes, n'offre pas, dans nos contrées, cette Thécidée, et que nous la retrouvions à un niveau aussi bas, dans la série du lias moyen ; la forme ne paraît pas cependant laisser d'incertitude, surtout si nous la comparons à celle des spécimens d'Ilmenster.

Localités : Saint-Fortunat, couches inférieures, *r*.

Explication des figures : Pl. XXIII, fig. 2, *Thecidea Bouchardi*, de Saint-Fortunat, 3 exemplaires de grandeur naturelle. Fig. 3, un exemplaire grossi trois fois. De ma collection.

Thecidea cataphracta (Nov. spec.).

(Pl. XXIII, fig. 4, 5 et 6.)

Testa parvissima, semicirculari, latiori quam longiori, majori valva pene tota affixa ? Deltidio.....? valva minori subconvexa, apice sub marginali, tuberculis spinosis in series concentrice dispositis.

Dimensions : Longueur, 2 millim. 1/2 ; largeur, 3 millim.

Très-petite coquille, transverse, dont la plus grande largeur est sur la ligne cardinale ; la petite valve se rétrécit immédiatement au-dessous de cette ligne et décrit du côté palléal un contour largement arrondi ; le crochet y dépasse un peu la ligne cardinale, il est petit mais aigu ; la coquille est couverte de mamelons épineux, très-gros relativement à la taille de la coquille et arrangés régulièrement en séries concentriques, qui sont au nombre de 7. Le volume des tubercules augmente à mesure que les séries se rapprochent du contour extérieur ; la beauté de cette armure est remarquable.

La valve adhérente se relève perpendiculairement pour venir rejoindre la petite valve, et la coquille paraît avoir une épaisseur assez grande pour le genre; ce bord relevé, qui est la seule partie visible de la grande valve, paraît également couvert de tubercules épineux.

Cette jolie Thécidée, dont je n'ai qu'un exemplaire en bon état, est posée sur un fragment d'une *Amm. Masseanus*, de Saint-Fortunat, appartenant aux couches les plus inférieures de la zone. La coquille, solidement fermée, ne permet pas d'affirmer le genre.

Localités : Saint-Fortunat, Saint-Germain, r. r.

Explication des figures : Pl. XXIII, fig. 4, *Thecidea cataphracta*, de Saint-Fortunat, de grandeur naturelle. Fig. 5, la même, grossie huit fois. Fig. 6, la même, vue du côté palléal. De ma collection.

Lingula Voltzi (TERQUEM).

(Pl. XXIV, fig. 1 et 2.)

1850. Terquem, *Bullet. de la Soc. Géol. de France*, 2º série, vol. 8, p. 11, pl. 1, fig. 8.
1862. E. Deslongchamps, *Bullet. Soc. Linn. de Normandie*, 7º vol., p. 273, pl. 4, fig. 7 et 8.

Dimensions : Longueur, 18 à 19 millim.; largeur, 9 à 10 millim.

Petite coquille de forme elliptique allongée; les empreintes intérieures bien marquées; la coquille paraît assez épaisse, contrairement à ce que dit M. Deslongchamps. La couche extérieure est d'un beau bleu d'acier, très-foncé et brillant; quand la couche la plus extérieure, chargée de fines lignes concentriques, a disparu, il reste encore une couche matte, blanchâtre, portant de fines lignes rayonnantes; la taille est très-rapprochée de celle indiquée par M. Terquem pour les échantillons de Griesbach.

La *Lingula Voltzi* se trouve en immense quantité dans la petite couche lumachelle pyriteuse dite couche à lingules, qui est à la partie supérieure des marnes bleuâtres, et par conséquent à la partie supérieure de la zone à *Bel. clavatus*. Cette petite lumachelle est excessivement dure et il est presque impossible d'en obtenir un spécimen bien entier.

Localités : Saint-Fortunat Montout, La Roche, Poleymieux la rivière, Langres, *c*.

Explication des figures : Pl. XXIV, fig. 1, *Lingula Voltzi*, de Saint-Fortunat, de grandeur naturelle. Fig. 2, moule intérieur de la même. De ma collection.

Dentalium compressum (D'ORBIGNY).

1850. D'Orbigny, *Prodrome. Liasien*, n° 135.

Voici la trop courte description de d'Orbigny :
« Espèce fortement comprimée, subcarénée, lisse. »
Faut-il la rapprocher de la Dentale décrite sous le nom de *Dentalium trigonalis* par M. Moore, du lias moyen de **Camerton** ? (*On the middle and upper lias*, p. 86, pl. 5, fig. 22).

Localités : Environs de Châlon-sur-Saône.

Serpula filaria (GOLDFUSS).

(Pl. XXIII, fig. 7.)

1836. Goldfusss, *Petrefacta*, pl. 69, fig. 11.

Très-petite Serpule, filiforme, ronde, lisse, toujours fixée sur un corps étranger, tantôt en longs linéaments, tantôt enroulée sur elle-même régulièrement, comme le serait une petite Ammonite.

On remarque, sur un de mes spécimens enroulés, que la coquille a subi une pression verticale, assez forte pour que le petit tube qui la compose ait été écrasé et aplati, de sorte que la ligne de fracture, placée au milieu du diamètre des tours, fait paraître comme s'il y avait deux tubes juxtaposés ; ce petit accident prouve que la coquille était fort mince, relativement, et présentait un vide assez notable.

Cette Serpule me paraît avoir été bien rarement signalée dans le lias moyen, où nous la trouvons en abondance.

Localités : Saint-Fortunat , Saint-Cyr sur une *Amm. Davœi*, Saint-Didiër, Saint-Germain, Sarry sur *Amm. capricornus*, Perrigny sur *Amm. amaltheus, c.*

Explication des figures : Pl. XXIII, fig. 7, *Serpula filaria*, de Saint-Germain, grossie 8 fois. De ma collection.

Serpula mundula (Nov. SPEC.)

(Pl. XXIII, fig. 8 et 9.)

Testa cylindrica, annulata, subrecta, transversim annulis regularibus notata, simplicibus haud prominentibus.

Corps rond, cylindrique, régulier, d'un diamètre de 7 millim. environ, orné de petits anneaux bien marqués, séparés par des espaces lisses qui varient un peu de largeur, mais qui dépassent 1 millim.

Le fragment que j'ai recueilli a subi une compression ; je ne puis distinguer l'ouverture ; peut-être n'est-ce qu'un moule intérieur, mais cela me semble bien improbable, à cause des lignes circulaires.

Localités : Giverdy, Montout, dans les marnes bleues micacées supérieures, *r. r.*

Explication des figures : Pl. XXIII, fig. 8 et 9, *Serpula mundula*, de Giverdy, de grandeur naturelle, vue de deux côtés différents.

11

Serpula Etalensis (Piette sp.).

Nous avons déjà signalé cette Serpule dans le lias inférieur.

On en trouve de très-rares fragments dans la zone à *Bel. clavatus*, couches inférieures. Voir les détails donnés plus loin, sur la même espèce, dans la zone à *Pect. æquivalvis*, où elle prend une importance considérable.

Localités : Nolay, Lournand, *r. r.*

Pentacrinus basaltiformis (Miller).

(Pl. XXIII, fig. 15, 16, 17 et 41.)

1821. Miller, *Crinoidea*, p. 62, pl. 2, fig. 2 à 6.
1842. Goldfuss, *Petrefacta*, pl. 52, fig. 2.

Le *Pentacrinus basaltiformis* est assez abondant dans les marnes et calcaires marneux à *Amm. Davœi et Belemnites*; les plus grosses tiges que fournissent nos gisements, arrivent à un diamètre de 12 millim.; les ornements varient, mais l'ensemble est toujours bien reconnaissable et les détails s'accordent avec les beaux dessins de l'atlas de Goldfuss. J'ai des fragments de tiges qui comptent 18 articles solidement empilés. La fig. 15, pl. XXIII, représente la variété que l'on rencontre le plus habituellement et le maximum de la taille.

Les empreintes des digitations sont grandes et de forme largement elliptique ; elles occupent les 3/4 de l'espace compris entre deux angles. La pièce qui s'y ajuste prend, du côté extérieur, une forme plus circulaire. Les facettes articulaires offrent tantôt une rosette pétaloïde fortement marquée (fig. 17), tantôt une surface un peu concave, presque lisse (fig. 16), laissant à peine reconnaître les traces d'un dessin pentagonal. Je ne puis me rendre compte des causes de ces différences, car je remarque des surfaces articulaires lisses, soit à la partie supérieure, soit à 'la partie inférieure des fragments de tiges. Un des principaux caractères de l'espèce consiste en la parfaite régularité dans l'épaisseur des articles.

La tige dessinée fig. 41, pl. XXIII, provient d'un niveau un peu plus bas, *banc rouge* ; elle présente des particularités que l'on observe bien rarement dans cette espèce ; les articles, au nombre de 16, y sont toujours d'une épaisseur égale, mais ils alternent pour la largeur ; de plus chaque quatrième article est en saillie plus prononcée de manière à former un petit cordon très-net sur la colonne.

Localités : Partout, *c.*; les carrières de Saint-Cyr et de Saint-Fortunat fournissent de bons échantillons.

Explication des figures : Pl. XXIII, fig. 15, *pentacrinus basaltiformis*, de Saint-Fortunat, de grandeur naturelle. Fig. 16 et 17, facettes articulaires du même. De ma collection. Fig. 41, tige de Saint-Didier (carrière d'Arche), des bancs inférieurs. De la collection de M. A. Locard.

Pentacrinus scalaris (GOLDFUSS).

(Pl. XXIII, fig. 10 à 14.)

1842. Goldfuss, *Petrefacta*, pl. 52, fig. 3.
1858. Quenstedt, *Der Jura*, p. 111, pl. 13, fig. 49 à 57.

Le *Pentacrinus scalaris* se rencontre assez souvent dans les mêmes marnes que le *P. basaltiformis*. Le diamètre de sa colonne dépasse rarement 8 millim.

J'ai sous les yeux une tige de 6 millim. 1/2 de diamètre, qui porte 20 articles d'égale épaisseur et d'une longueur totale de

26 millim; les angles sont très-arrondis; toute la surface est couverte de petites ponctuations ou plutôt de petites irrégularités peu visibles.

Les digitations paraissent articulées dans une petite fosse peu marquée et lisse; les surfaces articulaires montrent 5 pétales arrondis et fortement sculptés. J'ai des fragments de tige dont le diamètre ne dépasse pas 2 millim. et qui montrent cependant bien déjà la forme pentagonale.

Les fig. 13 et 14, Pl. XXIII, représentent, de grandeur naturelle, un fragment de la variété carrée, que l'on rencontre bien rarement.

Localités : Partout, c.

Explication des figures : Pl. XXIII, fig. 10 à 12, tige de *Pentacrinus scalaris*, de Saint-Fortunat, de grandeur naturelle. Fig. 13 et 14, autre de forme carrée, même provenance. De ma collection.

Pentacrinus subangularis (Miller).

1821. Miller, *Crinoidea*, p. 59.

Cette forme se trouve rarement dans notre lias moyen; les échantillons, qui portent un diamètre de 6 à 7 millim., sont très-nettement caractérisés.

Localités : Saint-Fortunat, Saint-Cyr, r. r.

Pentacrinus punctiferus (Quenstedt).

(Pl. XXIII, fig. 34 à 40).

1850. D'Orbigny, *Pentacrinus oceani. Prodrome,* 8e étage, n° 249.
1852. Quenstedt, *Pentacrinus punctiferus. Handbuch der Petrefakt.,* p. 606, pl. 52, fig. 41 à 43.

Les articles ne dépassent pas un diamètre de 3 à 4 millim. et ont une forme pentagonale, le plus ordinairement sans angles rentrants prononcés, rapprochés sous ce rapport du *P. basalti-formis*; mais les articles sont peu épais et portent sur le milieu de la tranche une crête saillante; cette ligne horizontale semble composée de plusieurs petits tubercules alignés.

On trouvera dans les figures 34 à 40 les dessins de plusieurs facettes articulaires et de quelques pièces accessoires; tous les objets figurés sont grossis 3 fois et appartiennent certainement à la même espèce.

Je crois bien faire en maintenant le nom de Quenstedt, puisque la description de d'Orbigny n'est pas accompagnée de dessin. Le nom de *Pentacrinus oceani* serait préférable cependant comme se prêtant moins à la confusion.

Localités : Saint-Fortunat, Giverdy dans la petite couche à lingules, Salins.

Explication des figures : Pl. XXIII, fig. 34 à 40, fragments de *Pentacrinus punctiferus*, de Giverdy. Toutes les figures sont grossies 3 fois. De ma collection.

Pentacrinus placenta (Nov. spec.).

(Pl. XXIV, fig. 3 à 6.)

P. columna.....? trochitis cylindricis, obtuse quinque angularibus, subconvexis, canali tereti perforatis, quinque sulcatis, interstitiis plus minusve depressis, ad marginem attenuatis, lævigatis.

Petite espèce dont je ne connais pas les tiges, mais seulement les articles séparés ; ce sont de petits disques de 2 à 4 millim. de diamètre, de forme arrondie, légèrement pentagonale ; la facette articulaire laisse voir une petite perforation centrale d'où rayonnent 5 sillons lisses qui disparaissent avant d'arriver au bord. Les intervalles sont déprimés plus ou moins fortement; il en résulte que la surface est très-inégale, renflée dans le centre et un peu convexe, ce qui explique bien le peu de cohésion des articles entre eux et la rareté des tiges assemblées; les bords des articles sont lisses et amincis.

Parmi un très-grand nombre d'articles ornés simplement de leurs lignes en étoile, j'en remarque dont la surface laisse apercevoir des ornements plus compliqués et rapprochés des espèces plus communes. Le trait principal qui distingue cette jolie petite Pentacrine est l'irrégularité extrême de diamètre pour des articles qui devaient appartenir à la même tige, puisqu'ils sont ensemble sur le même fragment de roche, irrégularité telle que l'on doit en conclure que les tiges alternaient ou variaient brusquement dans leurs dimensions.

Le *Pentacrinus placenta* est très-abondant dans la petite couche à lingules, à la partie supérieure de la zone, couche qui n'est abordable que sur des points très-restreints; si les circonstances rendaient les recherches plus faciles, on aurait certainement sur ce crinoïde des détails intéressants qui nous manquent aujourd'hui.

Localités : Giverdy, Poleymieux la rivière. Ma collection et celle de M. A. Locard, *c*.

Explication des figures : Pl. XXIV, fig. 3, fragment avec plusieurs articles du *Pentacrinus placenta*, de Giverdy, de grandeur naturelle. Fig. 4 et 6, articles vus par-dessus, grossis 4 fois. Fig. 5, un article grossi, vu par la tranche.

Millericrinus Hausmanni (ROEMER SP.).

(Pl. XXIII, fig. 18 à 33.)

1836. Roemer, *Eugeniacrinites Hausmanni. Verstein.*, p. 29, pl. 1, fig. 13.

1856. Quenstedt, *Mespilocrinites amalthei. Der Jura.*, p. 198, pl. 24, fig. 38 à 41.
1863. U. Schloenbach, *Millericrinus Hausmanni. Zeitschrift der. Deut, geol. Geselschaft*, XV *Band*, p. 554.

Ce remarquable crinoïde n'est pas rare dans les couches mar-neuses avec Bélemnites, qui viennent au-dessus du niveau de l'*Amm. Davœi*; les pièces du calice manquent dans nos gisements, mais les articles des tiges et surtout les bases ou racines sont répandus assez abondamment.

Ces racines ont les formes les plus variées, tout en ayant toujours une nature spathique. L'animal s'établissait sur un corps solide, auquel il s'attachait par un empâtement d'une forme qui variait beaucoup; tantôt la première empreinte de la tige dépassait un diamètre de 8 millim., tantôt elle arrivait à peine à 1 millim. 1/2 (voir la figure 18); ici l'on remarque des empreintes très-finement radiées qui sont à peine concaves, et sur la même base, d'autres empreintes, de même taille, qui sont profondément excavées. Les empreintes les plus grandes présentent ordinairement une concavité en entonnoir; dans tous les cas un canal central est visible. J'ai une de ces bases placée sur le dos d'une *Amm. Jamesoni.* L'échantillon le plus curieux est celui représenté fig. 33; implantée probablement à la surface inférieure d'un corps, cette racine a fait un contour fortement prononcé, pour pouvoir reprendre la station verticale. absolument comme les végétaux qui nous montrent souvent, à la base de leurs tiges ou de leurs branches, les traces d'une semblable évolution; le *Millericrinus Hausmanni* se fixait quelquefois sur un autre individu plus gros de la même espèce, comme on peut le voir sur le même échantillon, fig. 33; le petit empâtement qui se trouve sur le milieu à droite, n'est pas une protubérance fournie par la matière de la grosse racine elle-même, mais bien un autre individu séparé, plus jeune, qui est venu s'implanter sur la portion du *Millericrinus* déjà développé.

Les facettes articulaires montrent des figures rayonnées assez irrégulières ; la hauteur relative des articles varie aussi beaucoup; la fig. 21, pl. XXIII, montre une tige composée de 6 articles d'un diamètre égal à la hauteur et qui est curieusement contournée en spirale. J'ai sous les yeux un autre spécimen adhérent sur une tige de *Pentacrinus basaltiformis* ; il est curieux d'observer le contact d'adhérence, à cause des petits ornements si compliqués du *Pentacrinus* que l'empâtement du *Millericrinus* suit jusque dans les plus petits détails.

Localités : Saint-Fortunat, Saint-Didier, Monteillet, Pannessière.

Explication des figures : Pl. XXIII, fig. 26 à 32, racines ou bases de *Millericrinus Hausmanni*, de Saint-Fortunat, de grandeur naturelle. Fig. 33, autre, de Monteillet, portant un exemplaire plus petit. Fig. 18 et 19, autre, de Pannessières, de grandeur naturelle. Fig. 20, un calice ou surface articulaire grossie. De ma collection.

Cotylederma lineati (Quenstedt).

1858. Quenstedt, *Der Jura*, p. 161, pl. 16, fig. 13.
1858. E. Deslongchamps, *Cotylederma Quenstedti*, *Bull. Soc. Linn. de Normandie*, 3ᵉ vol., p. 182, pl. 5, fig. 9.

Petit corps à contour arrondi, subpentagonal; mon échantillon est adhérent sur un fragment d'*Amm. fimbriatus* ; l'épaisseur totale ne va pas à 2 millim.; le dessus a la forme d'une petite coupe, très-peu profonde, et les bords, épais des 2/3 d'un millim., sont découpés en segments de cercles, marqués d'un point en creux sur les angles. C'est à Quenstedt que l'on doit la première observation de ce curieux genre de crinoïdes, qu'il a décrit en 1852. (*Handbuch der Petrefaktenkunde*, p. 631, pl. 55, fig. 64) en 1854 Oppel en donne aussi une bonne figure (*der mittlere*

Lias Schwabens, pl. 4, fig. 35); enfin l'on trouvera des détails plus complets sur les *Cotyledei ma*, dans le mémoire sur la couche à *Leptœna* de MM. Eudes et Eugène Deslongchamps, inséré dans le 3ᵉ vol. du Bulletin de la Société Linnéenne de Normandie, p. 182.

De toutes les figures, c'est celle du *Handbuch* de Quenstedt, pl. 55, fig. 44, qui représente le mieux le spécimen de Saint-Fortunat.

Comme la couche à *Leptœna* du Calvados correspond aux dernières couches les plus supérieures du lias moyen, le niveau en est beaucoup plus élevé que celui des couches où nous avons rencontré notre *Cotylederma* (niveau de l'*Amm. Davœi*), notre spécimen étant placé sur une *Ammonites fimbriatus*, de même que ceux décrits d'Aselfingen, je choisis le nom donné par Quenstedt, qui a d'ailleurs la priorité.

Localités : Saint-Fortunat, *r. r.* De ma collection.

Cidaris octoceps (QUENSTEDT).

1854. Oppel, *Der mittlere Lias*, pl. 4, fig. 34.
1858. Quenstedt, *Der Jura*, p. 199, pl. 24, fig. 53.

Petit Echinide de 6 à 8 millim. de diamètre; les pores ambulacraires forment deux séries droites entre lesquelles des tubercules de grosseurs inégales sont assez irrégulièrement répandus; les aires interambulacraires montrent des tubercules bien plus gros, perforés et crénelés, au nombre de 7 ou 8 par série; les scrobicules ne paraissent pas confluents; il est extrêmement difficile de saisir les détails sur un corps aussi petit et qu'il est presque impossible de dégager de la marne sans l'endommager.

Le *Cidaris octoceps* est très-abondant à la partie inférieure des marnes bleues micacées, puisque dans les points, si restreints, où cette énorme masse, a pu être étudiée, il en a été rencontré un bon nombre d'exemplaires.

Localités : Saint-Didier, marnes bleues du vallon d'Arche, Besançon, *c. c.*

Cidaris Amalthei (QUENSTEDT).

Le *Cidaris Amalthei* paraît être excessivement rare dans la zone à *Bel. clavatus* ; je n'en connais que deux échantillons qui proviennent des couches où se rencontre l'*Amm. Henleyi.*

L'un est un fragment de test, de Meyrannes, de très-grande taille ; les scrobicules déprimés, sans être confluents, atteignent 14 millim. dans leur plus grand diamètre ; les tubercules y sont très-saillants, très-largement perforés et portent 14 crénelures.

Je remets les détails sur ce *Cidaris* à l'article qui s'y rapporte dans la zone supérieure, où il est beaucoup moins rare (voir plus loin).

Localités : Saint-Fortunat. De ma collection. Meyrannes. De la collection du frère Euthymes.

Cidaris Edwardsi (WRIGHT).

1852. Wright, *Annals and magazine of natural history,* 2ᵉ série, vol. 13, p. 161.
1855. Wright, *A Monograph. in Palæontological Society.* p. 26, pl. 1, fig. 1.

Radiole cylindrique de 15 millim., légèrement renflé au milieu de la longueur et couvert de stries longitudinales d'une ténuité qui demande la plus forte loupe pour être constatée.

L'espèce anglaise s'accorde pour le niveau avec la nôtre, et quoique je ne possède qu'un seul échantillon, il me reste peu de doutes sur l'identité,

Localités : Giverdy Montout, dans la petite couche à lingules, *r*.

Neuropora mamillata (E. DE FROMENTEL).

1860. De Fromentel, *In J. Martin, infra-lias*, p. 91, pl. 7, fig. 11 à 15.
1867. E. Dumortier, *Études paléontologiques*, 2º partie, p. 85 et 237, pl. 14, fig. 19 à 22.

Ce bryozoaire, qui joue un rôle important dans le lias inférieur de notre bassin, se montre encore quelquefois dans les couches inférieures du lias moyen. Je l'ai recueilli en rameaux très-bien caractérisés, d'un diamètre de 6 à 7 millim., dans les calcaires gris foncés des montagnes de Saint-Rambert en Bugey.

Localités : Saint-Rambert le Chappou, *r.r.*

Neuropora spumans (NOV. SPEC.).

(Pl. XXIV, fig. 10.)

Corps incrustant formant une plaque irrégulière de 15 millim. environ de côté; les bords sont minces, à peine en saillie sur le corps étranger qui sert de support; l'ensemble s'élève un peu en formant deux ou trois petites collines au centre de la plaque dont l'épaisseur totale ne dépasse pas 2 millim. Toute la surface est couverte d'un réseau très-irrégulier de petites murailles coupantes, dessinant des péristomes de toutes les formes et de toutes les grandeurs, depuis 1/4 de millim. de diamètre jusqu'à 2 millim.; les plus grands sont au centre et sur les sommets; je ne puis rien affirmer pour le genre; le trait principal est l'aspect rugueux et l'irrégularité de la surface.

Localités : Saint-Fortunat, sur une *Amm. Fimbriatus*, *r.r.*

Explication des figures : Pl. XXIV, fig. 10, *Neuropora spumans*, de Saint-Fortunat, de grandeur naturelle. De ma collection.

Neuropora.....?

(Pl. XXIV, fig. 9.)

Un autre bryozoaire très-remarquable m'a été fourni par la petite couche supérieure à lingule de Giverdy; c'est une très-petite plaque trapézoïdale de 3 millim. environ ; la surface est couverte de péristomes de grandeur inégale et très-serrés; au centre paraît une espèce de tubercule rond, perforé; 6 autres tubercules plus petits sont distribués vers les bords; le fragment paraît avoir des frontières assez régulières et l'on pourrait croire que l'on a sous les yeux une plaque appartenant à un genre nouveau d'Echinides. Je ne vois nulle part de formes analogues. Ce qui me paraît le plus singulier est la manière nette et régulière dont la petite plaque est coupée.

Explication des figures : Pl. XXIV, fig. 9, Bryozoaire de Giverdy, grossi 10 fois.

Tisoa siphonalis (Marcel de Serres).

(Pl XXIV, fig. 12 à 20.)
(Pl. XXV, fig. 1 à 6.)
(Pl. XXVI, fig. 1 à 5.)

1839. D'Ombres Firmas, *Biblioth. universelle de Genève,* vol. 30, n° 40, p. 412.
1840. Marcel de Serres, *Tisoa siphonalis. Annales des Sciences naturelles,* 2e série, t. 14, *zoologie,* p. 6.

Corps de nature inconnue, d'une longueur indéterminée, composé d'une gaîne ellipsoïdale comprimée, largement arrondie aux extrémités de la section, un peu déprimée au milieu de la largeur; le grand axe peut aller de 12 à 22 millim., le petit de 4 à 12; l'extérieur de cette gaîne ou tige semble strié, en long, irrégulièrement, et montre des renflements peu saillants et qui manquent sur une partie des échantillons; la tranche fait voir deux tubes ou siphons, de forme ronde et d'un diamètre moyen de 7 millim., séparés par un intervalle de 6 à 7 millim.; la paroi qui forme ces tubes arrondis, intérieurs, est d'une épaisseur qui n'atteint pas un millim. Ces proportions sont constantes et très-régulières. La gaîne elle-même paraît recouverte d'une pellicule de l'épaisseur de 1/4 de millim., dont on aperçoit des traces très-difficilement.

Parmi les très-nombreux spécimens que j'ai pu examiner, un seul montre comment se terminait d'un côté le *Tisoa siphonalis*; la fig. 15, pl. XXIV, représente ce fragment de grandeur naturelle et fait voir une base régulièrement arrondie sans traces de fractures ni de points d'attache; cette forme rappelle celle d'une *Belemnites irregularis* qui serait extraordinairement comprimée.

Ce corps, dont l'origine organique ne saurait être douteuse, joue un rôle des plus importants dans la zone à *Belemnites clavatus;*

on le rencontre en abondance dans toute l'épaisseur des marnes bleues micacées, c'est-à-dire dans une masse de dépôts marneux qui dépasse 60 mètres. Dans le Mont-d'Or lyonnais, les fouilles très-restreintes opérées dans ces marnes ont permis de constater que ces gaînes isolées de *Tisoa siphonalis* sont très-probablement enfouies en nombre immense dans toute l'étendue verticale de la formation. Ce qui le fait conjecturer c'est que les travaux de recherches et l'établissement d'un puits, entrepris il y a 8 ans à Giverdy, au pied du pic de Montout, ont fourni l'occasion de recueillir un bon nombre d'excellents échantillons, dans la partie tout à fait supérieure de ces marnes, tandis qu'une très-petite carrière fouillée à Saint-Fortunat, vallon d'Arche, dans la partie inférieure et comblée maintenant, a permis pendant quelque temps d'étudier la partie tout à fait inférieure ; or, ces recherches, nécessairement très-bornées des deux parts, ont fourni des exemplaires du *Tisoa siphonalis* tout à fait identiques, qui font supposer que toute la masse des marnes intermédiaires renferme les mêmes fossiles comme elle montre la même composition minéralogique. C'est M. A. Falsan qui le premier a signalé les tiges de *Tisoa* dans le Mont-d'Or.

Sur un grand nombre de points du département du Gard, de l'Hérault et des Bouches-du-Rhône, on trouve en quantité immense, au même niveau géologique, le même fossile, mais son état de fossilisation est tout autre et son aspect extérieur si différent, qu'il est difficile au premier abord de croire que l'on a devant les yeux le même corps ; les deux tubes intérieurs existent bien toujours, il est vrai, de mêmes dimensions et placés à la même distance l'un de l'autre ; mais la gaîne ellipsoïdale qui leur sert d'enveloppe a presque toujours disparu et les deux tubes sont empatés au milieu de grosses masses de marnes durcies, de forme pseudo-cylindriques, piriformes, dont le diamètre dépasse souvent 9 à 10 centimètres ; les tiges forment toujours l'axe de ces corps cylindroïdes, mais il ne reste plus aucune trace de la gaîne. J'ai pourtant rapporté de *Vals* près *Anduze* un de ces rognons marneux sur la section duquel on aperçoit de la manière la plus nette, en outre des deux siphons, la coupe exacte de la gaîne enveloppante (voir pl. XXVI, fig. 2). Cet échantillon est précieux parce qu'il achève de démontrer l'identité de nos tiges isolées avec les énormes concrétions marneuses qui semblent d'abord très-différentes. D'ailleurs le *Tisoa siphonalis* n'est pas seulement à l'état de *gaînes isolées* dans les marnes de Saint-Fortunat, il se rencontre souvent dans les éboulis sous la forme de disques circulaires, larges, comme dans les éboulis marneux du Midi, et les vignerons ont l'habitude de désigner ces fragments sous le nom de fromages du père Adam.

On peut en recueillir des spécimens dans le lias moyen du Bugey, toujours dans le même état de concrétions cylindriformes; les fig. 1 et 2, pl. XXV, représentent, de grandeur naturelle, en profil et en coupe, un échantillon de Saint-Rambert (Ain), curieux parce que la concrétion de marne durcie renferme deux gaînes à doubles siphons. Enfin, dans les marnes du lias moyen du département du Jura, on rencontre sur une foule de points le *Tisoa siphonalis* en rognons; il en est de même, en dehors du bassin du Rhône, dans les environs de Metz.

Le premier fait qu'il est important de constater, avant d'aller plus loin, c'est que nous avons affaire au même fossile soit qu'il se présente, comme dans la plupart des gisements, sous la forme de grosses concrétions cylindroïdes irrégulières, soit que nous le trouvions en gaînes à section ellipsoïdale, isolées, comme on le voit dans les marnes du Mont-d'Or; l'identité parfaite des deux siphons, leur même taille, leur écartement toujours le même, ne peuvent laisser aucun doute; la forme des rognons n'est due certainement qu'à l'action de la matière organique des gaînes du *Tisoa siphonalis* quelle que fût cette matière, et la périphérie de la masse n'est autre chose que la limite d'expansion de cette matière organique qui a durci les marnes aussi loin qu'elle a pu agir.

Il est à remarquer que, soit dans les gisements du Midi, soit au Mont-d'Or, les gaînes paraissent toujours implantées verticalement. J'ai fait représenter, pl, XXIV, fig. 14, un fragment de marnes de Saint-Fortunat, qui servait de gangue à une tige de *Tisoa* et qui indique bien cette particularité. Une autre circonstance à noter c'est que la matière qui remplit les deux tubes ronds intérieurs n'a pas la même origine que celle qui remplit la gaîne qui les renferme; en effet la couleur n'est plus la même, et dans les échantillons du Mont-d'Or l'intérieur des tubes montre une matière toujours nettement plus foncée; si l'on polit un fragment, cette différence de couleur s'accuse davantage et l'on peut remarquer que la matière qui remplit les petits tubes est parsemée de petites parcelles de pyrites, tandis qu'il n'y en a pas sur le reste de la surface qui paraît d'un gris bien plus clair; cette circonstance peut expliquer la résistance si différente que présentent les deux parties du *Tisoa* et pourquoi dans les marnes de l'Hérault et du Gard on rencontre des millions de spécimens avec les deux siphons conservés, tandis que quelques échantillons seulement laissent apercevoir des traces de la gaîne enveloppante.

Les marnes bleues micacées du Mont-d'Or lyonnais résistent aux acides, mais les gaînes de *Tisoa* qu'elles renferment font effervescence. Dans les rognons des ravins du Midi, les marnes elles-mêmes, aussi bien que les tubes, font une vive effervescence.

La première mention du *Tisoa siphonalis* est due à M. d'Ombres Firmas; dès 1839, il signalait à l'attention des géologues, d'une manière spéciale, le *Tisoa siphonalis*. Voici dans quels termes il en parle dans une lettre publiée dans la *Bibliothèque universelle de Genève*, 1839, tome 20ᵉ, page 412 :

« On remarque dans les marnes du lias, entre Arènes et Vals,
« à 4 kil. S. S.-O. d'Alais, à la Canâau, à 3 kil. S.-O. d'Anduze, et
« à Fressac, à 5 kil. plus loin dans la même direction, des corps
« pierreux, en général cylindroïques ou en cônes tronqués, de
« diverse longueur et grosseur, la plupart de 4 à 5 centimètres
« de diamètre et de 12 à 15 de long, quelques-uns beaucoup
« plus gros, d'autres en pelotes ou en gâteaux ronds et aplatis,
« de différentes proportions. J'en ai un de 14 cent. de largeur
« sur 9 de hauteur. On en rencontre aussi de tout à fait irré-
« guliers, en cylindres plats dans une partie, bosselés dans une

« autre; j'en ai vu un qui ressemblait à s'y méprendre au genou
« d'une statue brisée.

« Ces pierres sont disposées perpendiculairement aux couches
« qui les renferment; elles sont dures et se conservent au
« milieu des marnes émiettées, de la même nature qu'elles ; elles
« se partagent dans le même sens en tranches de différentes
« épaisseurs. Leur extérieur n'offre pas la moindre trace d'orga-
« nisation ; elles n'ont point de régularité ou d'uniformité entre
« elles, s'il est permis de dire que des cylindres ne se ressemblent
« pas. Leur surface ne présente ni pores, ni stries, rien enfin de
« ce qui caractérise un fossile.

« Mais lorsque ces pierres se fendent naturellement en travers,
« ou quand on les casse à coup de marteau, on voit qu'elles sont
« percées, dans toute leur longueur, de deux trous ou siphons
« de 6 à 8 millim. de diamètre, parallèles et ordinairement à
« égale distance de leur axe, remplis de chaux carbonatée
« cristallisée.

« Entre ces chevilles spathiques et les parois des trous qu'elles
« remplissent, il y a toujours une couche mince de fer oxidé, que
« l'humidité pénètre et décompose; dans les tranches détachées
« depuis quelque temps et roulant dans les ravins, on en trouve
« de 1 à 2 centim. d'épaisseur dont les chevilles cristallisées sont
« sorties et sont remplacées par de l'ocre et de la terre, ou qui
« restent percées de deux ouvertures.

« Quelquefois, en partageant ces pierres, surtout les plus gros-
« ses, les plus globuleuses, et celles que j'ai appelées irrégulières,
« on y remarque un troisième et même un quatrième trou,
« pleins comme les deux autres; mais ceux-ci sont constants
« pour leur place et leur grosseur proportionnées au diamètre
« des tranches, tandis que les nouveaux sont plus ou moins
« rapprochés du centre.

« Il y en a qui n'ont qu'un seul siphon, mais elles sont rares,
« et je n'ai pas trouvé une seule de ces pierres, ni une seule de
« leurs tranches qui en manquât ou n'en présentât pas de traces.

« On voit aussi à leurs surfaces et dans leurs coupes, des

12

« grains de fer sulfuré ou oxidé, mais irrégulièrement placés et
« ne traversant pas les tranches, de sorte qu'on ne les retrouve
« pas en les cassant plus haut ou plus bas.

« Je n'ai vu nulle part la description de ces formations
« curieuses. J'en ai donné, il y a bien des années, à des natura-
« listes de premier ordre, qui conviennent de bonne foi ne pas
« savoir comment expliquer leur origine; tachez donc d'en
« découvrir les bouts, me disaient l'abbé Haüy, de Lamark et de
« Lametherie, pour connaître ces corps, et M. Brongniart m'écri-
« vait, le 9 mai 1816, qu'on ne savait à quoi rapporter ces singu-
« lières tranches. »

Peu de temps après, en 1840, M. Marcel de Serres décrit le
même fossile (*Annales des Sciences naturelles*, 2ᵉ série, tome 14,
zoologie, p. 6), et lui donne le nom de *Tisoa siphonalis*; il continue à regarder les rognons informes qui l'enveloppent comme le
corps lui-même; peut-être ne pouvait-il en être autrement puisqu'il n'avait à sa disposition que les échantillons si nombreux
mais si insuffisants et si défigurés que fournissent les marnes du
Midi de la France. Il est à remarquer cependant que les détails
qu'il donne sont moins précis et moins vrais que ceux contenus
dans la lettre de M. d'Ombres Firmas. Tout en partageant les vues
erronées de ce dernier, il dit de plus avoir observé un test mince
et très-finement strié qui recouvre les concrétions et qui n'existe
pas, tandis qu'il ne parle pas de la substance des tubes ou siphons
qu'il est possible d'observer sur quelques spécimens; enfin il
conclut en disant qu'il considère le *Tisoa siphonalis*, dont il donne
une restauration imaginaire, comme des coquilles intérieures,
renfermées dans le sac d'un mollusque céphalopode, analogue
aux poulpes et aux sèches.

M. de Rouville (*Description géologique des environs de Montpellier*,
in-4°, Montpellier, 1853, p. 20) ne tombe pas dans la même
confusion et regarde les rognons en sphéroïdes irréguliers des
marnes du lias moyen, comme des concrétions opérées autour
d'un axe plus ou moins long, constitué par de l'oxide de fer ou
même quelquefois par une ou deux Bélemnites,

À une époque beaucoup plus récente, M. P. Reynès, dans son *Essai de Géologie et de Paléontologie Aveyronnaise*, in-8°, Paris, p. 65, parle aussi du *Tisoa siphonalis*, mais on voit bien vite que l'auteur applique mal à propos ce nom aux rognons de marnes durcies qui se rencontrent à la base du lias supérieur ; ces gâteaux sont d'ailleurs bien différents, leur forme n'est pas cylindroïde et ils contiennent presque toujours des fossiles, tandis que les concrétions en sphéroïdes irréguliers du lias moyen n'en contiennent certainement jamais et ont toujours pour axe de figure deux ou quatre siphons, partout de même dimension, partout placés par paires à une distance toujours égale.

Quand on a sous les yeux les échantillons bien conservés, qui représentent une tige aplatie contenant ses siphons géminés, d'une longueur assez considérable sans changements apparents dans les dimensions, on est très-porté à regarder ces débris comme appartenant à un végétal, mais comme je n'ai jamais rencontré la moindre trace de matière charbonneuse, il me semble bien difficile d'admettre cette origine ; reste donc à chercher dans le règne animal quels êtres ont pu laisser leurs dépouilles sous cette forme inusitée et fournit une masse de débris toujours uniformes et qui effraye par son immensité, puisque le *Tisoa siphonalis* remplit de ses tubes géminés les marnes du lias moyen sur une épaisseur de 50 mètres ; j'ai voulu avoir l'opinion des géologues et des paléontologistes les plus autorisés sur cette question épineuse. M. Terquem que j'avais consulté a bien voulu me communiquer son avis. Voici en quels termes il m'a répondu et quoique la solution qu'il donne ne me paraisse pas la plus probable, je rapporte sa lettre avec d'autant plus de plaisir que l'on y verra la preuve que le *Tisoa siphonalis* abonde dans le lias de la Moselle et que ce corps remarquable avait attiré l'attention et provoqué les recherches de l'éminent naturaliste. M. Terquem dit :

« Je connais ces corps depuis fort longtemps et je les ai trouvés
« depuis le calcaire à gryphées jusqu'aux dernières couches du
« lias moyen ; j'ai cherché à connaître la nature de ces tubes

« géminés, toujours du même diamètre, et s'ils doivent leur
« origine à un corps animal ou végétal. Ces tubes sont parfois
« vides ou remplis par de la marne ou de la chaux carbonatée : ce
« dernier fait démontre déjà que ces tubes étaient vides, ou peu
« remplis, lorsque la matière pétrifiante qui les enveloppe était
« déjà consolidée. J'ai cassé beaucoup de ces tubes ; j'en ai poli,
« limé, enfin j'ai cherché à connaître leurs surfaces extérieures
« et intérieures : je n'y ai trouvé ni sillons, ni traces de matières
« charbonneuses, et de là j'ai conclu que ces tubes n'apparte-
« naient pas au règne végétal. En continuant et en éliminant
« successivement les ordres et les classes, j'ai été conduit aux
« *Acéphalés syphonifères.*

« Arrivé à cet ordre d'idée, j'ai cherché à m'assurer si dans
« la nature et nos mers actuelles je pourrais rencontrer des faits
« analogues. Me trouvant à Saint-Malo, sur une plage sablon-
« neuse, j'ai vu des Myes et des Couteaux avoir des tubes de
« 20 et 30 centim. de longueur, un peu rétractiles mais pas assez
« pour pouvoir rentrer dans les valves ; j'ai dès lors admis qu'il
« m'était possible de faire l'application du connu à l'inconnu.
« J'ai remarqué, de plus, que ces corps fossiles abondent princi-
« palement dans les couches où les Acephalés syphonifères se
« présentent avec plus d'abondance.

« Il convient de faire observer que les Pleuromyes et les
« Gresslyes appartiennent à cette famille ; que les Pholadomyes
« ont dû avoir de grands siphons par la forme même du sinus
« palléal ; elles diffèrent complétement des Pholadomyes vivantes,
« par la charnière et la constitution du test. Ce qui milite encore
« en faveur de ma manière de voir, c'est que, dans chaque mor-
« ceau, les deux tubes sont égaux en diamètre, droits et non
« coniques. Un autre fait qui se relie indirectement à celui-ci
« est le fait suivant : dans le Muschelkalk et le Bonebed on
« trouve souvent des plaques couvertes de corps allongés et striés,
« droits ou contournés ; ces corps présentent le relief des
« traînées faites par les acéphales sur de la marne molle dans le
« principe, puis durcie et recouverte par une nouvelle couche
« qui s'y est imprimée. »

Malgré les détails ingénieux que donne M. Terquem, il me semble bien difficile d'admettre son explication sur l'origine de nos fossiles.

Si les coquilles myacées abondent dans les marnes de la Moselle où il rencontre le *Tisoa siphonalis*, elles manquent à peu près partout dans le bassin du Rhône : par quelle singularité, des tubes, d'une décomposition aussi facile que ceux des acéphales, se seraient-ils toujours intégralement conservés, tandis que les valves de ces mêmes mollusques, bien autrement résistantes, auraient été anéanties sans laisser de traces ? Comment supposer d'ailleurs que des tubes non entièrement solides, puisqu'ils sont en partie rétractiles, se soient pétrifiés, dans les circonstances et les milieux les plus variés et sans subir la moindre déformation ? Il faut remarquer en effet que, sur un nombre immense de tubes que j'ai pu examiner, jamais je n'ai rencontré un seul fragment qui ne présentât les deux tubes géminés, dans leur intégrité et dans leur forme parfaitement cylindrique. Il me semble qu'on est en droit de conclure de cette circonstance que les tubes et même la gaîne qui les contenait ont été enfouis dans les marnes à l'état parfaitement solide.

Enfin ne pourrait-on pas voir dans ces singuliers débris des restes d'Annélides, à tubes solides géminés, d'une longueur indéterminée ? Maintenant que l'attention des paléontologistes a été attirée sur cette question intéressante, des observations nombreuses, faites par des naturalistes compétents, ne manqueront pas sans doute d'amener une explication satisfaisante. La question en vaut la peine, puisqu'il ne s'agit pas ici de quelques corps isolés, rencontrés fortuitement à un niveau controversé, mais bien d'un fossile d'une forme la plus régulière et la plus constante et qui a peuplé les mers du lias moyen pendant une période d'une longueur énorme. Le sujet est donc plein d'intérêt.

Il est à remarquer, que, déjà dans des terrains beaucoup plus anciens, on a signalé à plusieurs reprises des tubes cylindriques plus ou moins réguliers, disposés par deux comme dans le *Tisoa siphonalis* et que ces tubes ont été généralement attribués à des

Annélides. Pour m'en tenir aux noms les plus autorisés, je n'en citerai qu'un exemple : dans le *Quarterly journal of the geological Society of London*, 1859, 15° volume, se trouve un mémoire de Sir R. J. Murchison(*on the succession of the older rocks in the northernmost counties of Scotland, etc.*), à la page 368 et à la page 380 de ce mémoire, l'auteur signale dans les couches siluriennes des Annélides à deux tubes; il donne de plus, pl. 13, fig. 29, la section d'un fossile de ce genre qui a beaucoup d'analogie avec nos débris de *Tisoa*. J'ai fait copier cette figure exactement, comme objet de comparaison; on trouvera cette copie sur ma pl. XXVI, fig. 5.

Quoi qu'il en soit, tout se réunit pour ajouter de l'intérêt à l'étude de ce fossile curieux : son immense développement, la longue durée de l'espèce, l'ignorance où nous sommes encore de la classe à laquelle il faut le rapporter, la régularité frappante de ses dimensions. Il est assez singulier qu'après avoir été signalé à l'attention des naturalistes les plus éminents, dès 1839 (voir la note de M. d'Ombres Firmas), de longues années aient passé ensuite sans que personne s'en soit occupé; ce fait paraîtra moins surprenant, si l'on considère que les gisements où le *Tisoa siphonalis* abonde, sont dans les départements méridionaux et que l'attention des paléontologistes a été portée à peu près exclusivement sur les couches jurassiques du bassin de Paris.

En examinant l'échantillon dessiné pl. XXIV, fig. 15, on verra que le vœu exprimé, il y a si longtemps, par Haüy, a été exaucé : « tachez donc d'en découvrir les bouts ou extrémités, » disait-il à M. d'Ombres Firmas, et cet échantillon, fig. 15, offre bien une extrémité arrondie, qui terminait la gaîne du *Tisoa*; il serait bien instructif de limer sur le plat ce spécimen pour voir comment les deux tubes se rejoignent ou se terminent; il y aurait là certainement une observation précieuse à faire, mais je n'ai pas voulu sacrifier le seul spécimen connu jusqu'à présent qui donne la forme extérieure incontestable de l'extrémité de notre fossile.

Localités : Saint-Fortunat, Givérdy, Saint-Didier Arche,

Saint-Rambert (Ain) au-dessus du four de l'abbaye, Alais, entre Arène et Vals, — Anduze (Gard), à la Canâou, à Tanpus-sargues, au ravin de Fressac, — Aix, chemin de Saint-Marc.

Au pic de Saint-Loup (Hérault) ferme de Mortiès, d'après les notes qu'a bien voulu me communiquer M. Bioche.

Digne (Basses-Alpes). Localité : La Robine.

Dans le département du Jura, le frère Ogérien a rencontré le *Tisoa siphonalis* à Lons-le-Saulnier, sous Pymont, aux Rochettes, au Pin ; à Vatagna, canton de Conliége; à Vernantois et Perrigny, canton de Lons-le-Saulnier; à Miéry, canton de Poligny; à l'est de Grusse, canton de Beaufort, et dans tout le bassin de Salins.

A ces localités on peut ajouter, en dehors du bassin du Rhône, les environs de Mende, d'après Marcel de Serres, et plusieurs localités des environs de Metz, d'après M. Terquem.

Explication des figures : Pl. XXIV, fig. 12, gaîne de *Tisoa siphonalis*, de Giverdy; les séparations, au nombre de six, ne sont que des cassures accidentelles. Fig. 13, coupe de la même. Fig. 14. empreinte de la même gaîne dans la marne. Du cabinet de M. A. Falsan. Fig. 15, autre fragment, également des marnes bleues supérieures du puits de Montout (Giverdy), curieux parce qu'il représente une terminaison inférieure, arrondie, de grandeur naturelle. De ma collection. Fig. 16, section de la même gaîne. Fig. 17 et 18, autre fragment de la même localité, forme exceptionnelle. Fig. 19 et 20, autre de petite taille (très-rare). De ma collection.

Pl. XXV, fig. 1, concrétion de Saint-Rambert (Ain) contenant deux tiges. Fig. 2, la même, vue par dessus. On y voit l'orifice des quatre siphons. De ma collection. Fig. 3 et 4, petit fragment de Giverdy. Fig. 5 et 6, long fragment, des marnes inférieures du vallon d'Arche. Collection de M. A. Falsan.

Pl. XXVI, fig. 1, tranche ronde d'une concrétion d'Anduze, avec plissements singuliers, disposés en moulinet autour d'un des siphons. Fig. **2,** section d'une concrétion de Vals près d'Anduze, où l'on distingue très-nettement la forme de la gaîne contenant les deux siphons. Fig. 3 et 4, fragment poli, en long et en travers, de Giverdy. Fig. **5,** copie, d'après Murchison, d'un Annélide des terrains Siluriens, de grandeur naturelle.

Je dois mentionner, en terminant la description des fossiles, un petit fragment de bois, tige aplatie avec nœuds et détails très-bien conservés, que j'ai recueilli dans les marnes bleues supérieures de Giverdy. La pl. XXIV, fig. 11, en donne la figure de grandeur naturelle.

De plus on rencontre assez fréquemment dans les marnes bleues inférieures du vallon d'Arche de petits corps aplatis, arrondis à la base et munis de deux cornes à la partie supérieure. Ces corps ont été généralement regardés comme des fruits; j'en ai fait dessiner deux, de grandeur naturelle, que l'on trouvera pl. XXIV, fig. 7 et 8. De la collection de M. A. Falsan.

GÉNÉRALITÉS SUR LES FOSSILES

de la zone à Belemnites clavatus.

Comme je l'ai déjà fait remarquer dans la deuxième partie de ces études, page 242, à l'exception de la *Griphœa obliqua* et de trois ou quatre bivalves qui semblent banales et reparaissent à tous les niveaux du Jurassique inférieur, les fossiles du lias moyen sont nettement séparés de ceux du lias inférieur; il n'y a aucune autre espèce commune aux deux étages, et cela malgré la succession des dépôts en couches concordantes et malgré le calme qui paraît

avoir régné dans les mers pendant ce changement presque inté-
gral de la faune.

Ce fait est d'autant plus remarquable ici que le premier niveau
inférieur du lias moyen contient, sous une très-faible épaisseur,
plus de 30 espèces d'Ammonites, toutes essentiellement différentes de celles du lias inférieur (zone à *Amm. oxynotus*), dépôt
peu épais également et des plus riches aussi en Ammonites,
puisqu'il en fournit au moins 45 espèces, comme nous l'avons
vu dans la deuxième partie.

Le second niveau de la zone nous a donné, sur une très-faible
épaisseur, une quantité de Bélemnites extraordinaire ; c'est la
première expansion notable de ces curieux céphalopodes, qui n'a-
vaient encore préludé que par l'apparition d'une ou deux espèces.
On en trouve ici tout à coup 20 espèces différentes, de toutes
les tailles, de formes les plus disparates, et pour quelques espèces,
une multitude d'individus qui étonne ; les couches marneuses en
sont absolument criblées. L'étude de ces Bélemnites acquiert
une grande importance, si l'on considère que toutes les espèces
sont caractéristiques ; la plupart ne se retrouvent jamais à un autre
niveau ; quelques-unes, en très-petit nombre, passent dans la
zone supérieure, mais aucune ne se montre ailleurs que dans le
lias moyen.

Les Gastéropodes prennent une certaine importance ; les genres
Trochus et Pleurotomaires fournissent un nombre notable
d'espèces et d'individus.

Parmi les Acéphalès l'on peut signaler les Avicules, dont plusieurs belles espèces sont caractéristiques, et les Peignes qui sont
très-variés.

Les Brachiopodes comptent plusieurs espèces intéressantes et
spéciales à la zone ; on a lieu de s'étonner de trouver, dans les
couches les plus profondes, la *Thecidea Bouchardi*, signalée en
Normandie à un niveau plus élevé. La *Lingula Voltzi*, par la
masse énorme de ses coquilles accumulée dans une très-petite
couche, sans épaisseur, est un incident zoologique à noter.

Les animaux rayonnés peuvent fournir plusieurs remarques
intéressantes ; le *Millericrinus Hausmanni* et plusieurs *Pentacrinus*,

de formes spéciales, et répandus avec profusion, viennent caractériser la zone et donner d'excellents points de repère.

Enfin dans les marnes bleues supérieures, le *Tisoa siphonalis*, ce corps énigmatique, que nous avons supposé appartenir à un Annélide, vient fixer l'attention et mérite certainement une place exceptionnelle par sa constance, l'extrême régularité de ses proportions et la masse énorme de ses débris sur tous les points du bassin.

Je réunis dans la liste suivante les fossiles principaux de la zone à *Belemnites clavatus*, en suivant l'ordre de leur importance relative.

LISTE DES FOSSILES LES PLUS RÉPANDUS

de la zone à Belemnites clavatus.

Griphæa obliqua.
Belemnites paxillosus.
— *clavatus.*
Ammonites Davœi.
— *fimbriatus.*
— *margaritatus.*
Terebratula numismalis.
Pentacrinus basaltiformis.
Ammonites capricornus.
Tisoa siphonalis.
Ammonites Jamesoni.
Nautilus Araris.
Ammonites latæcosta.
Rhynchonella variabilis.
Inoceramus ventricosus.
Avicula papyria.
— *Sinemuriensis.*
Belemnites apicicurvatus.

Ammonites armatus.
Lingula Voltzi.
Pleuromya striatula.
Pleurotomaria expansa.
Spiriferina pinguis.
Belemnites palliatus.
— *virgatus.*
Cidaris octoceps.
Millericrinus Hausmanni.
Pecten acuticostatus.
Ammonites Henleyi.
— *Oppeli.*
Spiriferina verrucosa.
Nautilus rugosus.
Chemnitzia undulata.
Trochus nudus.
Turbo Meriani.

En se plaçant à un autre point de vue, si l'on recherche quels sont les fossiles spéciaux de la zone et que l'on ne rencontre jamais, ni plus haut, ni plus bas, on aura la liste suivante :

LISTE DES FOSSILES CARACTÉRISTIQUES

de la zone à Belemnites clavatus.

Belemnites alter.	*Ammonites muticus.*
— *brevis.*	— *arietiformis.*
— *apicicurvatus.*	— *Maugenesti.*
— *faseolus.*	— *Normanianus.*
— *elongatus.*	— *bipunctatus.*
— *Janus.*	— *Masseanus.*
— *armatus.*	— *Flandrini.*
— *virgatus.*	— *Kurrianus.*
— *Araris.*	— *venustulus.*
— *penicillatus.*	— *globosus.*
— *longissimus.*	— *Henleyi.*
— *microstylus.*	— *Loscombi.*
— *umbilicatus.*	— *zetes.*
— *ventroplanus.*	— *Oppeli.*
— *clavatus.*	— *plumarius.*
— *Charmouthensis.*	— *fimbriatus.*
— *palliatus.*	— *Jamesoni.*
Nautilus rugosus.	— *Davœi.*
— *semistriatus.*	— *hybrida.*
— *Araris.*	— *centaurus.*
Ammonites armatus.	— *Coquandi.*
— *quadrarmatus.*	— *brevispina.*
— *submuticus.*	*Trochus Gaudryanus.*
— *Morogensis.*	— *helicinoides.*
— *Heberti.*	— *Cluniacensis.*

Trochus mamillaris.
— Calefeldiensis.
— Nisus.
Turbo Itys.
Phasianella phasianoides.
— turbinata.
— Jason.
Pleurotomaria subdecorata.
— rustica.
— multicincta.
Alaria subpunctata.
Dentalium compressum.
Pholadomya decorata.
— obliquata.
Gresslya striata.
Pleuromya macilenta.
Leda Galatea.
Nucula variabilis.
Pinna sepiæformis.
Mytilus elongatus.
— numismalis.
Astarte lenticula.
— resecta.
Lima Meyrannensis.
Avicula culva.

Avicula papyria.
— sexcostata.
— Fortunata.
Hinnites Davæi.
Anomya numismalis.
Spiriferina verrucosa.
Terebratula numismalis.
— Mariæ.
— Heyseana.
Rhynchonella triplicata.
— furcula.
— retusifrons.
— rimosa.
Thecidea cataphracta.
Lingula Voltzi.
Serpula filaria.
— mundula.
Pentacrinus basaltiformis.
— subangularis.
— placenta.
Cotylederma lineati.
Cidaris octoceps.
— Edwardsi.
Neuropora spumans.
Tisoa siphonalis.

Si les Bélemnites et les Ammonites de la zone à *Belemnites clavatus* sont en très-grande partie fidèles à ce niveau spécial, il n'en est pas de même pour les autres mollusques dont un assez bon nombre continue à prospérer dans la zone supérieure ; voici quels sont les fossiles que l'on retrouve dans les deux zones :

LISTE DES FOSSILES

qui passent dans la zone supérieure à Pecten æquivalvis.

Belemnites breviformis.
— paxillosus.
Chemnitzia Periniana,
— Carusensis.
Trochus Thetis.
— nudus.
— Gouberti.
Turbo Escheri.
Pleurotomaria principalis.
— heliciformis.
Cerithium reticulatum.
Pholadomya ambigua.
— Voltzi.
Leda palmæ.
Cardium multicostatum.
— truncatum.
Unicardium globosum.

Lima punctata.
— pectinoides.
Limea acuticosta.
Pecten textorius.
— acuticostatus.
Harpax Parkinsoni.
Ostrea irregularis.
— sportella.
Spiriferina pinguis.
Terebratula Darwini.
— Waterhousi.
— Sarthacensis.
Rhynchonella furcillata.
Serpula Etalensis.
Millericrinus Hausmanni.
Pentacrinus punctiferus.
Cidaris Amalthei.

La plupart des espèces qui figurent sur cette liste sont assez répandues de part et d'autre. Il faut noter pour l'*Ostrea sportella*, coquille que nous verrons plus loin jouer un rôle si important dans la zone supérieure, que c'est à peine si nous pouvons constater sa présence dans la zone à *Belemnites clavatus*, et cela par un seul échantillon.

Avant de passer à l'étude de la zone supérieure du lias moyen, je veux dire encore quelques mots sur une espèce nouvelle d'Ammonite que j'ai décrite page 82, sous le nom d'*Amm. Lucifer*. Quoique le dessin de la pl. XLIV, fig. 1, soit assez fidèle, il ne rend pas, cependant, d'une manière entièrement satisfaisante l'aspect tout à fait particulier de cette Ammonite : ses côtes absolument droites, minces, aiguës, sont séparées par de larges sillons arrondis ; les flancs sont convexes et l'ombilic très-peu profond ; ces caractères, d'une constance remarquable, me font regarder l'espèce comme très-nettement distincte. Je l'ai toujours rencontrée de la taille indiquée par le dessin.

Lias moyen.

ZONE DU PECTEN ÆQUIVALVIS

La zone supérieure du lias moyen, quoique d'une épaisseur très-modique, est peut-être de toutes les couches du lias, celle qui se fait reconnaître le plus généralement et le plus sûrement par ses fossiles. Sur une foule de points dans le bassin du Rhône, comme en dehors de ce bassin, ce sont les escarpements ou les affleurements des calcaires de ce niveau qui viennent révéler la présence du lias ; dans le midi du bassin, par exemple, l'horizon est très-bien indiqué par les fossiles les plus caractéristiques, c'est-à-dire que ces roches fournissent de nombreux exemplaires de la *Terebratula subpunctata*, de la *Rhynchonella acuta*, du *Pecten æquivalvis* et de la *Gryphæa gigantea*, tandis que les autres subdivisions du lias n'offrent que des couches mal caractérisées et que l'on a de la peine à classer parce que l'on n'y trouve que des fossiles rares et en mauvais état. La zone à *Pecten æquivalvis*, au contraire, présente généralement des fossiles moins altérés et qui conservent presque partout des formes que l'on ne peut méconnaître.

La zone à *Pecten æquivalvis* correspond à la partie supérieure de l'étage huitième ou liasien de d'Orbigny, aux marnes à *Plicatules* de Marcou, au lias *Delta*, *Amaltheenthone* de Quenstedt, partie supérieure. C'est l'équivalent des *Upper lias marls* de de la Bèche et des *Ironstone and marlstone* de Phillips.

Dans le centre du bassin, toute la zone, si importante sous le rapport de la paléontologie, ne présente qu'une épaisseur peu considérable, 4 à 8 mètres, au plus, composée entièrement de calcaires lourds, sublamellaires, très-durs, mal sratifiés, rouges et ferrugineux par places, passant en haut à une lumachelle jaune

et rougeâtre très-dure, qui manque cependant dans certaines localités. On distingue ordinairement deux niveaux dans
la zone à *Pecten œquivalvis*, mais les fossiles ne me paraissent pas
ici rigoureusement distribués dans la portion inférieure ou supérieure des calcaires et, sauf pour quelques-uns, l'on peut dire
seulement qu'ils sont rencontrés plus habituellement soit en
haut soit en bas.

Je donne au niveau inférieur, c'est-à-dire aux couches qui
reposent sur les marnes bleuâtres supérieures du lias moyen, le
nom de calcaires à *Ostrea sportella*. C'est le fossile qui me paraît le
plus constant et le plus caractéristique ; c'est aussi celui, qui par
sa robuste contexture, semble résister avec le plus de persévérance
dans les débris de la roche ; il ne peut d'ailleurs être confondu
avec aucun autre corps.

Le niveau supérieur (lumachelle) me paraît bien caractérisé
par la *Limea acuticosta*, petit fossile que l'on reconnaît facilement
et qui est fort abondant.

Quant à l'ensemble, comprenant toutes les couches supérieures
du lias moyen, il me paraît convenable de le désigner sous le nom
de zone à *Pecten œquivalvis*, parce que ce grand Pecten, si nettement caractérisé, ne manque dans aucune contrée, à ce niveau,
que sa conservation est toujours relativement assez bonne, et
qu'on peut le reconnaître même à l'aide d'un très-petit
fragment.

D'autres fossiles, aussi importants, se présentaient pour servir
de types à cette zone; voici les raisons qui m'ont engagé à ne pas
m'en servir : la *Terebratula subpunctata*, si abondante partout, a
l'inconvénient de se confondre facilement avec la *Terebratula
punctata* des couches inférieures; l'*Ammonites spinatus* ne se
montre qu'au niveau supérieur ; la *Gryphœa gigantea*, si remarquable et si abondante quelquefois, ne peut être d'aucun secours
dans certaines régions du bassin où elle manque presqu'absolument; enfin la *Rhynchonella acuta*, excellent fossile caractéristique,
très-nombreuse par places, fait aussi quelquefois complétement
défaut.

TABLEAU

des différents niveaux de la zone à Pecten æquivalvis

ZONE A PECTEN ÆQUIVALVIS

	Fossiles principaux	
Niveau de la Limea acuticosta **2 à 3 mètres.**	Ammonites spinatus. Chemnitzia Periniana. Trochus Eolus. — nudus. — epulus. Turbo Licas. Cerith. reticulatum. Cypricardia Faisani.	Tellina gracilis. Avicula deleta. Avicula cycnipes. Lima pectinoides. Ostrea sportella. Rhynchonella acuta. — furcillata.
Niveau de l'Ostrea sportella **2 à 8 mètres.**	Belemnites paxillosus. — compressus. Ammonites margaritatus. Chemnitzia carusensis. Trochus epulus. — eburneus. — nitens. Turbo cyclostoma. — Soccenensis. Pleurot. precatoria. Gastrochæna Lugdunensis. Pleuromya Jauberti. Hettangia Broliensis. Astarte striato costata. — Branoviensis. Cardinia crassissima. — hybrida. Cardium multicostatum.	Mytilus Thiollierei. Lima pectinoides. — succincta. — punctata. Avicula Munsteri. — cycnipes. Pecten frontalis. — Texterius. — acuticostatus. Harpax Parkinsoni. — lævigatus. Gryphæa cymbum. — gigantea. Terebratula subpunctata. — Waterhousi. — cornuta. Rhynch. tetraedra. Serpula Etalensis. Cidaris Amalhei.

Comme je l'ai déjà dit, la zone à *Pecten æquivalvis* est, presque partout, composée de calcaires durs ; je ne connais que le lias moyen des environs de Privas et de l'Argentière (Ardèche) où ce même horizon soit représenté par des grès à grains de quarz et à ciment calcaire.

13

Dans le département de l'Isère, la zone à *Pecten æquivalvis* près de Frontonas (canton de Crémieux), devient assez riche en fer pour fournir des minerais d'une teneur médiocre et qui ont été exploités à ciel ouvert.

Dans le Charollais, les calcaires à *Gryphæa gigantea* sont d'une richesse remarquable en fossiles, on y trouve surtout de petits Gastéropodes en très-beaux exemplaires; les murs de clôture dans les environs de Semur-en-Brionnais et de Saint-Christophe présentent aux recherches des paléontologistes des matériaux inépuisables; malheureusement la dureté excessive de la roche s'oppose à la perfection des échantillons, qui sont en général bien conservés, mais trop engagés dans le calcaire et sans laisser aucun espoir de découvrir les parties cachées par la gangue.

Le beau gisement de Bleymard (Lozère), à la limite extrême du bassin, peut fournir aussi de bons échantillons, surtout en Brachiopodes; enfin une foule de points, dans le petit massif du Mont-d'Or lyonnais, permettent d'obtenir, à l'aide de recherches, un peu laborieuses il est vrai, plusieurs coquilles importantes telles que les *Cardinia philea*, *crassissima* et *hybrida*, le *Harpax lævigatus* de grande taille et la belle *Avicula cycnipes*.

Détails sur les gisements.

ZONE DU PECTEN ÆQUIVALVIS.

Mont-Ceindre. — Colline au nord de Saint-Cyr-au-Mont-d'Or, éboulis près du sommet, au-dessus de la fontaine.

Saint-Fortunat (Rhône). — Hameau de Saint-Didier, colline à l'est du village.

Saint-Cyr-au-Mont-d'Or. — Collines au nord.

Collonges (Rhône). — Canton de Limonest, collines à l'ouest.

Poleymieux. — Canton de Limonest, chemin de Saint-Germain, hameau de la Rivière.

Saint-Romain-de-Couzon (Rhône). — Canton de Neuville, ravin de la Mine-de-Fer.

Saint-Germain-au-Mont-d'Or. — Canton de Neuville, chemin de Poleymieux, à la Fontaine.

Dardilly (Rhône). — Canton de Limonest.

Giverdy, — Petit col allant de Saint-Fortunat à Saint-Romain, au sud de la dent de Montout.

Limas (Rhône). — Près de Villefranche, le mont Buisante.

Marcy-sur-Anse (Rhône). — Canton d'Anse.

Bully (Rhône). — Canton de l'Arbresle.

Ambérieux (Ain). — Aux ruines du vieux château de Saint-Germain.

Ville-sur-Jarnioux (Rhône). — Canton du Bois-d'Oingt, près du village.

Frontonas (Isère). — Canton de Crémieux, plusieurs petites carrières exploitées comme minerai de fer.

Saint-Quentin (Isère). — Canton de la Verpillière, au-dessous du minerai de fer.

La Verpillière (Isère). — De même.

Saint-Julien-de-Jonzy (Saône-et-Loire). — Canton de Semur, murs et débris dans les vignes.

Saint-Bonnet-de-Cray (Saône-et-Loire). — Canton de Semur. De même.

Sarry (Saône-et-Loire). — Canton de Semur. De même.

Châteauneuf-sur-Sornin (Saône-et-Loire). — Canton de Chauffailles. De même.

Briant (Saône-et-Loire). — Canton de Semur. De même.

Ligny (Saône-et-Loire. — Canton de Semur. De même.

Oyé (Saône-et-Loire). — Canton de Semur. De même.

Saint-Christophe-en-Brionnais (Saône-et-Loire). — Canton de Semur. De même.

Fleury-la-Montagne (Saône-et-Loire). — Canton de Semur. De même.

Saint-Nizier (Loire). — Canton de Charlieu. De même.

Châlon-sur-Saône (Saône-et-Loire). — Les environs.

Langres (Haute-Marne). — Chemin de Corlée.

Orbigny-en-Val (Haute-Marne). — Près de Langres.

Bligny-sur-Ouche (Côte-d'Or). — Canton de Beaune, près du canal.

Salins (Jura).

Besançon (Doubs). — Localités : Arguelles, la Chapelle-des-Buis.

Miserey (Doubs). — Canton d'Audeux.

Col-des-Encombres (Savoie). — près de Saint-Martin-de-Belleville.

Digne (Basses-Alpes).

Privas (Ardèche). — Allant au pont de Couz.

La Jobernie. — Privas, en face du pont de Couz.

Le Blaymard (Lozère).

Uzer (Ardèche). — Canton de l'Argentière.

Laurac (Ardèche). — Canton de l'Argentière.

Anduze (Gard). — Localité : Vals.

Alais (Gard).

Pic-Saint-Loup (Hérault). — Colline, canton des Matelles.

Aix (Bouches-du-Rhône).

Auriols (Bouches-du-Rhône).

Cuers (Var). — Chemin de Valcros.

Puget-de-Cuers (Var). — Canton de Cuers, aux carrières.

Solliès-Ville (Var). — Près de Solliès-Pont, au-dessus du village.

LISTE

FOSSILES DE LA ZONE A PECTEN ÆQUIVALVIS

Vertèbre de Saurien		Vals près Anduze (Gard).
Os de Saurien . . . · . .		Limas.
Lepidotus Elvensis (Blainville Sp.).	*r. r.*	Mont-Ceindre.
Belemnites compressus (Stahl.).	*c.*	Saint-Julien, Privas, Besançon, Bligny-sur-Ouche, Orbigny-en-Val.
Belemnites Voltzi (Phillips). .		Saint-Germain , Saint-Julien , Privas, Aix, Vals près Anduze, le Blaymard.
Belemnites breviformis (Voltz).	*c.*	Saint-Fortunat, Saint-Julien, Vals.
Belemnites paxillosus (Schlotheim).	*c. c.*	Saint - Fortunat , Saint - Cyr, Saint-Germain, Limas, Saint-Julien, Privas, le Blaymard, Cuers.
Nautilus striatus (Sowerby) . .	*r.*	Saint-Bonnet-de-Cray, Sarry.
Nautilus pertextus (E. Dumortier).	*r.*	Saint-Cyr, Saint-Fortunat.
Ammonites margaritatus (Montfort)	*c. c.*	Partout.
Ammonites spinatus (Bruguières).	*c.*	Partout.
Ammonites cornucopiæ (Young).	*r. r.*	Châteauneuf-sur-Sornin, Saint-Bonnet.
Ammonites Nilssoni (Hébert) .	*r.*	Uzer (Ardèche).

Chemnitzia Periniana (d'Orbi-
gny). . . . .   *r.*   Mont - Ceindre , Châlon - sur-
Chemnitzia Corvaliana (d'Orbi-   Saône.
gny). . . . .   *r.*   Mont - Ceindre , Châlon - sur-
Chemnitzia Carusensis (d'Orbi-   Saône.
gny). . . . .   Ambérieux , Saint - Bonnet ,
                                  Saint-Julien , Châlon-sur-
                                  Saône.

Chemnitzia nuda (Goldfuss). . *r.*   Ambérieux.
Chemnitzia Branoviensis (E. Du-
mortier). . . . . . .   *r.*   Saint-Bonnet.
Chemnitzia Juliana (E. Dumor-
tier). . . . .   *r. r.* Saint-Julien.
Orthostoma Moorei (E. Dumor-
tier). . . . .   *r.*   Mont - Ceindre , Ambérieux ,
Orthostoma fontis (E. Dumor-   Briant.
tier). . . . .   *r. r.* Mont-Ceindre.
Natica pulvis (E. Dumortier). *r. r.* Mont-Ceindre.
Trochus Emylius (d'Orbigny). . *r.*   Saint-Julien.
Trochus Eolus (d'Orbigny). . . *r.*   Mont- Ceindre , Ambérieux ,
                                  Saint-Julien.

Trochus nudus (Goldfuss). . . *c.*   Mont - Ceindre , Ambérieux ,
                                  Saint-Julien , Saint-Bonnet,
                                  Langres.

Trochus trimonilis (d'Orbigny). *r.*   Saint-Bonnet.
Trochus Deschampsi (d'Orbi-
gny). . . . .   *r.*   Saint-Julien.
Trochus Thetis (Goldfuss). . . *r. r.* Saint-Bonnet.
Trochus epulus (d'Orbigny). . *c. c.* Ambérieux, Saint-Bonnet, Li-
                                  gny, Briant, Saint-Julien.

Trochus Augusti (E. Dumor-
tier). . . . .   *r.*   Briant , Saint-Bonnet , Saint-
Trochus eburneus (E. Dumor-   Julien.
tier). . . . .   *r.*   Saint-Julien , Briant , Saint-
                                  Bonnet.

Trochus Gouberti (E. Dumor-
tier). . . . .   *r.r.* Mont-Ceindre.
Trochus delta (E. Dumortier). .   *r.*   Mont-Ceindre.
Trochus nitens (E. Dumortier).   *c.*   Mont-Ceindre, Briant, Sain-
Julien, Saint-Bonnet.
Trochus Ariel (E. Dumortier).   *r.r.* Saint-Julien.
Trochus pandion (E. Dumor-
tier). . . . .   *r.r.* Saint-Julien.
Trochus Mariæ (d'Orbigny). .   *r.*   Châlon-sur-Saône.
Turbo Licas (d'Orbigny). . .   *r.*   Mont-Ceindre, Saint-Germain
près d'Ambérieux.
Turbo Escheri (Goldfuss). . .   Saint-Julien, Briant.
Turbo cyclostoma (Zieten). . .   *c.*   Saint-Julien , Saint-Bonnet ,
Briant, Ligny.
Turbo metis (Goldfuss). . . .   *r.*   Saint-Bonnet.
Turbo canalis (Goldfuss). . .   *r.r.* Saint-Julien.
Turbo leo (d'Orbigny). . . .   *r.*   Saint-Bonnet.
Turbo Socconensis (d'Orbigny).   *c.*   Mont-Ceindre, Briant, Saint-
Bonnet.
Turbo Julia (d'Orbigny). . .   *r.*   Mont-Ceindre.
Turbo Lucilius (E. Dumortier).   *r.r.* Ambérieux.
Turbo Marcousanus (E. Dumor-
tier). . . . .   *r.r.* Saint-Julien.
Turbo Thiollierei (E. Dumor-
tier). . . . .   *r.*   Saint-Julien, Briant.
Turbo Julianus (E. Dumortier).   Saint-Julien, Saint-Bonnet.
Turbo centigramma (E. Dumor-
tier). . . . .   *r.*   Mont-Ceindre.
Straparolus encrinus (E. Dumor-
tier). . . . .   *r.r.* Saint-Bonnet.
Evomphalus excavatus (Reusss).   *r.r.* Saint-Julien.
Pleurotomaria principalis (Gold-
fuss). . . . .   Poleymieux, Saint-Fortunat,
Saint-Julien, Uzer.
Pleurotomaria Anglica (Gold-
fuss). . . . .   *r.*   Ligny, Oyé.

Pleurotomaria heliciformis (E. Deslongchamps). . . . .   *r.*   Mont-Ceindre, Ambérieux, Aix.

Pleurotomaria intermedia (Goldfuss). . . . . . . , . .   *r.*   Briant.

Pleurotomaria precatoria (E. Deslongchamps). . . . .   *r.*   Saint-Julien, Briant

Pleurotomaria procera (d'Orbigny). . . . .   *r. r.*   Saint-Bonnet.

Pleurotomaria princeps (Koch et Dunker). . . . . . .   *r.*   Saint Bonnet.

Pleurotomaria mirabilis (E. Deslongchamps). . . . . .   *r. r.*   Saint-Bonnet.

Pleurotomaria Terveri (E. Dumortier). . . . . . .   *r.*   Mont-Ceindre.

Pleurotomaria Viquesneli (E. Dumortier). . . . . .   *r.*   Saint-Julien.

Fusus variculosus (E. Deslongchamps). . . . . . .   *r. r.*   Mont-Ceindre.

Cerithium reticulatum (E. Deslongchamps). . . . . .   *c.*   Mont - Ceindre , Ambérieux , Saint-Bonnet, Saint-Julien.

Gastrochœna Lugdunensis (E. Dumortier. . . . . . .   *c.*   Mont-Ceindre.

Pholadomya ambigua (Sowerby).   Blaymard.

Pholadomya Voltzi (Agassiz). .   *r. r.*   Mont-Ceindre.

Pleuromya liasina (Schübler, sp.). , ...   *r.*   Saint-Bonnet.

Pleuromya unioides (Goldfuss sp.). . . . .   *r.*   Bligny-sur-Ouche.

Pleuromya donaciformis (Goldfuss, sp.). . . . . . .   *r.*   Saint-Julien.

Pleuromya Jauberti (E. Dumortier). . . . .   Commune au · Blaymard , *r.* Saint-Julien.

Pleuromya meridionalis (E. Dumortier). . . . . . .   *r.*   Cuers.

Leda acuminata (V. Buch, sp.).   *r.*   Mont-Ceindre, Saint-Julien.

Leda complanata (Goldfuss, sp.)	r.	Ville-sur-Jarnioux.
Leda palmœ (Sowerby, sp.). .	r.	Mont-Ceindre.
Nucula elliptica (Goldfuss). .	r.	Mont-Ceindre.
Tellina gracilis (E. Dumortier).	c.	Mont-Ceindre.
Tellina floralis (E. Dumortier).	r. r.	Mont-Ceindre.
Tellina Lingonensis (E. Dumortier).	r.	Langres.
Opis Ferryi (E. Dumortier). .	r. r.	Saint-Julien.
Hettangia Broliensis (Buvignier).	r. r.	Saint-Julien, Briant.
Hettangia Lingonensis (E. Dumortier).	r. r.	Langres.
Astarte striatocostata (Goldfuss).	c.	Saint-Julien, Langres.
Astarte Amalthei (Quenstedt). .	r.	Saint-Julien.
Astarte Boum (E. Dumortier). .	c.	Saint-Julien , Saint-Bonnet , Briant, Saint-Nizier.
Astarte fontis (E. Dumortier).	r.	Mont-Ceindre, Saint-Julien.
Astarte Lugdunensis (E. Dumortier).	r.	Mont-Ceindre.
Cardinia philea (d'Orbigny), .	c.	Saint-Fortunat, Giverdy, Saint-Germain, Poleymieux, Saint-Nizier.
Cardinia crassissima (Sowerby, sp.).		Giverdy, Poleymieux, Saint-Germain.
Cardinia hybrida (Sowerby, sp.)	c. c.	Saint-Germain , Poleymieux, Giverdy, Saint-Nizier.
Cypricardia Falsani (E. Dumortier).	r. r.	Mont-Ceindre.
Trigonia Lingonensis (E. Dumortier).	c.	Langres.
Lucina scutulata (E. Dumortier).	r. r.	Mont-Ceindre.
Cardium multicostatum (Phillips).	c.	Mont-Ceindre, Saint-Julien , Langres.

Cardium truncatum (Phillips).		Mont-Ceindre, Ville-sur-Jarnioux.
Cardium caudatum (Goldfuss).	r.	Saint-Julien.
Unicardium globosum (Moore).	r.	Saint-Bonnet, Saint-Julien.
Isocardia rugata (Quenstedt). .	r.	Saint-Julien.
Arca secans (E. Dumortier). .	r.	Mont-Ceindre, Saint-Julien.
Pinna inflata (Chap. et Dew.).	r.	Saint-Julien, Cuers.
Pinna Giverdyensis (E. Dumortier).	r.	Giverdy, Saint-Bonnet, Saint-Julien.
Myoconcha Jauberti (E. Dumortier).	r. r.	Blaymard.
Mytilus decoratus (Goldfuss). .	r.	Sarry, col des Encombres.
Mytilus Moorei (E. Dumortier).	r.	Ambérieux.
Mytilus Thiollierei (E. Dumortier).	c.	Saint-Julien, Briant, Sarry, Cuers.
Lima pectinoides (Sowerby, sp.).	c.	Saint-Fortunat, Saint-Germain, Saint-Julien, Sarry, Auriols.
Lima succincta (Schlotheim, sp.).	c. c.	Saint-Fortunat, Saint-Cyr, Saint-Germain, Saint-Julien, le Blaymard, Auriols.
Lima punctata (Sowerby, sp.).	c.	Giverdy, Saint-Germain, Poleymieux, Bully, Frontonas, le Blaymard.
Lima Eucharis (d'Orbigny). .	r.	Le Blaymard.
Limea acuticosta (Goldfuss). .	c. c.	Mont-Ceindre, Giverdy, Poleymieux, Saint-Bonnet, Sarry.
Limea Juliana (E. Dumortier).	r.	Saint-Julien.
Limea cristata (E. Dumortier).	r. r.	Saint-Julien.
Avicula Munsteri (Goldfuss). .	c.	Saint-Fortunat, Mont-Ceindre, Poleymieux, Saint-Julien, Sarry, Ligny, Briant.
Avicula cycnipes (Phillips). .	c.	Saint-Fortunat, Poleymieux, Giverdy, Saint-Romain, Frontonas, La Verpillière, Saint-Quentin, Langres.

Avicula deleta (E. Dumortier). Giverdy.

Perna Lugdunensis (E. Dumortier). . . . . *r*. Mont-Ceindre, Saint-Julien.

Pecten æquivalvis (Sowerby). . *c.c.* Partout.

Pecten frontalis (E. Dumortier). *c.* Mont-Ceindre, Giverdy. Poley-mieux, Saint-Bonnet, Saint-Julien, Sarry, St-Christophe.

Pecten textorius (Schlotheim). *c.* Giverdy, Poleymieux, Saint-Germain, Ambérieux, Saint-Julien, Briant, Privas, Aix.

Pecten Palæmon (d'Orbigny). . *r.r.* Giverdy, Saint-Germain.

Pecten strionatis (Quenstedt). . *r.* Poleymieux la rivière.

Pecten acuticostatus (Lamarck). Bully, Saint-Julien, Sarry, Privas.

Pecten liasinus (Nyst). . . . *r.* Ambérieux, Ligny, Saint-Julien, Langres, Aix.

Pecten Julianus (E. Dumortier). . . . . *r.* Saint-Julien.

Pecten mica (E. Dumortier). . *r.* Ambérieux.

Pecten Humberti (E. Dumortier). . . . . *r.r.* Mont-Ceindre, Saint-Julien.

Hinnites velatus (Goldfuss). . *r.* Le Blaymard.

Harpax pectinoides (Lamarck, sp.). . . . . *r.* Miserey, Arguelles, Cuers (Var).

Harpax Parkinsoni (Bronn). . *c.* Partout.

Harpax lævigatus (d'Orbigny. sp.). . . . . *c.* Mont-Ceindre, Saint-Fortunat, Saint-Cyr, Collonges, Po-leymieux, Saint-Romain, Marcy-sur-Anse, Saint-Bon-net, Saint-Julien, Briant, Puget-de-Cuers.

Ostrea irregularis (Goldfuss). . *r.* Saint-Bonnet.

Ostrea sportella (E. Dumortier). *c.* Saint-Fortunat, Saint-Cyr, Saint-Germain, Poleymieux, Dardilly, Limas, Ambérieux, Saint-Quentin, Saint-Bonnet,

Ostrea Branoviensis (E. Dumortier). . . . . *r. r.* Saint-Julien.

Briant, Sarry, Saint-Julien, Ligny, Laurac, Aix.

Gryphæa cymbium (Lamarck). . *c. c.* Partout.

Gryphæa gigantea (Sowerby). . *c.* Saint-Fortunat, Poleymieux, Bully, Saint-Julien, Sarry, Fleury-la-Montagne, Langres, Aix, Solliès-Ville.

Spiriferina rostrata (Schlotheim, sp.). . . . . Saint-Bonnet, Saint-Julien, Blaymard, col des Encombres. .

Spiriferina rupestris (E. Deslongchamps). . . . . . *r. r.* Saint-Bonnet, Aix.

Spiriferina pinguis (Zieten, sp.). Frontonas, Aix.

Terebratula subpunctata (Davidson). . . . . . . , . . *c. c.* Partout.

Terebratula Edwardsi (Davidson). . . . . *r.* Saint-Julien, Laurac.

Terebratula Jauberti (E. Deslongchamps). . . . . . Blaymard.

Terebratula globulina (Davidson). . . . . Alais, Pic-Saint-Loup.

Terebratula subovoides (Roemer) Auriols, Cuers.

Terebratula Waterhousi (Davidson). . . . . Saint-Cyr, Saint-Julien, Salins, Besançon, Privas.

Terebratula Darwini (E. Deslongchamps). . . . . . *r.* Bully, Saint-Bonnet.

Terebratula indentata (Sowerby). . . . . *r.* Mont-Ceindre, Saint-Julien, Besançon.

Terebratula resupinata (Sowerby). . . . . *r.* Saint-Julien, Auriols.

Terebratula submumismalis (Davidson). . . . . Poleymieux, Ambérieux, la Jobernie, le Blaymard.

Terebratula cornuta (Sowerby). *r.* Laurac, la Jobernie, le Blaymard.

Terebratula Sarthacensis (d'Orbigny). . . . .   *r*. Aix, Cuers.

Rhynchonella acuta (Sowerby,
sp.). . . . .   *c*. Saint-Fortunat, Giverdy, Mar-
cy-sur-Anse, Frontonas,
Poleymieux, Ambérieux,
Briant, Saint-Julien, Saint-
Bonnet, Sarry, la Jobernie,

Rhynchonella furcillata (Theo-   Uzer, Privas, Laurac.
dori, sp.). . . . . . .   *c.c.* Saint-Fortunat, Giverdy,
Poleymieux, Ambérieux,
Bully, Saint-Julien, Saint-
Bonnet, Sarry, Briant, Sa-
lins.

Rhynchonella serrata (Sowerby,
sp.). . . . .   *r.r.* Saint-Julien.

Rhynchonella quinqueplicata (Zieten). . . . .   *r*. Laurac.

Rhynchonella tetraedra (Sowerby). . . . .   *c.c.* Partout.

Rhynchonella Dalmasi (E. Dumortier). . . . . .   *r.r.* Privas.

Rhynchonella Alberti (Oppel).   *r*. La Jobernie.

Rhynchonella bubula (E. Du-
mortier). . . . . .   *r.r.* Saint-Christophe.

Serpula Etalensis (Piette, sp.).   *c.c.* Saint-Julien, Saint-Bonnet,
Ligny, Briant, Sarry, Saint-
Christophe.

Serpula quinquesulcata (Gold-
fuss). . . . .   *r.r.* Mont-Ceindre, Saint-Julien.

Serpula plicatilis (Goldfuss). .   *r*. Saint-Julien, Saint-Bonnet.

Dentalium gracile (Moore). .   *r*. Mont-Ceindre.

Cidaris Amalthei (Quenstedt). .   *r*. Mont-Ceindre, Giverdy, Frontonas, Saint-Julien, Saint-
Bonnet.

Cidaris armata (Cotteau). . .   *r.r.* Saint-Romain.

Pseudodiadema Prisciniacense
Cotteau). . . . . . .   *r.r.* Mont-Ceindre, Saint-Julien.

Pentacrinus punctiferus (Quenstedt).	Giverdy, Limas, Privas, Besançon.
Millericrinus Hausmanni (Roemer, sp.).	*r.* Giverdy, Ambérieux, Privas *c. c.*
Cotylederma vasculum (E. Deslongchamps).	*r.r.* Saint-Julien.
Glyphœa liasina (Meyer). . .	*r.r.* Giverdy.
Pseudoglyphea Etalloni (Oppel).	*r.* Savagnat, Peigney, Langres.
Stomatopora antiqua (J. Haimes).	*r.* Giverdy, Saint-Bonnet.
Neuropora spumans (E. Dumortier).	*r.r.* Saint-Julien.

DÉTAILS SUR LES FOSSILES DE LA ZONE A PECTEN ÆQUIVALVIS.

Vertebrés.

Les débris de *Vertebrés* se rencontrent fort rarement dans la zone à *Pecten œquivalvis.*

On trouvera, pl. XXVII, fig. 1 et 2, le dessin, de grandeur naturelle, d'une vertèbre bi-concave d'un Saurien de petite taille, que j'ai trouvée dans les marnes de Vals près Anduze ;

Et même planche, fig. 3 et 4, la représentation, toujours de grandeur naturelle, d'un petit os, fort bien conservé, provenant des calcaires de Limas, près de Villefranche ; cet os appartient probablement à la main d'un autre Saurien ; les gisements si nombreux de la zone supérieure du lias moyen, fouillés cependant avec persévérance, ne m'ont pas fourni d'autres échantillons.

Lepidotus Elvensis (BLAINVILLE SP.)

(Pl. XXVII, fig. 5.)

1828. De Blainville, *Cyprinus Elvensis*. *Dictionnaire d'Histoire naturelle*, vol. 27, p. 310.

1840. Agassiz, *Lepidotus gigas*. *Poissons fossiles*, p. 235, pl. 28 et 29.

1858. Quenstedt, *Lepidotus Elvensis*. *Der Jura*, p. 223, pl. 32, fig. 8.

J'attribue à cette espèce des écailles réunies en assez grand nombre sur un fragment de calcaire rougeâtre du Mont-Ceindre : ces écailles, de très-grande taille, 20 millim. sur 15, et surtout d'une épaisseur considérable, 4 millim. 1/2, offrent un contour irrégulier : les côtés se prolongent en angles saillants, émoussés ; les ornements consistent en lozanges inscrits les uns dans les autres et formés par des lignes nombreuses, fines et équidistantes.

Plusieurs auteurs, entre autres Quenstedt, citent le *Lepidotus Elvensis* du lias supérieur; je l'ai recueilli dans la zone à *Pecten æquivalvis*, les circonstances ne permettent pas le moindre doute sur le niveau de mon échantillon.

M. Falsan a trouvé à Poleymieux et j'ai rapporté moi-même de cette localité des débris de poissons, mais peu déterminables.

Localités : Mont-Ceindre, sous la chapelle, r. r.

Explication des figures : Pl. XXVII, fig. 5, une écaille de *Lepidotus Elvensis*, du Mont-Ceindre, grossie trois fois. De ma collection.

Belemnites compressus (Stahl).

(Pl XXVII, fig. 6, 7 et 8.)

1824. Stahl, *Belemnites compressus*. *Correspondenzblatt der Vürt. Landw. Vereins.*, pl. 33, fig. 4.
1842. D'Orbigny, *Belemnites Fournelianus*. *Palœont. Franç. Juras.*, p. 97, pl. 10, fig. 7 à 14.
1864. Phillips, *Belemnites compressus*. *Paléont. Society*, vol. 18, p. 41, pl. 3, fig. 8.

Cette Bélemnite est assez commune dans la zone à *Pecten œqui-valvis*, mais il y a des régions où elle manque tout à fait; ainsi, je ne l'ai jamais rencontrée dans les gisements du Mont-d'Or ; par contre, dans les localités où elle se rencontre, elle est en familles très-nombreuses.

L'espèce est remarquable par l'irrégularité de sa forme, tout en restant toujours d'assez petite taille ; le dessin que je donne, pl. XXVII, fig. 6, 7 et 8, représente un spécimen plus symétrique que ceux que l'on rencontre habituellement ; je l'ai recueilli tout à fait à l'extrémité nord du bassin du Rhône, à Orbigny-en-Val, près de Langres.

Je possède un exemplaire de la *Belemnites compressus*, de Bligny-sur-Ouche, curieusement orné de stries régulières et nombreuses ; ce ne sont pas des sillons, mais des lignes superficielles marquées en couleur jaune claire sur le fond noir du rostre et qui résultent d'un effet de coloration ; les lignes sont plus rapprochées sur le côté étroit du rostre que sur le côté plat; je ne connais pas d'autres exemples de semblables ornements.

Localités : c. Saint-Julien, Privas à la descente, Besançon Chapelle-des-Buis, Digne, Bligny-sur-Ouche, Orbigny-en-Val.

Explication des figures : Pl. XXVII, fig. 6, *Belemnites compressus*, d'Orbigny-en-Val, de grandeur naturelle. Fig. 7, ouverture. Fig. 8, vue de côté. De ma collection.

Belemnites Voltzi (PHILLIPS).

1830. Voltz, *Belemnites compressus. Observations sur les Belemnites*, p. 53, pl. 5, fig. 1 et 2.
1842. D'Orbigny, *Belemnites compressus. Paléont. Franç. Juras.*,
p. 81, pl. 6.
1866. Phillips, *Belemnites Voltzi. Palæontog. Society*, p. 70,
pl. 17, fig. 43.

Rostre plus ou moins allongé, comprimé, avec cône alvéolaire
d'un angle de 21 à 22°, dont le sommet est très-excentrique et qui
occupe presque la moitié de la longueur totale.

Le sommet du rostre est presque lisse ; quelques petits plis
remontent à un ou deux centimètres de la pointe ; deux plis, du
côté dorsal, sont un peu plus marqués ; la section est ellipsoïdale,
comprimée, subquadrangulaire.

Le plus grand spécimen, recueilli au Blaymard, mesure
10 centimètres.

Le nom de *compressus*, donné à cette espèce par Blainville et
les auteurs qui l'on suivi, ne peut être conservé puisque ce nom
avait été appliqué à une tout autre espèce par Stahl, dès 1824.

Localités : Saint-Germain, Saint-Julien, Privas, le Blaymard, Vals près Anduze, Aix.

Belemnites breviformis (VOLTZ).

(Voir zone inférieure, page 32.)

Quoique moins commune que dans la zone inférieure, la
Belemnites breviformis n'est pas rare cependant dans la zone à
Pecten œquivalvis. Elle est particulièrement nombreuse et en bon

14

état dans certains quartiers, à Saint-Julien-de-Jonzy. Elle est conique, lisse, sans sillons, d'une longueur de 30 à 60 millim. Le cône alvéolaire, de 26°, est fortement dévié du côté ventral et il occupe un peu plus du tiers de la longueur totale ; la section, au-dessous du cône alvéolaire, a la forme d'un carré, arrondi sur les angles, légèrement comprimé, les diamètres étant entre eux comme 9 et 9, 4.

Localités : *r.* Saint-Fortunat, *c.* Saint-Julien, Vals près Anduze.

Belemnites clavatus (Schlotheim)

(Voir zone inférieure, page 48.)

Pendant longtemps j'ai cru que la *Belemnites clavatus* ne dépassait jamais les marnes grises bleuâtres qui terminent, en haut, la zone inférieure du lias moyen ; d'après des observations attentives et récentes, je me suis assuré qu'il n'en est pas tout à fait ainsi. J'ai rencontré, dans les calcaires de la zone supérieure, à Saint-Julien-de-Jonzy et à Saint-Bonnet, des échantillons qui ne permettent pas de croire que la *Belemnites clavatus* ait cessé tout à fait de se perpétuer au milieu de la faune supérieure la mieux caractérisée ; les spécimens sont excessivement rares mais il convient néanmoins d'en tenir compte.

Localités : Saint-Julien, Saint-Bonnet, *r. r.*

Belemnites paxillosus (Schlotheim).

(Voir dans la zone inférieure, page 33.)

Cette Bélemnite se montre, en nombre considérable, dans la zone supérieure du lias moyen et l'on peut dire, par conséquent, qu'elle pullule dans toutes les couches de l'étage. On rencontre des spécimens de très-grande taille dans les calcaires supérieurs du Mont-d'Or où elle accompagne ordinairement le *Harpax lævigatus* et l'*Avicula cycnipes*.

J'ai recueilli à Limas (Rhône) et à Poleymieux des rostres dont la forme s'accorde bien avec la figure que donne Voltz, pl. VII, fig. 8, d'une variété courte et très-grosse qu'il décrit sous le nom de *Belemnites crassus*.

Localités : *c.* Saint-Fortunat, Saint-Cyr, Limas, Saint-Germain, Saint-Julien, Privas, le Blaymard, Cuers.

Belemnites.....?

Avant de passer aux Ammonites, je dois mentionner encore une Belemnite comprimée et canaliculée que j'ai recueillie à Privas, près le pont de Couz, dans les mêmes grès irréguliers où l'on trouve la *B. compressus* (Stahl). C'est là probablement une espèce nouvelle, du moins je ne connais aucune forme semblable dans le lias moyen, mais mes échantillons ne sont pas suffisants pour pouvoir la décrire convenablement; le cône alvéolaire paraît assez court, excentrique, le sillon très-nettement indiqué est sur le côté ventral et ne se montre qu'à la hauteur, à peu près, où le cône se termine; il paraît tout à coup profondément marqué; j'ignore comment il se comporte en approchant du sommet. Le sillon ne remonte pas plus haut que la ligne apiciale et se termine avant l'ouverture; continuait-il en descendant jusqu'au sommet? Ce sillon me paraît remarquable par sa forme étroite; on dirait l'impression d'une lame acérée.

Localités : Privas (Ardèche).

Explication des figures : Pl. XLII, fig. 18 à 21, fragments de rostre avec sillon ventral, de Privas. De ma collection.

Nautilus striatus (SOWERBY).

1818. Sowerby, *Miner. Conchol.*, p. 182.
1842. D'Orbigny, *Paléont. Franç., Jurassique*, p. 148, pl. 25.

Ce nautile se trouve très-rarement dans la zone supérieure. J'ai cependant des échantillons qui s'accordent parfaitement avec le dessin de la pl. 25 de d'Orbigny, pour la forme et le rapprochement ainsi que la direction des cloisons; le siphon ne peut pas se voir.

Localités : Saint-Bonnet, Sarry, *r*.

Nautilus pertextus (E. DUMORTIER).

1867. E. Dumortier *Études Paléontologiques*, 2ᵉ partie, *lias inférieur*, p. 110, pl. 20.

Divers échantillons recueillis dans la zone à *Pecten æquivalvis* semblent affirmer la présence de la belle espèce du lias inférieur, que j'ai décrite sous le nom de *Nautilus pertextus* et qui joue un rôle important dans la zone de l'*Ammonites oxynotus*. Un spécimen de Saint-Cyr, malheureusement en mauvais état, permet de reconnaître les ornements extérieurs, la forme de la bouche et celle de l'ombilic. Le caractère si important de la position du siphon y est d'ailleurs très-apparent; ce siphon est parfaitement rond, d'une grosseur moyenne et notablement rapproché du retour de la spire, ce qui le distingue de toutes les espèces jurassiques avec lesquelles il pourrait être confondu.

Cette espèce arrivait quelquefois à une très-grande taille; j'ai des fragments de Saint-Fortunat (la roche) dont les cloisons dépassent 140 millim. en largeur.

Localités : Saint-Cyr, Saint-Fortunat, *r*.

Ammonites margaritatus (Montfort).

(Voir ci-devant, page 91.)

L'*Ammonites margaritatus* continue à se montrer dans la zone
supérieure à *Pecten æquivalvis*; il n'est pas rare de la rencontrer
dans les calcaires de cette subdivision, de très-grande taille,
tandis que dans la zone inférieure, où elle est plus nombreuse,
les individus sont presque toujours de très-petite dimension;
malheureusement les exemplaires, d'une belle conservation du
reste, sont fortement engagés dans la roche. Dans la partie
supérieure de la zone elle devient fort rare et paraît remplacée
par l'*Ammonites spinatus*.

Localités : Partout, c.

Ammonites spinatus (Bruguières).

1780. Bruguières, *Encyclopédie méthodique*, *vers.*, 1ᵉʳ volume.
  p. 40.
1818. Reinecke, *Nautilus costatus. Nautil. et Argon.*, fig. 68 et 69.
1843. D'Orbigny, *Ammonites spinatus. Paléont. Franç. Jurass.*,
  pl. 52.

L'*Ammonites spinatus* ne se rencontre jamais que dans la partie
tout à fait supérieure du lias moyen, au niveau de la *Limea
acuticosta*, où elle accompagne l'*Avicula cycnipes* et les Cardinies
si abondantes que je décrirai plus loin. On peut dire que l'apparition de cette belle espèce n'a duré qu'un instant; dans tout
le bassin du Rhône elle n'occupe donc qu'un espace vertical très-
borné, tandis que l'*Ammonites margaritatus* remplit de ses
dépouilles à peu près toute l'énorme épaisseur du lias moyen.

Localités : Saint-Fortunat, Poleymieux et partout; *c.* On la trouve particulièrement abondante dans les marnes bleues à Miserey (Doubs).

Ammonites cornucopiæ (YOUNG).

1822. Young et Bird, *A geological Survey or yorkshire coast*, 2ᵉ édit., pl. 12, fig. 8.
1830. Zieten, *Ammonites fimbriatus. Würtemberg*, pl. 12, fig. 1.
1843. D'Orbigny, *Ammonites cornucopiæ. Paléont. Franç., Jurass.*, pl. 99, fig. 1 à 3.
1857. E. Dumortier, *Ammonites fimbriatus. Note sur quelques fossiles du lias moyen*, p. 16, pl. 8, fig. 1 et 2.

Dans ma note sur quelques fossiles du lias moyen (in-8°, Lyon, 1857) j'avais cru reconnaître dans les très-rares échantillons de cette Ammonite, trouvés dans la zone à *Pecten æquivalvis*, l'*Ammonites Fimbriatus*; mais l'examen plus approfondi des ornements, la forme déprimée d'un des spécimens, la station, beaucoup plus rapprochée verticalement des vraies couches à *Amm. cornucopiæ*, m'engagent à inscrire aujourd'hui ces échantillons sous ce dernier nom.

Si l'on examine en effet les figures 2 et 2 *a* de la pl. VIII du mémoire cité, l'on reconnaît aux festons et aux empreintes laissées par les côtes sur le moule un volume qui ne se rencontre pas ordinairement dans l'*Ammonites Fimbriatus*; ces deux figures se rapportent à une Ammonite trouvée par Victor Thiollière à Châteauneuf-sur-Sornin.

La fig. 1 de la même planche, qui représente une partie d'un bel échantillon que j'ai recueilli à Saint-Bonnet-de-Cray, peut donner une idée de l'importance inusitée des côtes; mais il y a un détail qui m'avait échappé, et qui me paraît remarquable, c'est que la plupart des côtes se partagent en deux côtes plus petites, avant d'arriver sur le dos; cette modification, singulière pour l'espèce, se voit fort bien, par places, malgré le mauvais état de l'échantillon. La forme de cette Ammonite est très-déprimée et les tours font plus que de se recouvrir en contact, car les tours intérieurs ont la 7e partie de leurs flancs recouverte par le tour suivant ; voici les proportions exactes que me donne ce spécimen :

Diamètre, 190 millim.; largeur du dernier tour, 36/00; épaisseur, 47/00 ; ombilic, 40/00.

Les deux échantillons que je viens de citer sont les seuls que j'aie jamais rencontrés dans la zone, malgré de bien longues et minutieuses recherches.

Localités : Saint-Bonnet, Châteauneuf-sur-Sornin, r. r.

Ammonites Nilssoni (HÉBERT).

1842. D'Orbigny, *Ammonites Calypso. Paléont. Franç., Jurass.*, p. 342, pl. 110, fig. 1 à 3.

1866. Hébert, *Ammonites Nilssoni. Observ. sur les calcaires à Tereb. diphya. Bulletin de la Soc. Géol.*, t. 23, p. 526.

Dimensions : Diamètre, 18 millim.; largeur du dernier tour, 53/00 ; épaisseur, 25/00 ; ombilic, 16/00.

Coquille de petite taille, comprimée, légèrement ombiliquée, ornée de stries rayonnantes à peine visibles et portant, à chaque tour, 5 sillons sinueux, dont la convexité assez modérée est sur le milieu du tour; ces sillons passent sur le dos arrondi en formant un sinus en avant.

Les portions revêtues de leur test montrent que les sillons n'étaient marqués, à l'extérieur de la coquille, que par une faible dépression.

Le premier lobe latéral descend plus bas que le lobe dorsal ; il est suivi d'une série de six autres lobes, beaucoup plus petits.

Le seul échantillon que je connaisse, du niveau que nous étudions, vient d'Uzer (Ardèche) ; je l'ai recueilli sur la route, en allant à Aubenas, avant le kilomètre 55.

La distinction que fait M. Hébert entre l'espèce du lias supérieur et celle du néocomien me paraît justifiée ; le nom de *Calypso* devra rester à l'espèce crétacée, et le nom de *Nilssoni* à celle du lias, qui porte 5 sillons.

Je crois être certain que la petite Ammonite de l'Ardèche ne provient pas du lias supérieur, mais de la zone à *Pecten œquivalvis*.

Localités : Uzer (Ardèche), *r. r.*

Chemnitzia Periniana (D'ORBIGNY).

(Voir zone inférieure, page 101).

Cette *Chemnitzia* est assez commune dans la zone supérieure, mais souvent de petite taille.

Localités : Mont-Ceindre, Châlon-sur-Saône.

Nota. — Plusieurs fossiles du lias moyen sont indiqués par d'Orbigny des environs de Châlon-sur-Saône. Il faut comprendre par cette indication les environs de Givry, ou plutôt du petit village de Russilly, où résidait M. Perin Corval, naturaliste qui avait étudié avec soin les gisements de la contrée. Il avait communiqué à d'Orbigny un bon nombre d'espèces nouvelles, recueillies dans la petite région voisine de son habitation.

Chemnitzia Corvaliana (D'ORBIGNY).

1850. D'Orbigny, *Paléont. Franç.*, *Jurass.*, p. 37, pl. 243, fig. 4.

Beaucoup moins répandue que la *Chemnitzia Periniana*, elle s'en distingue par ses tours plus renflés, ses côtes cintrées et surtout plus nombreuses; j'en compte 16 par tours sur une coquille qui n'atteint pas le diamètre de 2 millim.

Localités : Mont-Ceindre , Châlon-sur-Saône , d'après d'Orbigny.

Chemnitzia Carusensis (D'Orbigny).

(Pl. XXVII, fig. 9.)

1850. D'Orbigny, *Paléont. Franç.*, *Jurass.*, p. 34. pl. 237, fig. 13 à 15.

L'espèce n'est pas très-rare, mais difficile à obtenir en bons échantillons. Généralement les côtes me paraissent plus grosses et plus obliques que dans les figures de la *Paléontologie française*

L'échantillon, de grande taille, dont je donne le dessin, montre un angle spiral qui paraît plus petit que celui indiqué par d'Orbigny; il y a 5 tours visibles, et le diamètre qui mesure 4 millim. varie peu d'une extrémité à l'autre. Les tours aussi hauts que larges, sont convexes, séparés par une suture profonde et portent 15 côtes transversales, cintrées en arrière.

Localités : Ambérieux, Saint-Bonnet, Saint-Julien, Châlon-sur-Saône.

Explication des figures : Pl. XXVII, fig. 9, fragment de *Chemnitzia Carusensis*, d'Ambérieux, de grandeur naturelle. De ma collection.

Chemnitzia nuda (M. in Goldfuss).

1844 Goldfuss, *Turritella nuda. Petrefacta*, p. 116, pl. 196, fig. 13.
1855. Oppel, *Chemnitzia nuda. Die Juraformation*, p. 289.

Je ne possède, de cette espèce, qu'un fragment rapporté d'Ambérieux. Ce fragment, d'une longueur de 18 millim., montre 6 tours de 5 millim. de diamètre. Ces tours, assez convexes, sont bien moins hauts que larges et ne laissent voir aucun ornement.

Localités : Ambérieux, *r*.

Chemnitzia Brannoviensis (E. Dumortier)

(Pl. XXVII, fig. 11.)

C. testa conica, brevi : anfractibus subconvexis, obscure transversim plicatis, paululum gradatis, postice ad suturam tuberculosis, ultimo dimidiam testæ partem fere occupante; apertura ovali, per obliqua.

Dimensions : Longueur, 32 millim.; diamètre, 17 millim.; angle 43°.

Coquille conique, courte, sans ombilic; spire formée d'un angle régulier, composée de 8 tours plans ou très-légèrement convexes, qui paraissent couverts de lignes d'accroissement transverses, formant de gros plis irréguliers et peu marqués, lesquels donnent naissance, contre la suture, en arrière, à une série de nodosités.

Bouche haute, ovale, très-oblique; sans callosité sur la columelle. Le dernier tour occupe presque la moitié de la hauteur totale.

La livrée de cette *Chemnitzia* paraît se rapprocher beaucoup de celle de la *Ch. Heddingtonensis*; malheureusement le test de mon échantillon est fortement altéré· et ne laisse pas apercevoir les détails; le dessin est fait sans aucune restauration.

Localités : Saint-Bonnet, *r. r.*

Explication des figures : Pl. XXVII, fig. 11, *Chemnitzia Brannoviensis*, de Saint-Bonnet, de grandeur naturelle. De ma collection.

Turritella Juliana (E. Dumortier).

(Pl. XXVII, fig. 10.)

Testa conica, elongata; anfractibus, complanatis longitudinaliter 5, 6. *costatis, ultimo antice complanato, sutura vix conspicua, apertura.....?*

Dimensions : Longueur du fragment, 15 millim. 1/2; diamètre, 5 millim.; angle 12°.

Coquille allongée, conique; spire formée d'un angle régulier, composée de tours plans un peu plus larges que hauts, ornés en long de 5 ou 6 lignes saillantes, irrégulièrement espacées; les deux placées en avant sont un peu plus séparées que les autres; suture presque impossible à discerner, placée entre deux bandelettes saillantes tout à fait en contact, sans aucune distance entre elles. Le dernier tour est plat en dessus; la bouche ne peut se voir.

Cette forme est nettement séparée de toutes les espèces jurassiques, c'est un faciès à part; elle fournirait ainsi un excellent caractère pour notre niveau si elle n'était pas si rare; je n'en ai qu'un exemplaire de Saint-Julien.

Localités : Saint-Julien, *r. r.*

Explication des figures : Pl. XXVII, fig. 10, *Turritella
Julianä*, de Saint-Julien, grossie 2 fois. De ma collection.

Orthostoma Moorei (E. Dumortier).

(Pl. XXVII, fig. 14.)

*O. testa ovata, elongata ; anfractibus convexiusculis, lœvi-
gatis, gradatis, postice angulatis, parvissima fasciola in angulo
cinctis, ultimo dimidiam testæ partem superante; apertura.....?*

Dimensions : Longueur, 7 millim. 1/2; largeur, 3 millim.

Petite coquille allongée, conique, brillante; spire formée d'un
angle régulier, composée de tours en gradin, légèrement
convexes, lisses, ornés, en arrière, sur l'angle arrondi des tours,
d'une petite bandelette, des plus étroites, limitée par deux lignes
très-nettes; le reste de la coquille est lisse et brillant; cependant
on y voit, à la loupe, des lignes d'accroissement transverses.
Bouche.....? Le dernier tour est un peu plus grand que le reste
de la spire, qui n'est malheureusement pas complète; cependant
on peut dire que cette spire est une des plus développées et
élancées qu'il y ait dans le genre.

L'*Orthostoma Moorei* a beaucoup de rapports avec l'*acteonina
Ilmensterensis* (*Moore on the middle and upper lias*, pl 5, fig. 25
et 26), mais cette dernière coquille est d'une forme plus ramassée
et n'a qu'une simple ligne sur l'arête à l'arrière des tours;
l'auteur mentionne aussi de nombreuses stries longitudinales,
dont il n'y a pas de traces dans la coquille du Rhône.

Localités : Mont-Ceindre, Ambérieux, Briant, *r. r.* De ma
collection.

Explication des figures : Pl. XXVII, fig. 14, *Orthostoma Moorei*, du Mont-Ceindre, grossie 4 fois. De ma collection.

Orthostoma fontis (E. Dumortier).

(Pl. XXVII, fig. 15.)

O. Testa ovata, elongata ; anfractibus convexis, sulcis regularibus obsoletis longitudinaliter notatis ; sutura profunda non gradata ; ultimo anfractu quintam testæ partem ter occupante ; apertura.....?

Dimensions : Longueur, 8 millim.; diamètre, 5 millim.; angle, 60°.

Coquille allongée, cylindroconique; spire formée d'un angle régulier, composée de 6 tours un peu convexes, couverts, sur le dernier, de 10 à 11 sillons longitudinaux, régulièrement espacés; suture profonde; les tours se recouvrent simplement, sans former de gradins ni méplats. Le dernier tour paraît occuper les trois cinquièmes de la longueur totale; bouche.....? La coquille de mon échantillon est trop engagée dans le calcaire pour permettre de donner des détails plus précis : je n'ai pas même pu m'assurer de l'absence des plis à la columelle.

Localités : Mont-Ceindre, près de la fontaine de l'Ermitage, *r. r.* De ma collection.

Explication des figures : Pl. XXVII, fig. 15, *Orthostoma fontis*, du Mont-Ceindre, grossi 3 fois.

Je connais encore, dans la zone à *Pecten æquivalvis*, deux *orthostoma*, très-petits et trop peu sûrs pour être déterminés; peut-être appartiennent-ils tous deux à la même espèce. J'ai recueilli l'un dans les calcaires du Mont-Ceindre, l'autre dans les calcaires en plaquettes de Langres, chemin de Corlée.

Natica pulvis (E. Dumortier).

Petite coquille microscopique, globuleuse; spire formée de 3 tours arrondis. Elle est moins haute que large et cependant son diamètre ne dépasse pas 1 millim.

Localités : Mont-Ceindre, r. r. De ma collection.

Trochus Emyllus (D'Orbigny).

1850. D'Orbigny, *Paléont. Franç., Jurass.*, p. 261, pl. 309, fig. 9 à 12.

Dimensions : Longueur, 13 millim.; diamètre 7 millim. 1/2.

La forme et les ornements s'accordent bien avec les figures de d'Orbigny; mes échantillons paraissent cependant un peu plus élancés. Les lignes concentriques de petites perles, qui couvrent le dernier tour, en avant, alternent d'une manière bien marquée, une plus petite succédant à une plus grosse, ce que d'Orbigny ne dit pas, mais ce qui est bien indiqué sur les figures qu'il donne.

Localités : Saint-Julien, r. De ma collection.

Trochus Eolus (D'Orbigny).

(Pl. XXVII, fig. 12 et 13.)

1850. D'Orbigny, *Paléont. Franç., Jurass.*, p. 258, pl. 308, fig. 10 à 14.

Dimensions : Longueur, 24 millim.; diamètre, 15 millim.; angle, 47°. Autre échantillon : Longueur, 16 millim.; diamètre, 9 millim.; angle 46°.

Coquille plus longue que large, ombiliquée ; spire formée d'un angle régulier, composée de 7 tours plans, portant en avant une petite carène composée de crénelures saillantes et très-rapprochée du tour suivant, avec une série de fines granulations tout à fait contre la suture ; en arrière de la carène on compte 4 séries de petits tubercules, d'égale grosseur, puis une cinquième série de tubercules un peu plus gros en arrière.

Le dernier tour est arrondi en avant et orné de 12 séries de granulations, dont les deux plus rapprochées de l'ombilic sont beaucoup plus développées et portent des tubercules plus gros et moins nombreux ; l'ombilic étroit et profond est crénelé par les tubercules mêmes de la dernière série intérieure.

Toute la surface est de plus couverte de stries rayonnantes très-fines mais fortement indiquées ; ce sont de petits plis coupants qui relient entre elles toutes les séries de tubercules. La bouche, plus haute que large, a une forme un peu carrée ; le bord columellaire est vertical.

Je remarque, dans mon échantillon, que le dernier tour est un peu plus bombé que dans les figures de d'Orbigny et les perles contre l'ombilic beaucoup plus saillantes ; je n'en regarde pas moins l'espèce comme bien établie.

Localités : Mont-Ceindre, Ambérieux, Saint-Julien, r.

Explication des figures : Pl. XXVII, fig. 12, *Trochus Eolus*, d'Ambérieux, fragment du dernier tour, en avant, grossi 2 fois. Fig. 13, fragment d'un tour, grossi 2 fois. De ma collection.

Trochus nudus (M. in Goldfuss).

(Voir à la zone inférieure, page 107.)

Dimensions : Longueur, 8 millim. 1/2 ; diamètre, 8 millim. ; angle 64°.

Petite coquille globuleuse très-répandue dans la zone à *Pecten æquivalvis*; elle est un peu plus longue que large, non ombiliquée; la spire est formée d'un angle légèrement convexe, composée de 5 à 6 tours ronds, lisses, le dernier arrondi en avant; la bouche est ronde, le bord columellaire épaissi; l'ombilic est indiqué mais n'existe pas; malgré cette circonstance je n'hésite pas à rapporter notre espèce à celle de Goldfuss, quoique celle-ci soit décrite avec un ombilic étroit.

Le *Trochus nudus* a de grands rapports avec le *Trochus Acmon* de d'Orbigny; cependant ce dernier est moins haut et la bouche plus surbaissée et un peu plus anguleuse.

Nos gisements fournissent encore un très-petit Turbo lisse à tours ronds, non ombiliqué, que je réunis provisoirement au *T. nudus*, malgré quelques petites différences : ainsi la forme en est plus surbaissée et le diamètre l'emporte toujours sur la longueur totale. Il est bien difficile de caractériser nettement ces petites coquilles. En résumé l'on peut dire que les *Trochus* lisses à tours ronds, de très-petite taille, forment une famille qui ne manque pas d'importance pour caractériser la zone supérieure, dans nos régions.

Localités : Mont-Ceindre, Ambérieux, Saint-Bonnet, Saint-Julien, Briant, Langres, *c.*

Trochus trimonilis (D'ORBIGNY).

1850. D'Orbigny, *Paléont. franç., Jurass.*, p. 262, pl. 309, fig. 13 à 16.

Coquille très-semblable pour les ornements et la taille à celle de Fontaine Etoupefour; mon échantillon est trop engagé dans le calcaire pour pouvoir observer la bouche ou le dessus du dernier tour; mais ses trois rangées de tubercules, réunies par des côtes obliques, ainsi que la forme allongée de la spire, la font aisément reconnaître.

Localités : Saint-Bonnet-de-Cray, *r.*

Trochus Deschampsi (D'ORBIGNY).

(Pl. XXVIII fig. 1 et 2.)

1850. D'Orbigny, *Paléont. Franç., Jurass.*, p. 267, pl. 311, fig. 1 à 3.

Petite coquille conique, non ombiliquée, aussi haute que large (9 millim.); spire formée d'un angle régulier, composée de 5 tours plans, ornés en long de 4 rangées de tubercules, dont le rang posé en avant est le plus saillant et le plus séparé.

Le pourtour est anguleux; le dernier tour plan en dessus porte 5 petites carènes en lignes spirales peu saillantes, séparées par des sillons arrondis sur lesquels passent des lignes d'accroissement marquées et excessivement obliques en avant.

Je n'hésite pas à réunir ce petit *Trochus* du Brionnais à celui que d'Orbigny décrit des environs d'Avallon, sous le nom de *Trochus Deschampsi*; mais il faut noter les petites rectifications suivantes :

1º L'angle spiral est de 60º et non de 50º comme le dit par erreur d'Orbigny, en opposition avec la figure qu'il donne.

2º Le dernier ne porte pas, en avant, comme le dit d'Orbigny, des côtes tuberculeuses, mais des carènes coupantes, très-peu élevées et séparées par de larges sillons arrondis, le tout croisé par des lignes rayonnantes très-obliques, dont d'Orbigny ne parle pas. Je donne le grossissement de notre coquille à la même échelle pour que l'on puisse comparer les détails.

Le *Trochus Fourneti*, d'ailleurs plus allongé, porte sur ses tours des lignes transverses, obliques en arrière, très-marquées, et se distingue par là facilement.

Localités : Saint-Julien, r. r.

15

Explication des figures : Pl. XXVIII, fig. 1, *Trochus Des-champsi*, de Saint-Julien, grossi 3 fois. Fig. 2, le même, vu par dessus. De ma collection.

Trochus Thetis (M. IN GOLDFUSS).

(Voir ci-devant, zone inférieure, page 106.)

Espèce très-rare dans la zone supérieure. Je n'en ai qu'un exemplaire de Saint-Bonnet-de-Cray, de petite taille.

Localités : Saint-Bonnet, *r. r.*

Trochus epulus (D'ORBIGNY).

1850. D'Orbigny, *Paléont. Franç., Jurass.*, p. 253, pl. 307, fig. 1 à 4.

Dimensions : Longueur, 11 millim. 1/2 ; diamètre, 9 millim.; angle, 43°.

Coquille conique, allongée, non ombiliquée ; spire formée d'un angle régulier, composée de tours étroits, plans, lisses ; suture peu marquée ; bouche arrondie, déprimée.

Le dernier tour est légèrement convexe en avant, sans ombilic, ni callosité.

Toute la surface est couverte de lignes d'accroissement, visibles à la loupe.

Localités : Ambérieux, Saint-Bonnet, Saint-Julien, Briant, Ligny, *c. c.*

Trochus Pluto (E. Dumortier).

(Pl. XXIX, fig. 4 et 5.)

T. testa conica, imperforata; spira angulo 56°; anfractibus complanatis, lævigatis, antice subgradatis, ultimo supra convexiusculo, concentrice sulcato, externe anguloso; apertura depressa, subangulosa.

Dimensions: Longueur, 12 millim. 1/2.; diamètre 10 millim.; angle, 56°.

Coquille conique, lisse, non ombiliquée, plus haute que large; spire formée d'un angle très-légèrement concave, composée de 12 tours lisses, étroits, ornés de fines lignes d'accroissement très-obliques. La suture qui est fine et régulière pour les 9 premiers tours, devient plus marquée pour les trois derniers qui se placent en retraite les uns sur les autres, laissant paraître ainsi une saillie qui paraît aller en augmentant jusqu'à l'ouverture.

Le dernier tour, un peu anguleux et arrondi en dessus, laisse voir 7 à 8 lignes concentriques peu marquées qui se propagent depuis le bord extérieur, jusqu'au deux tiers du rayon. L'ombilic est nul; la bouche surbaissée, oblique, arrondie, a le bord columellaire épaissi.

Le *Trochus Pluto* est très-voisin du *T. Albertinus* décrit par d'Orbigny, de Pont-Aubert; il en diffère par sa forme plus allongée, son angle spiral moindre et un peu concave, le nombre de ses tours et les sillons concentriques autrement disposés en avant du dernier tour. Il faut remarquer que dans sa description du *Trochus Albertinus*, d'Orbigny indique l'angle apicial de 49°, tandis que la figure montre un angle de 63°, qui est le vrai.

Le *Trochus nisus* de d'Orbigny est aussi très-rapproché pour la forme du *Trochus Pluto*, mais il est très-fortement ombiliqué et n'est pas orné de sillons sur le dernier tour.

Localités : Saint-Julien, r. r.

Explication des figures : Pl. XXIX, fig. 4. *Trochus Pluto*, de Saint-Julien, grossi 3 fois. Fig. 5, le même, vu par dessus. De ma collection.

Trochus Augusti (E. Dumortier).

1857. E. Dumortier, *Note sur quelques fossiles du lias moyen*, p. 13, pl. 6, fig. 4.

Dimensions : Longueur, 9 millim.; diamètre, 8 millim.; angle, 60°.

Coquille conique, lisse, non ombiliquée, un peu plus haute que large; spire formée d'un angle un peu convexe, composée de tours unis, ornés en avant de deux sillons très-nets, qui séparent une petite bande placée du côté de la suture, en avant, à une distance égale à elle-même, et comme la suture offre une ligne exactement semblable à ces sillons, il en résulte que les tours semblent porter en avant, contre la suture, deux petites bandes d'égale importance; toute la surface est couverte de lignes d'accroissement très-fines et très-obliques en arrière.

Le dernier tour est arrondi en avant; la bouche petite, ronde et un peu surbaissée.

Localités : Saint-Julien, Saint-Bonnet, Briant, r.

Trochus eburneus (E. Dumortier).

1857. E. Dumortier, *Note sur quelques fossiles du lias moyen*, p. 12, pl. 6, fig 3, a, b.

Dimensions : Longueur, 10 millim.; diamètre, 7 millim.; angle, 54°.

Petite coquille conique, plus haute que large, sans ombilic; spire formée d'un angle très-légèrement concave, composée de 10 tours plans, lisses, marqués en avant de deux lignes qui dessinent comme la bande d'un Pleurotomaire, mais on voit distinctement que cette bande n'est que la continuation, non interrompue, du test; cette bandelette s'élargit beaucoup, à mesure que les tours grandissent; sur quelques exemplaires les tours montrent, à l'angle supérieur, un petit rebord saillant, sans former un angle vif; le dernier tour, presque plan en dessus, est orné là de 3 ou 4 sillons circulaires, à peine visibles; l'ombilic n'existe pas, mais il y a une petite dépression qui ne laisse pas que d'inspirer quelques doutes.

La surface est polie, blanche, brillante, et permet cependant de distinguer, à la loupe, des lignes d'accroissement très-obliques en arrière.

Localités : Saint-Julien, Saint-Bonnet, Briant, r.

Trochus Fourneti (Nov. spec.).

Testa conica, elongata, umbilicata.....? anfractibus complanatis, longitudinaliter 4 costatis, transversim oblique sulcatis; ultimo anfractu supra convexiusculo concentrice striato; externe angulato; crenulato; apertura.....?

Dimensions : Longueur, 7 millim.; diamètre, 5 millim.; angle, 52°.

Petite coquille conique, plus longue que large; ombilic.....? spire formée d'un angle régulier, composée de 6 tours plans, ornés de 4 lignes longitudinales, dont la première en avant est la plus forte; ces lignes sont coupées par des lignes transverses, obliques en arrière, et les entrecroisements forment des nodosités régulières.

La suture est peu apparente. Le dernier tour, presque plat en avant, montre des lignes spirales assez rapprochées et des stries rayonnantes un peu obliques, qui les relient entre elles ; mon échantillon, très-bien conservé du reste, ne m'a pas permis de m'assurer s'il y avait un ombilic, ni quelle était la forme de la bouche.

Le *Trochus Fourneti* se distingue du *T. Deschampsi* par sa forme plus allongée et par l'allure bien plus marquée et plus oblique de ses lignes transverses ; les petits tubercules deviennent, à cause de cela, coordonnés d'une manière plus visible dans le sens de ces mêmes lignes.

Localités : Mont-Ceindre, *r. r.*

Trochus delta (Nov. spec.).

(Pl. XXVIII, fig. 5 et 6.)

T. testa parvula, conica, angustissime umbilicata ; anfractibus lævigatis, complanatis, antice limbatis et 2 sulcis longitudinaliter notatis, ultimo supra subinflato : apertura rotunda, depressa.

Dimensions : Longueur, 4 millim. 1/2 ; diamètre, 4 millim. ; angle, 53°.

Très-petite coquille conique, ombiliquée, un peu plus haute que large ; spire formée d'un angle régulier, composée de tours plats, lisses, ornés en avant d'un petit rebord arrondi qui fait saillie sur la spire, puis de deux légers sillons dont le second se trouve précisément posé au milieu du tour (le dessinateur a négligé de le marquer sur la figure 5) ; la surface est couverte de très-fines lignes transverses, obliques en arrière.

Le dernier tour, un peu arrondi en dessus, montre des lignes d'accroissement et un ombilic petit comme un trou fait par une aiguille; la bouche est arrondie et déprimée.

Le *Trochus delta* se distingue du *T. eburneus* par son ombilic, la position de ses lignes longitudinales, le rebord supérieur des tours et sa bouche moins carrée.

Localités : Mont-Ceindre, *r.*

Explication des figures : pl. **XXVIII**, fig. 5 et 6, *Trochus delta*, du Mont-Ceindre, grossi 4 fois. De ma collection.

Trochus nitens (Nov. spec.).

(Pl. XXVIII, fig. 7 et 8.)

T. parvula, conica, subglobosa, imperforata ; anfractibus convexis, lœvigatis ; ultimo externe angulato, inflato ; umbilico calloso, apertura rotundata.

Dimensions : Longueur, 6 millim.; diamètre, 4 millim. 3/4; angle, 50°.

Très-petite coquille conique, brillante, plus longue que large, non ombiliquée; spire formée d'un angle régulier, composée de six tours assez convexes, tout à fait lisses et brillants, sur lesquels, à l'aide d'une forte loupe, on constate des lignes d'accroissement, obliques en arrière; le dernier tour, anguleux sur le bord supérieur, est renflé en avant; le centre est occupé par une callosité étroite mais bien marquée et circonscrite par une dépression; bouche ronde.

Il est difficile de séparer nettement toutes les espèces de *Trochus* lisses de ce niveau, et cette distinction ne peut se faire qu'à l'aide de bons échantillons qui ne sont pas communs. La forme de sa callosité permettra toujours de reconnaître le *Trochus*

nitens au milieu de tous les autres *Trochus* dont la forme générale est rapprochée.

Localités : Mont-Ceindre, Saint-Julien, Saint-Bonnet,
Briant, *r.*

Explication des figures : Pl. XXVIII, fig. 7 et 8, *Trochus
nitens*, de Saint-Julien, grossi 4 fois. De ma collection.

Trochus Ariel (Nov. spec.).

(Pl. XXVIII, fig. 9 et 10).

*Testa conica, lævigata, imperforata; anfractibus complanatis,
externe subcarinatis, limbatis, lineis longitudinaliter notatis;
ultimo supra inflato, lævigato; apertura.....?*

Dimensions : Longueur, 10 millim.; diamètre, 8 millim. 1/2; angle, 54°.

Petite coquille conique, plus haute que large, sans ombilic;
spire formée d'un angle régulier, composée de tours plans,
portant en avant un angle arrondi, puis au-dessous deux lignes
qui limitent une bandelette simulant le sinus d'un Pleurotomaire; toute la surface est couverte de fines lignes longitudinales
régulières et serrées que l'on reconnaît à l'aide de la loupe, aussi
bien sur la petite bande que sur le reste du tour.

Le dernier tour, très-renflé en avant, ne montre pas d'ombilic,
mais une dépression profonde et étroite : s'il existe un ombilic
ce n'est qu'une fine perforation; la coquille est couverte de
lignes rayonnantes sinueuses, ou lignes d'accroissement qui sont
souvent groupées en formant un pli.

Assez rapproché du *Trochus Augusti* (voir ci-dessus), il s'en
distingue par son angle spiral et par les lignes qui couvrent sa

surface ; très-rapproché aussi du *Trochus eburneus*, il en est séparé
par la forme de son faux ombilic, par la saillie qui surmonte sa
bandelette et par ses lignes longitudinales ; c'est une espèce
nettement tranchée.

Le *Trochus Ariel* paraît former avec les *Trochus Augusti* et
eburneus et le *Trochus Mariæ* de d'Orbigny, un petit groupe de
coquilles remarquables par leur forme conique, leur petite taille,
la bandelette dessinée à la partie antérieure des tours, et la
surface brillante : ce groupe paraît s'être développé surtout dans
la petite région du Brionnais et sur quelques points du département de Saône-et-Loire.

Localités : Saint-Julien, *r. r.*

Explication des figures : Pl. XXVIII, fig. 9 et 10, *Trochus
Ariel*, de Saint-Julien, grossi 3 fois. De ma collection.

Trochus Pandion (Nov. spec.).

(Pl. XXVIII, fig. 3 et 4.)

*Testa parvula, conica, imperforata ; anfractibus lævigatis,
convexiusculis ; ultimo obsolete angulato, inflato, sulcis crebris
concentrice notato, umbilico calloso.*

Dimensions : Longueur 8 millim.; diamètre, 8 millim.;
angle 60°.

Petite coquille conique, lisse, aussi large que haute, non ombiliquée ; spire formée d'un angle régulier, composée de tours
larges, plans, lisses, brillants, couverts cependant de lignes
d'accroissement très-fines, obliques en arrière ; l'angle en avant
est un peu saillant, sans être coupant ; le dessus convexe porte
des lignes concentriques ainsi disposées : près du bord un espace

libre, puis 10 à 11 lignes également rapprochées, ensuite vers le centre 5 autres lignes un peu plus espacées ; callosité saillante à la base du bord columellaire, mais peu étendue ; bouche ronde, surbaissée.

Le *Trochus Pandion* diffère du *Trochus Ægion*, d'Orbigny, par sa spire plus courte, ses tours lisses, la disposition de ses lignes en avant, sa callosité et la forme non oblique de son ouverture.

Localités : Saint-Julien, *r. r.*

Explication des figures : Pl. XXVIII, fig. 3 et 4, *Trochus Pandion*, fragment de Saint-Julien, grossi trois fois. De ma collection.

Trocus Mariæ (D'ORBIGNY).

1850. D'Orbigny, *Paléont. Franc., Jurass.*, p. 259, pl. 308, fig. 15 à 17.

Environs de Chalons-sur-Saône, d'après d'Orbigny.

RÉSUMÉ SUR LES TROCHUS LISSES

de la zone à Pecten Æquivalvis.

L'énumération assez longue des Trochus de petite taille et sans ornements, que nous ont fourni les calcaires de la zone supérieure, montre que cette famille était nombreuse dans cette partie du bassin du Rhône qui comprend le Mont-d'Or lyonnais, le Bugey, le Charollais et les environs de Châlons-sur-Saône. Certainement des recherches moins isolées que celles que j'ai pu faire ne pourront pas manquer d'amener la découverte de plusieurs autres espèces appartenant au même type ; il est à remarquer que les espèces analogues très-nombreuses, qui se rencontrent dans le Calvados au même niveau, diffèrent, pour la plupart, des nôtres par quelques détails.

Voici comment on peut caractériser les espèces du bassin du Rhône.

Entièrement lisses :

Trochus nitens. — A tours convexes, sans ombilic, callosité.

Trochus epulus. — Allongé, tours étroits, plans, sans ombilic ni callosité.

Trochus nudus. — Globuleux, tours ronds sans ombilic.

Trochus Pluto. — Allongé, tours étroits sans ombilic, lignes concentriques en avant du dernier tour.

Trochus Pandion. — Forme courte, sans ombilic, nombreuses lignes concentriques sur le dernier tour.

Avec bandelettes :

Trochus ariel. — Allongé, sans ombilic, deux lignes longitudinales principales et un grand nombre d'autres.

Trochus Augusti. — Forme renflée, angle de la spire convexe, bandelette, sans ombilic.

Trochus eburneus. — Allongé, sans ombilic, avec bandelette, plus anguleux que le *T. Augusti*.

Trochus delta. — Peu allongé, très-petit ombilic, bandelette très-large.

Trochus Mariæ. — Allongé, ombilic très-large, bandelette.

Je dois encore mentionner une espèce nouvelle rapportée de Saint-Bonnet-de-Cray, et que je ne puis décrire faute d'échantillons suffisants ; la forme est conique régulière, les tours plans, lisses, avec un petit rebord en haut ; le dernier porte en avant des ornements tout à fait spéciaux ; ce sont des sillons rayonnants très-obliques en avant.

Turbo Licas (d'Orbigny).

1850. D'Orbigny, *Paléont. Franç., Jurass.*, p. 329, pl. 326, fig. 6 et 7.

Les échantillons du *Turbo Licas* que j'ai pu recueillir, quoique fortement engagés dans un calcaire des plus durs, sont très-bien caractérisés; la longueur va à 13 millim. Comme en Normandie, il se rencontre dans les couches supérieures à *Ammonites spinatus*.

Localités : Mont-Ceindre, Ambérieux plateforme du vieux château de Saint-Germain. *r.*

Turbo Escheri (M. in Goldfuss).

1841. Goldfuss, *Petrefacta*, p. 96, pl. 193, fig. 14.

Dimensions: Longueur, 16 millim.; diamètre, 13 millim.; angle, 55°.

Coquille plus longue que large, sans ombilic; spire formée d'un angle régulier, composée de 6 tours convexes et anguleux, ornés en long de 5 rangées de tubercules inégales et inégalement espacées, la principale en avant formant carène; la dernière en arrière, contre la suture, est composée de petites granulations.

Le dernier tour, arrondi en avant, porte neuf lignes concentriques, crénelées; la suture est profonde; partout où deux séries de tubercules laissent entre elles un certain intervalle, des lignes transverses se montrent dans le fond. La disposition et la relation entre elles des lignes d'ornements, varient notablement d'un exemplaire à l'autre, ce qui n'empêche pas l'espèce d'être bien reconnaissable.

Localités : Saint-Julien, Briant.

Turbo cyclostoma (ZIETEN).

1830. Zieten, *Würtembergs*, pl. 33, fig. 4 et pl. 30, fig. 12 et 13.
1844. Goldfuss, *Petrefacta*, pl. 193, fig. 7.
1857. E. Dumortier, *Note sur quelques fossiles*, p. 14, pl. 7, fig. 2, *a, b*.

Petite coquille fort élégante, globuleuse, non ombiliquée, de 8 à 10 millim. de longueur; spire formée d'un angle régulier, composée de tours ronds, couverts de séries longitudinales de petits tubercules alternantes, une plus marquée et une moins saillante; la surface entière est couverte des mêmes ornements.

Cette petite coquille est importante et caractéristique; elle paraît très-répandue et la figure en a été donnée bien souvent; cependant je ne la trouve nulle part représentée avec ses ornements exactement reproduits; même dans le magnifique atlas de Goldfuss, les séries de granules dessinées toutes égales, donnent à l'ensemble un aspect différent de la réalité; dans les échantillons bien conservés, comme on les rencontre dans le Brionnais, les séries sont séparées, en alternance, par des lignes ondulées beaucoup plus fines, et il en résulte un faciès particulier que les figures indiquées de ma note, pl. 7, fig. 2, *ab*, rendent parfaitement, comme effet.

Localités : Saint-Julien, Saint-Bonnet, Briant, Ligny. *c.*

Turbo metis (M. IN GOLDFUSS).

1844. Goldfuss, *Petrefacta*, p. 96, pl. 193, fig. 13.

Dimensions: Longueur, 16 millim.; diamètre, 9 millim.; angle, 51°.

Coquille conique allongée ; spire formée d'un angle régulier, composée de 7 tours, à carène saillante, placée un peu en avant, ornés en long de trois rangs de petites perles, en avant de la carène, et de deux rangs en arrière ; la carène elle-même est formée par un rang de tubercules plus marqués formant crénelure ; suture profonde ; la loupe fait voir que tous les petits tubercules qui composent les séries sont reliés entre eux par des lignes transverses ; les carènes sont plus aigues et plus saillantes sur mes échantillons que dans les figures données par Goldfuss.

Le dernier tour, arrondi en dessus, porte neuf lignes concentriques assez régulièrement espacées, sur lesquelles passent des stries rayonnantes légèrement plus saillantes que celles qui ornent la spire.

Le *Trochus Gaudryanus* de d'Orbigny est formé d'un angle un peu concave et les carènes des tours y sont placées bien plus en avant et moins rapprochées du milieu que chez le *Turbo metis*.

Localités : Saint-Bonnet. *r.*

Turbo canalis (M. IN GOLDFUSS).

1844. Goldfuss, *Petrefacta*, p. 95, pl. 193, fig. 12.

Dimensions : Longueur, 4 millim.; diamètre, 4 1/2 millim. 1/2 ; angle, 100°.

Très-petite coquille, ombiliquée; l'échantillon que j'ai recueilli à Saint-Julien, est malheureusement en mauvais état, mais la forme de ses tours est caractéristique avec les doubles carènes en arrière, et les stries longitudinales en avant; l'ombilic est très-petit; la bouche est plus surbaissée que celle du *Turbo Socconensis*, avec lequel on pourrait le confondre.

Localités : Saint-Julien. *r.*

Turbo leo (D'Orbigny).

1850. D'Orbigny, *Paléont. Franç.*, *Jurass.*, p. 329, pl. 326, fig. 8 à 10.

Dimensions: Longueur, 17 millim.; diamètre, 12 millim.

Le *Turbo leo* se rencontre quelque fois dans les gisements du Brionnais. Je remarque que les séries granulées longitudinales, quand le test est bien conservé, sont toujours reliées entre elles par des lignes transversales irrégulières, très-visibles quand la distance qui sépare ces séries est un peu grande; ce mode d'ornementations semble commun à tous les gastéropodes de petite taille, de la zone à *pecten æquivalvis*, qui portent des séries de petits tubercules.

Localités : Saint-Bonnet-de-Cray. *r*.

Turbo Socconensis (D'Orbigny).

1850. D'Orbigny, *Paléont. Franç.*, *Jurass.*, p. 337, pl. 328, fig. 5 et 6.

Très-petite coquille globuleuse, aussi large que haute, avec un ombilic; spire formée d'un angle un peu convexe, composée de 5 tours ronds, saillants, déprimés par un méplat en arrière contre la suture; le dernier tour, arrondi en avant, porte là les mêmes ornements que sur les flancs, sans lignes spirales; l'ombilic est de moyenne largeur et profond, la bouche ronde et saillante. Les deux premiers tours sont lisses.

Il y a plusieurs corrections à faire, soit dans la description, soit dans les figures données par d'Orbigny; les excellents échan-

tillons que j'ai sous les yeux permettent de reconnaître que la
hauteur de la coquille égale à peu près le diamètre; de plus :

1º Il n'y a point de sillons longitudinaux en arrière, contre la
suture, mais une dépresion du test ;

2º Il n'y a pas de lignes concentriques en avant du dernier
tour, comme l'indique la figure de la *Paléontologie Française* ;

3º Les stries obliques, régulières, transverses, sont coupées,
sur la partie saillante des tours, par des lignes longitudinales,
qui paraissent fort bien, dans les intervalles, sur les bons exemplaires.

Localités : Mont-Ceindre, Saint-Bonnet, Briant. *c.*

Turbo Julia (D'Orbigny).

1830. D'Orbigny, *Paléont. Franç., Jurass.*, p. 336, pl. 328, fig.
3 et 4.

Dimensions : Longueur, 18 millim.; diamètre, 9 millim.;
angle, 35º.

Coquille allongée, turriculée; spire composée de 7 tours ronds,
ornés en avant d'une série de perles, un peu saillante, séparée
du tour suivant par deux lignes de perles très-petites; en
arrière de la ligne saillante on compte encore 5 lignes de petits
tubercules et une sixième très-petite contre la carène; le dernier tour arrondi en avant montre de nombreuses lignes concentriques croisées par des lignes rayonnantes très-nettes mais
beaucoup plus fines. Suture profonde.

Les séries sont formées de perles assez distantes les unes de
autres. — Tous les espaces intermédiaires sont couverts de lignes[s]
transverses très-régulières, fines et serrées.

Malgré l'angle spiral qui est un peu plus ouvert que dans la
coquille de Fontaine-Etoupefour, décrite par d'Orbigny, je n'hésite pas à inscrire notre turbo sous le nom de *Turbo Julia.*

Localités : Mont-Ceindre. *r.*

Turbo Lucilius (Nov. spec.).

(Pl. XXVIII, fig. 11.)

Testa conica, globulosa, imperforata; anfractibus convexis,
longitudinaliter 3 costatis, transversim autem plicatis, ultimo
antice lineis concentrice notato; apertura rotundata.

Dimensions: Longueur, 4 millim. 1/2; diamètre, 4 millim.;
angle, 67°.

Petite coquille conique, globuleuse, non ombiliquée, un peu
plus longue que large; spire formée d'un angle convexe, composée de 5 tours arrondis ornés de trois lignes longitudinales,
croisées par d'autres lignes transverses, le tout formant un
quadrille assez volumineux pour une aussi petite coquille; le
dernier tour, arrondi en avant, porte 5 lignes concentriques
égales et saillantes; la première, en dehors, est séparée des nodosités des tours par un petit espace où l'on voit un grand
nombre de très-petites lignes rayonnantes, visibles seulement à
l'aide de la loupe.

Les deux premiers tours sont lisses, la suture profonde, la
bouche ronde.

Cette fort jolie petite espèce est bien rapprochée du *Turbo Licas*,
qui se trouve dans les mêmes couches, mais les ornements ne
sont pas les mêmes et le *Turbo Lucilius* est bien moins allongé.

Localités: Ambérieux. r. r.

Description des figures: Pl. XXVIII, fig. 11, *Turbo Lucilius*,
d'Ambérieux, grossi 4 fois. De ma collection.

16

Turbo Marcousanus (Nov. spec.).

(Pl. XXVIII, fig. 12 et 13.).

Testa rotundata, depressa, imperforata, supra callosa ; an-
fractibus rotundis, lævigatis ; sutura profunda ; apertura
rotundata, postice subincrassata.

Dimensions : Longueur, 8 millim.; diamètre, 11 millim.;
angle, 126°.

Coquille globuleuse, déprimée, plus large que haute, non
ombiliquée; spire formée d'un angle régulier, composée de
6 tours ronds, avec un très-léger méplat en arrière, contre la
suture qui est bien marquée. — Le test paraît lisse, sans aucun
ornement.

Bouche ronde, le bord columellaire simple est accompagné
d'un petit renflement vertical. Il n'y a aucune trace d'ombilic, mais une callosité peu saillante.

Oppel mentionne (*Der mittlere Lias Schwabens*, p. 104) une
coquille du genre *Margarita* (Leach) dont il donne le dessin
pl. 3, fig. 11, et qui paraît avoir beaucoup de rapports avec le
Turbo Marcousanus; comme le fossile de notre lias moyen ne diffère en rien des *Turbos*, je le maintiens dans ce genre; il ne peut
y avoir aucune erreur, l'échantillon étant d'une conservation
parfaite; cette coquille n'est pas très-rare dans les calcaires de
Saint-Julien-de-Jonzy.

Localités : Saint-Julien. *r.*

Explication des figures : Pl. XXVIII, fig. 12, *Turbo Mar-*
cousanus de Saint-Julien, grossi deux fois; fig. 13, le même,
vu du côté de la spire. De ma collection.

Turbo Thiollierei (E. Dumortier).

1857. E. Dumortier, *Note sur quelques fossiles*, p. 13, pl. 7, fig. 1.

Dimensions : Longueur, 11 millim. 1/2; diamètre, 8 millim.; angle, 47°.

Coquille conique, plus longue que large, non ombiliquée ; spire formée d'un angle régulier composée de 6 tours légèrement convexes, ornés en travers de fines lignes, peu régulières et obliques en arrière ; le quart inférieur des tours porte une série de petits tubercules allongés verticalement, dirigés dans le même sens que les stries qui viennent, par deux ou trois, se réunir à chacun de ces tubercules ; l'angle antérieur des tours est marqué par une petite saillie crénelée, tout à fait contre la suture.

Le dernier tour, convexe en dessus, montre dans cette partie 8 lignes concentriques et régulièrement espacées ; bouche arrondie, un peu plus haute que large. Je n'ai jamais rencontré cette très-jolie coquille que dans le Brionnais.

Localités : Saint-Julien, Briant. *r*.

Turbo Branoviensis (Nov. spec.).

(Pl. XXVIII, fig. 14).

Testa ovoto-conica, imperforata; anfractibus convexiusculis, longitudinaliter costatis, costis vix inæqualibus, margaritatis; ultimo anfractu antice inflato, simili modo decorato, interstitiis autem latioribus; apertura rotundata compressa.

Dimensions : Longueur, 16 millim.; diamètre, 11 millim.; angle, 56°.

Coquille conique, globuleuse mais plus longue que large, non ombiliquée; spire formée d'un angle un peu convexe, composée de tours arrondis, ornés en long de 6 à 7 rangs de petites perles, en séries assez égales entre elles; les rangs en arrière, contre la suture, paraissent cependant formés de perles un peu plus grosses.

Le dernier tour, arrondi en avant, est couvert des mêmes ornements, seulement les trois rangs placés au-dessus de l'équateur sont séparés par des intervalles plus grands; quand le test est bien conservé on voit de petites lignes transverses, très-serrées, relier entre elles les séries de petits tubercules; la bouche arrondie est un peu plus haute que large et montre un épaississement du bord columellaire.

Quoique ce beau *Turbo* soit fort rapproché du *T. Meriani* (Goldfuss), il m'a paru nécessaire de lui faire une place à part; les deux figures de l'atlas de Goldfuss, pl. 193, fig. 16 *b* et *c*, quoique assez différentes entre elles, ne s'accordent, ni l'une ni l'autre, avec notre espèce du lias moyen, espèce assez répandue du reste pour ne laisser aucune incertitude; le nom de *Turbo Meriani* restera par conséquent à l'espèce oxfordienne; c'est un fait bien exceptionnel que cette reproduction, presqu'identique, d'une coquille aussi spécialement remarquable par ses ornements à deux époques de la période jurassique si différentes et séparées par des temps d'une durée immense.

Le *Turbo cassiope* de d'Orbigny, de la grande oolite, a des côtes inégales, d'après le texte même de d'Orbigny, qui est très-précis, quoique les figures de la *Paléontologie Française*, pl. 333, fig. 4 à 6, ne répondent pas au texte et s'éloignent peu du dessin du *Turbo Branoviensis*; cependant on peut remarquer que les rangs de perles, au-dessus de l'équateur, n'offrent pas l'écartement et les ornements de notre coquille.

Localités : Saint-Julien, Saint-Bonnet.

Explication des figures : pl. XXVIII, fig. 14, *Turbo Branoviensis*, de Saint-Bonnet, grossi 3 fois. De ma collection.

Turbo centigramma (Nov. spec.).

Testa conico-globosa, parvissima, imperforata ; anfractibus convexis, transversim costatis, ultimo dimidiam testæ partem occupante.

Dimensions : Longueur, 1 millim.; diamètre, 1/2 millim.

Très-petite coquille pupoïde; spire formée d'un angle très-convexe, composée de 4 tours arrondis, dont le dernier occupe la moitié de la longueur totale et porte 8 à 10 grosses côtes verticales.

Cet imperceptible *Turbo* ne paraît pas très-rare dans nos calcaires, mais il faut des conditions tout à fait spéciales pour pouvoir l'obtenir en bon état ; ce n'est qu'en parcourant à l'aide de la loupe, la surface des fragments un peu décomposés, que l'on peut le découvrir ; je l'ai toujours trouvé de même taille.

Localités : Mont-Ceindre, *r.*

Straparolus encrinus (E. Dumortier).

(Pl. XXVIII, fig. 15 à 18.)

1857. E. Dumortier, *Note sur quelques fossiles peu connus ou mal figurés du lias moyen,* p 11, pl. 6, fig. 2.

Dimensions : diamètre, 4 millim.

Très-petite coquille discoïdale, très-largement ombiliquée; les tours, au nombre de 4, sont presque carrés; plans sur les côtés, légèrement arrondis sur le dos, à peu de chose près enroulés sur le même plan et se recouvrant en contact.

L'ombilic peu profond est cependant tèrs-bien indiqué; l'ornementation est la même des deux côtés, presque aussi régulièrement
que dans une Ammonite ; une série de 34 petits tubercules forme
un cordon saillant sur l'ombilic; de chacun de ces tubercules
partent deux petites côtes droites, régulières, qui passent sur le
dos sans s'infléchir et sans interruption.

Cette coquille est remarquable par l'élégance et la netteté de
ses ornements compliqués, car on peut compter plus de 70 côtes
par tour; malgré sa très-petite taille, ses ornements nets et fortement accusés peuvent la faire considérer comme adulte. A première vue on croirait tenir un petit article de la tige d'une
Encrine, couvert de ses stries rayonnantes.

Localités : Saint-Bonnet-de-Cray, *r. r.*

Explication des figures : Pl. XXVIII, fig. 18, *Straparolus
encrinus,* de Saint-Bonnet, de grandeur naturelle. Fig. 15,
le même, grossi, vu du côté de l'ombilic. Fig. 16, le même,
du côté de la spire. Fig. 17, le même, de profil. De ma
collection.

Evomphalus excavatus (Reuss).

1854. Reuss, *Ueber zwei neue Evomphalus Arten. Palaeontogra-
phica,* 3 Band, p. 113, pl. 16, fig. 2.

Petite coquille discoïdale d'un diamètre de 10 millim.; épaisseur, 4 millim. 1/2. Mon échantillon est incomplet, mais cependant ne me laisse pas de doutes sur l'identité.

Les petites nodosités du dos, les plis sur les flancs dirigés en
arrière, les mêmes plis marqués sur le dos, tout paraît s'accorder
avec la coquille décrite par Reuss, du lias d'Hierlatz près de
Hallstadt.

Mon échantillon est insuffisant pour discuter le genre.

Localités : Saint-Julien-de-Jonzy, *r. r.*

Pleurotomaria principalis (M. in GOLDFUSS).

(Voir ci-devant, zone inférieure, page 112.)

Dimensions : Longueur, 33 millim.; diamètre, 37 millim.;
angle 73°.

Coquille conique, plus large que haute; la bande du sinus est
très-rapprochée de la partie antérieure des tours et immédiatement en contact avec le rang de nodosités, sillonnées de lignes
longitudinales, qui couronne chaque tour, en avant. Mes
échantillons, pour ce détail et l'ouverture de l'angle spiral, ne
s'accordent qu'avec la figure de Goldfuss et sont assez éloignés
des dessins donnés par d'Orbigny, Deslongchamps et Koch et
Dunker, que plusieurs auteurs voudraient réunir au *Pleur.
principalis*.

Ce qui paraît distinguer surtout le *Pl. principalis* du *Pl. precatoria*, c'est que chez ce dernier, la suture se trouve placée tout
à fait en contact avec le rang de nodosités du tour précédent et
avec celui qui commence le tour suivant; dans le *Pl. principalis*,
le rang de nodosités inférieur de chaque tour est séparé de la
suture par un espace sur lequel on voit une ou deux lignes
longitudinales.

La description que je donne du *Pl. principalis*, s'éloigne un
peu de celle de la coquille de la zone inférieure que j'ai rapportée
à cette espèce; je crois bien faire en décrivant pour chaque
zone les fossiles tels qu'ils se montrent, sans me préoccuper des
anomalies que présentent des échantillons insuffisants.

Localités : Saint-Fortunat, Poleymieux, Saint-Julien,
Uzer, *r*.

Pleurotomaria Anglica (GOLDFUSS).

1844. Goldfuss, *Petrefacta*, pl. 184, fig. 8.
1855. Oppel, *Die Juraformation*, p. 292.

Dimensions : Longueur et largeur, 60 millim.; angle, 76°.

Le *Pleurotomaria Anglica*, de la zone à *Pecten æquivalvis*, est très-conforme à la figure de l'atlas de Goldfuss ; il ne doit pas être confondu avec le *Pl. similis* de Sowerby (*Miner. Conch.*, pl. 142), du lias inférieur, dont les tours sont plus carrés et les nodosités plus prononcées et moins nombreuses.

Le *Pl. Anglica*, que j'ai décrit dans la 1re partie de ces études (*infra-lias*), n'appartient probablement pas à cette espèce.

Localités : Oyé, Ligny. *r.*

Pleurotomaria heliciformis (E. DESLONGCHAMPS)
(NON DUNKER.)

(Voir dans la zone inférieure, p. 114.)

Se rencontre rarement dans la zone supérieure et toujours en mauvais état.

Localités : Mont-Ceindre, Ambérieux, Aix, *r.*

Pleurotomaria intermedia (M. IN GOLDFUSS).

1844, Goldfuss, *Petrefacta*, p. 80, pl. 85, fig. 1.

Coquille conique, ombiliquée? spire formée d'un angle régulier, de 80°, composée de tours assez hauts, un peu anguleux, cou-

verts de lignes longitudinales de moyenne ampleur, croisées par
des lignes transverses qui forment de légères nodosités verticales,
au-dessus et au-dessous de la bandelette.

La bandelette du sinus occupe à peu près le milieu des tours
et porte une carène saillante placée sur des chevrons dont la
courbure est dirigée en arrière.

Les échantillons sont de petite taille, mais ils peuvent être
rattachés sûrement à l'espèce décrite par Goldfuss.

Localités : Briant, *r*.

Pleurotomaria precatoria (E. Deslongchamps).

1849. E. Deslongchamps, *Mémoires de la Soc. Linn. de Normandie*, 8° volume, p. 86, pl. 11, fig. 6.

Dimensions : Longueur, 25 millim.; diamètre, 26 millim.;
angle, 60°.

Coquille conique, non ombiliquée; spire formée d'un angle
régulier, composée de tours plans, munis en haut et en bas de
nodosités sur lesquelles viennent onduler des lignes longitudinales; celles en arrière sont un peu moins nombreuses et plus
saillantes que celles appartenant à la série qui est en avant; la
bandelette du sinus est peu apparente et légèrement carénée; le
dernier tour en avant porte des lignes concentriques équidistantes.

Localités : Saint-Julien. Briant, **r**.

Pleurotomaria procera (D'ORBIGNY).

1849. E. Deslongchamps, *Pleurotomaria foveolota, variété procera,*
    Mémoires de la Soc. Linn. de Normandie, vol. 8, p. 74.
    pl. 13, fig. 5.
1850. D'Orbigny, *Pleurotomaria procera. Paléont. Franç., Jurass.,*
    p. 409, pl. 351, fig. 3 et 4.

Le seul échantillon que je possède et qui est bien de la zone
supérieure, est trop engagé dans le calcaire pour que je puisse
le faire dessiner, mais les parties visibles sont d'une bonne
conservation ; les nodosités obliques qui ornent les tours en
arrière contre la suture, sont plus marquées que dans les figures
de M. Deslongchamps ; les ornements se rapprochent plus, pour
ce détail, de la figure 4, de la pl. 15 (du Mémoire sur les Pleurotomaires), qui représente le *Pleurotomaria foveolata turrita.*

Localités : Saint-Bonnet, *r. r.*

Pleurotomaria princeps (KOCH ET DUNKER).

1837. Koch et Dunker, *Norddeutschen Oolithgebirge,* p. 26, pl. 1,
    fig. 13.
1849. E. Deslongchamps, *Mém. de la Soc. Linn. de Normandie,*
    vol. 8, p. 84, pl. 11, fig. 5.
1850. D'Orbigny, *Paléont. Franç., Jurass.,* p. 403, pl. 349,
    fig. 6 à 9.

Dimensions : Longueur et largeur, 40 millim.
La spire est formée d'un angle très-régulier ; l'ombilic petit
mais bien dessiné ; le dernier tour est déprimé en dessus et
forme l'entonnoir. J'en ai recueilli 4 exemplaires plus ou moins
complets, sur un même fragment de calcaire.

Localités : Saint-Bonnet, *r.*

Pleurotomaria mirabilis (E. Deslongchamps).

1849. E. Deslongchamps, *Mém. de la Soc. Linn. de Normandie,*
    8ᵉ vol., p. 31, pl. 16, fig. 2.
1850. D'Orbigny, *Paléont. Franç., Jurass.*, p. 433, pl. 357.

Dimensions : Hauteur, 10 millim.; diamètre, 25 millim.

Malgré sa petite taille, l'espèce ne me laisse aucun doute sur
son identité ; la spire est légèrement plus saillante que dans le
très-grand exemplaire figuré par M. Deslongchamps, les tours
semblent aussi plus arrondis, moins carrés extérieurement.

Le niveau est très-sûr ; j'ai recueilli mon échantillon dans les
calcaires jaunâtres durs à *Pecten æquivalvis* et *Amm. spinatus,*
sans mélange possible d'autres couches.

Localités : Saint-Bonnet, *r. r.*

Pleurotomaria Terveri (NOV. SPEC.).

(Pl. XXVIII, fig. 19 et 20.)

Testa conica, imperforata, spira angulo? anfractibus,
convexiusculis longitudinaliter striatis, transversim sulcatis et
obsolete margaritatis ; ultimo anfractu externe rotundato,
convexo, concentrice striato ; fascia sinus in medio anfractuum
sita, mediocri, impressa.

Le mauvais état de l'échantillon ne me permet pas de donner
les proportions.

Coquille conique, non ombiliquée ; spire formée de tours assez
élevés, en gradins, portant sur l'angle extérieur, au milieu des

tours, une bandelette de sinus, de largeur moyenne, concave, sur laquelle on remarque de très-fines lignes transverses ; en avant de la bandelette il y a 4 à 5 lignes longitudinales, croisées par d'autres lignes transverses.

La partie en arrière de la bande porte également 5 lignes longitudinales qui augmentent en importance en se rapprochant de la suture et qui portent de petites granulations ; suture peu marquée.

Le dernier tour, arrondi en avant, est couvert de lignes concentriques.

Ce joli Pleurotomaire, qui paraît fort rare, a beaucoup de rapports avec le *Trochus granulatus* (Sowerby, *Miner. Conch.*, pl. 220, fig. 2), mais il est moins surbaissé et la bande du sinus est nettement concave.

Localités : Mont-Ceindre, *r*.

Explication des figures : Pl. XXVIII, fig. 19, *Pleurotomaria Terveri*, fragment vu en coupe, grossi 3 fois. Fig. 20, profil d'un tour du même, grossi 5 fois, du Mont-Ceindre. De ma collection.

Pleurotomaria Viquesneli (Nov. spec.).

(Pl. XXIX, fig. 1.)

Testa conica, imperforata? anfractibus complanatis, antice margaritatis, postice tuberculis notatis, transversim striatis ; ultimo anfractu supra excavato, sulcato ; fascia sinus antice posita, parvulis tuberculis conspicua.

Dimensions : Longueur, 21 millim.; diamètre, 20 millim.; angle 58°.

Coquille conique, un peu plus haute que large ; spire formée

d'un angle régulier, composée de 7 à 8 tours plans, ornés en
arrière, contre la suture, de gros tubercules ronds, et en avant
d'une série de tubercules beaucoup plus petits ; des stries transversales se montrent partout. La bandelette du sinus, de moyenne
grandeur, est placée un peu en avant ; elle est très-remarquable
en ce qu'elle porte, elle-même, une série de perles peu saillantes,
très-visibles sur les quatre derniers tours ; je ne vois des ornements analogues indiqués nulle part ; les tubercules de la rangée
inférieure sont à peu près trois fois plus importants que ceux de
l'angle extérieur en avant ; ils sont très-rapprochés de la suture
dont ils se trouvent pourtant séparés par une série de fines
crénelures.

La bande du sinus, qui touche presque la série supérieure de
nodosités, est séparée de la série inférieure par quelques lignes
longitudinales, irrégulières.

. Le dernier tour, excavé en avant mais sans courbure, paraît
orné, dans cette partie, de sillons concentriques ; la bouche est
anguleuse et surbaissée. L'échantillon ne permet pas de distinguer clairement s'il y avait un ombilic.

Le *Pl. Viquesneli* a beaucoup de ressemblance avec le *Pl.
precatoria* de M. Deslongchamps (*Mém. sur les pleurotomaires*,
p. 86, pl. 11, fig. 6); mais les ornements de la bande du sinus et
la disproportion de ses deux rangées de tubercules, le font
aisément distinguer.

Localités : Saint-Julien, *r*.

Explication des figures : Pl. XXIX, fig. 1, *Pleurotomaria
Viquesneli*, de Saint-Julien, grossi 2 fois. De ma collection.

Fusus variculosus (E. Deslongchamps).

1842. E. Deslongchamps, *Mém. de la Soc. Linn. de Normandie,*
7e vol., p. 157, pl. 10, fig. 40 et 41.

Dimensions : Longueur, 6 millim.; diamètre, 3 millim.

Petite coquille, subturriculée; spire formée d'un angle régulier, composée de tours arrondis, au nombre de six, ornés de côtes transversales un peu cintrées et de stries longitudinales; le dernier couvert de stries concentriques, en avant.

Localités : Mont-Ceindre, r. r.

Cerithium reticulatum (E. Deslongchamps).

(Pl XXIX, fig. 2 et 3.)

1842. E. Deslongchamps, *Mém. de la Soc. Linn. de Normandie,*
7e vol., p. 208, pl. 11, fig. 38 et 39.

Dimensions : Longueur, 9 millim.; diamètre, 4 millim.; angle 25°.

Autre échantillon : Longueur, 9 millim.; diamètre, 3 millim. 1/2; angle 22°.

Très-jolie petite coquille pupoïde; spire formée d'un angle un peu convexe, composée de 8 tours ronds, convexes, ornés de 6 à 7 lignes longitudinales, dont quelquefois trois seulement sont apparentes sur les premiers tours; ces lignes sont croisées par de petites côtes verticales, un peu courbées en arrière; suture profonde.

La bouche est ronde, columelle, largement bordée sur la lèvre gauche; canal à peine indiqué, une petite gouttière à la base de l'ouverture, contre le tour précédent.

Cette jolie coquille, dont il est difficile d'affirmer le genre, à cause du peu d'apparence du caractère de l'ouverture, est un des fossiles importants de la zone par son abondance dans certaines stations; ainsi elle est commune au Mont-Ceindre, autour de la petite fontaine. Nous l'avons déjà entrevue dans la zone inférieure où elle est infiniment rare.

Localités : Mont-Ceindre, Ambérieux, Saint-Bonnet, Saint-Julien.

Explication des figures : Pl. XXIX, fig. 2. *Cerithium reticulatum*, de Saint-Bonnet, grossi 5 fois. Fig. 3, le même, du Mont-Ceindre, vu du côté de la bouche, grossi 5 fois. De ma collection.

Gastrochæna Lugdunensis (Nov. spec.).

(Pl. XXIX, fig. 6 et 7.)

Je ne puis donner la diagnose de cette espèce, dont il n'est possible de découvrir que de très-petites portions de coquille.

Moules arrondis, piriformes, assez abondants par place dans les calcaires jaunes roussâtres du Mont-d'Or ; les plus grands mesurent 20 millim. sur un diamètre de 9 millim.; ce diamètre diminue beaucoup en se rapprochant de l'ouverture et n'est plus, dans cette partie, que de 4 millim. La coquille, assez grande relativement, n'offre que des fragments qu'il est presque toujours impossible d'observer. Elle paraît être fort mince, lobée dans la région postérieure et couverte de petits plis saillants, irréguliers, rectilignes, qui diminuent d'importance en se rapprochant du bord. Le dessin fait voir tout ce que l'on en peut découvrir ; le calcaire dur et assez grossier qui a rempli les tubes est très-défavorable à la conservation des détails.

Je ne vois pas de *Gastrochæna* signalés dans le lias.

Localités : Mont-Ceindre, c.

Explication de figures : Pl. XXIX, fig. 6, *Gastrochæna Lugdunensis*, du Mont-Ceïndre, moule de grandeur naturelle. Fig. 7, le même, grossi 2 fois. De ma collection.

Pholadomya ambigua (SOWERBY).

(Voir dans la zone inférieure, page 116.)

Dimensions : Longueur, 39 millim.; largeur, 61 millim.; épaisseur, 34 millim.

Je l'ai trouvée assez abondante au Blaymard et elle doit être rare dans les autres gisements. Elle porte 7 côtes, dont les six premières sont nettement marquées; les sillons concentriques deviennent plus rapprochés vers la région palléale.

Localités : Le Blaymard.

Pholadomya Voltzi (AGASSIZ).

(Voir dans la zone inférieure, page 117.)

Je n'ai recueilli, de cette espèce, qu'un exemplaire du Mont-d'Or; il est déformé, mais le test est conservé en partie. Aucun doute sur l'exactitude du niveau.

Localités : Mont-Ceindre, r. r.

Pleuromya liasina (SCHUBLER SP.).

1830. Zieten, *Unio liasinus. Wurtemberg*, p. 84, pl. 61, fig. 2.

Dimensions : Longueur, 28 millim.; largeur, 45 millim.; épaisseur, 20 millim.

Nous avons déjà signalé la présence de cette *Pleuromya* dans les deux zones du lias inférieur.

Localités : Saint-Bonnet, *r*.

Pleuromya unioïdes (GOLDFUSS SP.).

1841. Goldfuss, *Lutraria unioïdes. Petrefacta*, pl. 152, fig. 12.
1842. Agassiz, *Pleuromya unioïdes. Etudes critiques*, p. 236, pl. 27, fig. 9 à 13.

Dimensions : Longueur, 25 millim.; largeur, 40 millim.

Je ne connais cette *Pleuromya* que d'un point situé tout à fait à l'extrémité nord du bassin du Rhône, où elle paraît très-peu répandue.

Localités : Bligny-sur-Ouche, *r*.

Pleuromya donaciformis (PHILLIPS SP.).

1835. Phillips, *Yorkshire. Amphidesma donaciforme*, pl. 12, fig. 5.
1841. Goldfuss, *Lutraria donaciformis*, p. 256, pl. 152, fig. 13.

Mes échantillons sont très-conformes pour le contour et même pour la taille, à la figure de Goldfuss ; les sillons concentriques, assez uniformes, paraissent composés de 4 ou 5 plis plus petits.

Je remarque que la valve droite recouvre fortement la gauche, sous les crochets ; de plus, sur le bord cardinal, chaque valve porte 3 sillons rectilignes, qui n'ont pas de rapport avec les plis concentriques de la coquille.

La famille des Myes n'a que de rares représentants, dans nos régions, dans les calcaires de la zone à *Pecten æquivalvis*.

Localités : Saint-Julien, *r*.

17

Pleuromya Jauberti (Nov. spec.).

(Pl. XXIX, fig. 8 et 9).

Testa ovali, inæquilatera, concentrice plicata, plicis in medio latioribus, antice truncata, postice producta, augusta sed rotundata; margine inferiori rotundato, umbonibus anticis.

Dimensions : Longueur. 33 millim.; largeur, 48 millim.; épaisseur, 15 millim.

Coquille ovale, comprimée, très-inéquilatérale; les crochets, placés au quart antérieur de la largeur, sont assez saillants et terminés en pointe recourbée; les valves sont couvertes de sillons concentriques bien marqués, bien plus gros sur le milieu des valves et rapprochés près des crochets; ligne palléale régulièrement arrondie; le côté antérieur est tronqué sans être anguleux; le côté anal prolongé et doucement arrondi.

La coquille paraît fermée partout, la valve droite, toujours notablement plus grande, recouvre un peu la valve gauche.

La *Pleuromya Jauberti* a quelques rapports avec la *Pl. Toucasi*, décrite du lias inférieur (voir 2o partie, pl. 46, fig. 5 et 6); elle s'en distingue cependant par son épaisseur moindre, sa hauteur plus grande, ses crochets plus hauts et moins massifs et dont la position est moins rapprochée du côté antérieur; sa forme est plus triangulaire que celle de la *Pl. Toucasi*.

Localités : Saint-Julien, *r*.; mais très-abondante au Blaymard.

Explication des figures : Pl. XXIX, fig. 8 et 9, *Pleuromya Jauberti*, du Blaymard, de grandeur naturelle. De ma collection.

Pleuromya meridionalis (Nov. spec.).

(Pl. XXIX, fig. 10 et 11.)

Testa ovali, inflata, inæquilatera, clausa, antice tumida, truncata, postice producta, attenuata, subacuminata, plicis concentricis absolete notata; margine inferiore arcuato, umbonibus anticis, præstantibus.

Dimensions : Longueur, 32 millim.; largeur, 53 millim.; épaisseur, 25 millim.

Grande coquille renflée et surtout épaisse du côté antérieur, qui est coupé un peu carrément; le côté anal est allongé, relevé, et forme une pointe arrondie, le bord palléal arqué, un peu sinueux; les crochets, qui dépassent notablement la ligne cardinale, sont placés entre le quart et le tiers de la largeur, du côté antérieur; la plus grande épaisseur de la coquille se trouve dans la région des crochets et diminue depuis là, uniformément, jusqu'à l'extrémité anale; la coquille paraît fermée partout.

Je me vois encore forcé de faire une espèce de cette *Pleuromya*, dont la forme ne peut rentrer dans aucune des espèces déjà décrites.

Localités : Cuers (Var), r.

Explication des figures : Pl. XXIX, fig. 10, *Pleuromyia meridionalis*, de Cuers, de grandeur naturelle. Fig. 11, la même, vue du côté des crochets. De ma collection.

Leda acuminata (V. Buch. sp.).

(Pl. XXX, fig. 3.)

1837. Goldfuss, *Nucula acuminata*. *Petrefacta*, pl. 125, fig. 7.
1854. Oppel, *Nucula inflata*. *Mittl. Lias*, p. 4. fig. 24.
1856. Oppel, *Leda acuminata*. *Die Juraformation*, p. 295.

Petite coquille, de forme ovale, à crochets saillants; la figure que je donne, Pl. XXX, représente l'intérieur d'une valve, sur un exemplaire parfaitement bien conservé.

En comparant ce dessin à celui de la *Nucula mucronata*, donné par Goldfuss (*Petref.*, pl, 125, fig. 9), coquille qui a quelques rapports pour la forme générale et la taille, on remarquera que la *Leda acuminata* est bien plus équilatérale et que son crochet est disposé sur la charnière même, au lieu d'être placé au-dessus comme chez la *Nucula mucronata*.

Le contour ne s'accorde pas tout à fait avec celui des figures de Goldfuss et d'Oppel; la nôtre est plus amincie et plus ramassée en même temps; peut-être faudrait-il la regarder comme une espèce à part.

Localités : Mont-Ceindre, Saint-Julien, *r*.

Explication des figures : Pl. XXX, fig. 3, *Leda acuminata*, du Mont-Ceindre, grossie 4 fois. De ma collection.

Leda complanata (Goldfuss sp.).

1837. Goldfuss, *Nucula complanata. Petrefact.*, pl. 125, fig. 11.
1854. Oppel, *Nucula complanata. Mittl. Lias*, pl. 4, fig. 20.

Oppel fait remarquer avec raison que Phillips donne par erreur, sous le nom de *Nucula complanata*, la figure de la *Leda ovum* (Sow. sp.); mais comme cette espèce était déjà nommée, le nom de *Complanata* reste libre et peut être attribué légitimement à à l'espèce décrite par Goldfuss, sous ce même nom, qui dès lors ne fait plus double emploi.

Le moule de grande taille que j'ai sous les yeux, s'accorde bien pour la forme avec les figures indiquées; sa largeur dépasse 21 millim.

Localités : Ville-sur-Jarnioux, *r*.

Leda Palmæ (SOWERBY SP.).

(Voir dans la zone inférieure, page 120.)

Cette coquille est beaucoup moins abondante dans la zone du
Pecten æquivalvis ; elle n'est pas caractéristique, car elle se montre
plus bas et plus haut que ce niveau.

Elle est souvent de très-petite taille : j'en ai des exemplaires,
provenant des calcaires rougeâtres du Mont-Ceindre, dont la
largeur ne dépasse pas 3 millim., et cependant ils montrent leur
test intact et sont d'une parfaite conservation.

Nucula elliptica (GOLDFUSS).

1837. Goldfuss, *Petrefacta*, p. 153, pl. 124, fig. 16.

Petite coquille assez rare ; il faut des circonstances bien favorables, pour pouvoir observer les lignes concentriques qui ornent
les valves.

Localités : Mont-Ceindre. *r.*

Tellina gracilis (Nov. SPEC.).

(Pl. XXIX, fig. 12 à 14.)

*Testa gracili, transverse-oblonga, inœquilatera, lœvigata ;
umbonibus subanticis approximatis, prominulis ; antice acuta,
postice carinata, margine infero, rotundato.*

Dimensions : Longueur, 7 millim.; diamètre, 3 millim.;
épaisseur, 1. 6 millim.

Petite coquille très-délicate, lisse, allongée, inéquilatérale, comprimée; d'un angle apicial de 150°; le côté antérieur en pointe arrondie; le côté anal, à peine plus large, porte une carène dont la saillie va en diminuant depuis les crochets; les crochets petits, aigus, sont placés un peu du côté antérieur. Le côté palléal est régulièrement arrondi.

Sur deux des exemplaires que j'ai sous les yeux, le corselet laisse voir encore le ligament externe qui est conservé; je ne l'ai jamais rencontrée que dans les calcaires rougeâtres de la Fontaine, au Mont-Ceindre, où elle n'est pas rare; probablement l'extrême fragilité de la coquille exige pour sa conservation des conditions exceptionnelles, qui ne se rencontrées dans les autres gisements.

Cette très-élégante petite coquille a un peu la forme de la *Nucula inflexa* (Roemer) mais c'est bien, je le crois, une *Telline*; la forme carénée, le ligament apparent, la légèreté de la coquille, tout semble l'indiquer.

Localités : Mont-Ceindre. *c.*

Explication des figures : Pl. XXIX, fig. 12, *Tellina gracilis*, du Mont-Ceindre, grossie 3 fois. Fig. 13, la même, intérieur de la valve. Fig. 14, la même, vue par les crochets. De ma collection.

Tellina floralis (Nov. spec.)

(Pl. XXX, fig. 2.)

Testa tenuissima, transversa, antice rotundata, postice oblique truncata, umbonibus subnullis, anticis ; dente rotundo, parvulo sub umbonibus munita, antice et postice fossulis productis, prominentibus conspicua.

Dimensions : **Longueur, 2 millim.; largeur, 4 millim. 1/2.**

Très-petite coquille, des plus délicates, beaucoup plus large que longue, en forme de parallélogramme, arrondie du côté antérieur, coupée carrément du côté anal et un peu obliquement.

La ligne cardinale, qui est droite, occupe presque toute la largeur de la coquille. Le sommet est placé aux 2/5 antérieurs de la valve. Je ne puis décrire que l'intérieur de la valve droite qui est engagée dans le calcaire par sa face extérieure ; une petite dent ronde et saillante est placée sous le crochet ; elle est accompagnée du côté antérieur par une fossette profonde et prolongée, qui s'élargit et s'arrondit en s'éloignant des crochets, et qui est entourée de rebords saillants ; du côté anal on remarque deux dents latérales qui, prolongées parallèlement à la ligne cardinale, limitent une autre fossette étroite et allongée ; la charnière, avec toutes ces complications est des plus intactes et des plus nettes. Je ne puis rien dire de la forme extérieure.

Localités : Mont-Ceindre. r. r.

Explication des figures : Pl. XXX, fig. 2, *Tellina floralis*, du Mont-Ceindre, vue par l'intérieur, grossie 6 fois. De ma collection.

Tellina Lingonensis (Nov. spec.)

(Pl. XXX, fig. 1.)

Testa ovato transversa, depressa, subæquilaterali, concentrice tenuiter striata ; latere antico paulo longiore, acutiusculo, latere postico rotundato ; plicatura humili sed conspicua ; umbonibus submedianis, erectis, acutis.

Dimensions : Longueur, 9 millim. ; largeur, 18 millim.

Petite coquille ovale, transverse, précisément deux fois aussi large que longue, assez comprimée ; côté antérieur plus long, étroitement arrondi ; côté postérieur plus court, plus large, portant une carène oblique peu saillante et cependant des plus nettement indiquées ; crochets un peu antérieurs saillants, aigus, presque en contact ; contour palléal doucement arqué : La coquille est partout couverte de fines lignes concentriques.

Localités : Langres, chemin de Corlée. *r.*

Explication des figures : Pl. XXX, fig. 2, *Tellina Lingonensis*, de Langres, grossie d'un demi-diamètre. De ma collection.

Opis Ferryi (Nov. spec.)

(Pl. XXX, fig. 4, 5, 6.)

Testa subcordiformi, elongata, trigona, undique radiatim striata ; striis quibusdam ad marginem furcatis ; utroque latere carinata, inflexa ; lunula parvula ; umbonibus minimis, acutis, subinvolutis ; marginibus crenulatis.

Dimensions : Longueur, 6 millim. 1/2 ; largeur, 7 millim. ; épaisseur, 4 millim. 1/2.

Très-petite coquille anguleuse, renflée, triangulaire, ornée en long de côtes au nombre de 15 à 17, dont la moitié se bifurque avant d'arriver sur la région palléale ; deux angles très-saillants, arrondis, arqués, séparent nettement les parties antérieures et postérieures de la coquille et remontent jusqu'à l'extrémité des crochets ; ceux-ci sont petits, peu saillants et se contournent légèrement en avant.

Du côté antérieur, sous les crochets, se voit une lunule petite mais profonde ; cette face est ornée de lignes rayonnantes qui suivent le mouvement du contour de la coquille, et qui sont coupées vers le milieu de la hauteur, par un ressaut très-oblique

de la surface ; cette partie est légèrement excavée ; le côté posté-
térieur, dépourvu de lunule, est convexe et porte les mêmes ornements.

La commissure des valves, sur la région palléale est en ligne
droite, le labre crénelé ; l'ensemble de la coquille est trigone un
peu oblique.

Localités : Saint-Julien, *r. r.*

Explication des figures : Pl. XXX, fig. 4, *Opis Ferryi* vu
par côté, de Saint-Julien, grossi 4 fois. Fig. 5, le même, vu
du côté anal. Fig. 6, le même, du côté antérieur.

Hettangia Broliensis (Buvignier).

1852. Buvignier, *Statistique géologique*, p. 14, pl. 10, fig. 22 à 25.
1856. Oppel, *Tancredia Broliensis; Die Juraformation*, p. 295.

Dimensions : Longueur, 34 millim. ; largeur, 56 millim.;
épaisseur, 25 millim.

Coquille trigone, robuste, peu inéquilatérale, marquée de lignes concentriques d'accroissement très-distantes et visibles sur
la région palléale ; crochets médians, massifs, peu recourbés ;
côté antérieur prolongé en pointe arrondie, côté anal tronqué,
portant, sur la troncature, une double carène formant une aréa
qui va en se rétrecissant du côté des crochets ; la coquille sur ce
point est fortement baillante.

La région palléale est arrondie ; l'angle apicial mesure 106°,
la ligne cardinale est courte ; un angle saillant va des crochets
rejoindre la troncature du côté postérieur.

Localités : Saint-Julien, Briant. *r.*

Hettangia Lingonensis (Nov. spec.).

(Pl. XXX, fig. 10 et 11.)

*Testa ovato-elongata, subæquilaterali, lævigata, antice pro-
ducta rotundata, postice per obliqua truncata; apertura ovali,
marginata; umbonibus obsoletis, involutis; margine cardinali
subrecto.*

Dimensions : Longueur, 24 millim.; largeur, 40 millim.;
épaisseur, 20 millim.

Coquille transverse, elliptique, subéquilatérale, mince, couverte de lignes d'accroissement peu marquées; crochets très-
petits, peu saillants, venant en contact avec la ligne cardinale;
la coquille est allongée en pointe arrondie du côté antérieur,
tronquée et très-oblique du côté postérieur; l'ouverture est
bordée par deux lignes qui présentent une disposition singulière, elles sont plus distantes l'une de l'autre vers le crochet
que vers la région palléale; celle de ces lignes qui est placée
en dedans va rejoindre le crochet.

L'angle apicial est de 135°; le bord cardinal est presque horizontal du côté antérieur et s'abaisse très-graduellement, caractère qui sépare nettement cette espèce de toutes les autres; le
bord palléal régulièrement arrondi. Comme on le verra par la
figure, l'échantillon n'est malheureusement pas complet.

Localités : Langres. *r. r.*

Explication des figures : Pl. XXX, fig. 10, *Hettangia
Lingonensis*, de Langres, de grandeur naturelle. Fig. 11, la
même, vue du côté intérieur. De ma collection.

Astarte striatocostata (M. IN GOLDFUSS).

1837. Goldfuss, *Petrefacta*, p. 192, pl. 134, fig. 18.

Dimensions : Longueur, 5 à 7 millim.

Petite coquille arrondie, comprimée, ornée de 10 à 15 plis concentriques, séparés par des intervalles beaucoup plus larges et portant eux-mêmes plusieurs sillons beaucoup plus petits. Je ne puis voir ni la charnière, ni l'intérieur des valves, et je me borne à indiquer la figure de Goldfuss qui me paraît se rapprocher le plus de mes échantillons.

Localités : Saint-Julien, Langres, chemin de la Corlée. *c.*

Astarte Amalthei (QUENSTEDT).

1858. Quenstedt, *Der Jura*, p. 188, pl. 23, fig. 12 et 13.

Dimensions : Longueur, 6 millim.; largeur, 6 millim. 1/2.

La petite coquille que j'inscris sous ce nom me paraît lisse avec quelques lignes d'accroissement; les valves sont très-nettement crénelées sur le bord, détail dont Quenstedt ne parle pas; le crochet est médiocre et la coquille remarquablement équilatérale.

Localités : Saint-Julien. *r.*

Astarte boum (NOV. SPEC.).

(Pl. XXX, fig. 7, 8 et 9.)

Testa rotunda, subcompressa, subæquilatera, costis concentricis, elevatis, latis, regularibus ornata ; lunula parvissima excavata ; area profunda, lanceolata ; umbonibus medianis, acutis, subrecurvis ; margine crenulato.

Dimensions : Longueur et largeur, 11 millim.; épaisseur, 5 millim. 1/2.

Coquille arrondie, régulière, presque équilatérale, un peu renflée, aussi large que longue, ornée de 13 côtes concentriques, largement modelées et séparées par de larges sillons ; le contour de la coquille est régulièrement arrondi. Les crochets aigus, petits, submédians, sont fortement recourbés en avant où ils recouvrent une lunule très-petite mais profonde; le corselet, étroit et profond, descend jusqu'à la moitié de la longueur; le labre, est je crois, crénelé, cependant je ne puis l'affirmer.

L'*Astarte Voltzi* est plus transverse et plus oblique, elle a des côtes plus nombreuses ; d'ailleurs la lunule, d'après la figure de Goldfuss (pl. 134, fig. 8 *b*) est bien plus grande. L'*Astarte striatocostata* (M. in Goldfuss, même planche, fig. 18) est bien rapprochée de l'*Astarte boum*, mais ses côtes sont aussi plus nombreuses, son corselet et sa lunule infiniment plus grands, et la commissure des valves forme un sillon creux tandis que chez notre Astarte elle est placée sur une saillie.

Localités : Saint-Julien, Saint-Bonnet, Briant, Saint-Nizier. *c.*

Explication des figures : Pl. XXX, fig. 7, 8 et 9, *Astarte boum*, de Saint-Julien, grossie 3 fois, vue de trois côtés différents. De ma collection.

Astarte foutis (NON. SPEC).

(Pl. XXX, fig. 12, 13 et 14.)

Testa ovato-transversa, compressa, inequilaterali, plicis regularibus, obsoletis, concentrice munita; umbonibus anticis, humilibus ; lunula subnulla; margine crenato.

Dimensions : Longueur, 21 millim.; largeur, 27 millim.;
épaisseur, 10 millim. 1/2.

Coquille grande pour le genre, comprimée, transverse, arrondie, très-inéquilatérale, ornée de 24 à 26 côtes concentriques,
irrégulières, formées chacune d'un faisceau de petites lignes ; les
crochets petits sont, à peu près, au tiers antérieur ; le côté buccal
est plus étroit que le côté anal ; la ligne cardinale est en partie
horizontale ; le labre crénelé.

Localités : Saint-Julien, Mont-Ceindre. *r.*

Explication des figures : Pl. XXX, fig. 12, 13 et 14,
Astarte fontis, de Saint-Julien, de grandeur naturelle, vue
de trois côtés différents; l'exemplaire figuré a perdu en
grande partie ses lignes concentriques. De ma collection.

Astarte Lugdunensis (Nov. spec.).

(Pl. XXX, fig. 16.)

Testa rotunda, tumida, subobliqua, costis concentricis ornata,
marginem versus decrescent interstitia ; umbonibus submedia-
nis, humilibus; margine crenulato.

Dimensions : Longueur et largeur, 7 millim.

Petite coquille globuleuse, légèrement oblique, un peu inéquilatérale, ornée de 12 à 15 plis concentriques, plus rapprochés
dans la région palléale, lunule petite et peu profonde, crochets
moyens, peu saillants.

Cette Astarte ressemble beaucoup, pour la forme d'ensemble, à
quelques petites espèces déjà décrites du lias. Mais si l'on remarque que l'appareil de la charnière, y compris le crochet,
n'occupe qu'un espace qui égale à peu près la septième partie

de la longueur de la coquille, tandis que dans les *Astarte Voltzi*, *detrita*, *integra*, de l'atlas de Goldfuss, les valves vues par l'intérieur montrent que cet appareil occupe un quart de la longueur, on verra dans cette comparaison un moyen de distinguer l'*Astarte Lugdunensis*. Les valves sont très-régulièrement crénelées.

Localités: Mont-Ceindre. *r*.

Explication des figures: Pl. XXX, fig. 16, *Astarte Lugdunensis*, du Mont-Ceindre, grossie 4 fois, vue intérieure. De ma collection.

Cardinia philea (D'Orbigny).

(Pl. XXXI, fig. 1.)

1850. D'Orbigny, *Prodrome : liasien*, n° 168.
1858. Quenstedt, *Thalassites giganteus*; *Der Jura*, p. 81, pl. 10, fig. 1.
1867. E. Dumortier, *Études Paléontologiques*, 2° partie, *lias inférieur*, p. 56 et 206, pl. 19; fig. 1 et 2, pl. 47, fig. 1.

Je connaissais depuis longtemps une grande Cardinie que l'on rencontre quelquefois, au Mont-d'Or, à la partie supérieure de la zone à *Pecten æquivalvis*, en compagnie de deux autres coquilles appartenant au même genre et de l'*Avicula cycnipes*; ce n'est qu'en étudiant avec soin ses caractères que je suis arrivé à me convaincre qu'elle est identique à la Cardinie que j'ai déjà décrite, du lias inférieur, sous le nom de *Cardinia philea*. Elle est encore ici de fort grande taille, j'ai des échantillons qui vont à 135 millim.; la coquille, très-épaisse, surtout dans la région des crochets, est remarquable par la régularité et le peu de saillie de ses stries concentriques; c'est une des espèces du genre dont la surface est la plus lisse.

Les fragments de la *Cardinia philea* ne sont pas rares à Saint-Fortunat et à Saint-Germain-au-Mont-d'Or, mais les échantillons un peu entiers sont des plus difficiles à obtenir, à cause de l'excessive dureté du calcaire. Il est curieux de voir reparaître ici cette belle espèce après une si longue interruption, car je n'en ai jamais trouvé la moindre trace dans l'énorme série des couches qui composent le lias moyen.

Localités : Giverdy, Saint-Germain, Poleymieux.

Explication des figures : Pl. XXXI, fig. 1, *Cardinia philea*, de Giverdy, de grandeur naturelle. De ma collection.

Cardinia hybrida (SOWERBY SP.).

(Pl. XXXII, fig. 1 et 2.)

1818. Sowerby, *Unio hybrida. Mineral. Conchol.*, 2º vol., p. 124, pl. 154, fig. 2.
1842. Stutchbury, *Pachyodon hybridus. Annals and magaz. of. natur. history*, pl. 9, fig. 1 et 2.
1843. Agassiz, *Cardinia hybrida. Etudes critiques*, p. 223, pl. 12.

Dimensions : Longueur, 45 millim.; largeur, 62 millim.; épaisseur, 26 millim.

Cette espèce est très-répandue dans les couches supérieures du Mont-d'Or; sa forme se rapproche beaucoup des figures données, sauf les crochets qui me paraissent remarquablement gros et contournés.

Localités : Giverdy, Poleymieux, Saint-Germain, Saint-Nizier, *c.*

Explication des figures : Pl. XXXII, fig. 1, *Cardinia hybrida*, de Poleymieux, de grandeur naturelle. Fig. 2, la même, vue du côté palléal. De ma collection.

Cardinia crassissima (Sowerby sp.),

(Pl. XXXI, fig. 2, 3 et 4.)

1818. Sowerby, *Unio crassissimus. Miner. Conch.*, pl. 153.
1857. E. Dumortier, *Note sur quelques fossiles du lias moyen*,
     pl. 6, fig. 1 à 5.

Dimensions : Longueur, 50 millim.; largeur, 77 millim.;
épaisseur, 26 millim.

Agassiz, dans ses *Études critiques*, cite la *Cardinia crassissima*,
d'après Stutchbury, de l'oolite inférieure de Dundry, p. 223.

Quenstedt, inscrit dans les coquilles du lias inférieur un
Thalassites crassissimus, mais la figure qu'il donne (*Der Jura*,
pl. 6, fig. 3) fait voir qu'il s'agit d'une tout autre espèce.

La *Cardinia crassissima* est une grande coquille robuste, elliptique, un peu comprimée, excessivement inéquilatérale, couverte
de très-gros plis concentriques et très-irrégulièrement espacés
jusque sur les crochets; les sillons sont couverts de fines stries
irrégulières.

Les crochets petits, aigus et très-recourbés sont placés tout à
fait du côté antérieur, laissant du côté anal les 9/10 de la
coquille, de plus ils sont posés sur la partie déclive de la ligne
cardinale qui décrit une ligne courbe; le côté anal s'allonge en
pointe arrondie; le côté buccal, immédiatement au-dessous des
crochets, s'arrondit largement lui-même, le bord palléal décrit
aussi une courbe régulière.

Des crochets descend, très-obliquement, une carène arrondie,
très-obtuse, qui va jusqu'au bord postérieur et sur laquelle les
sillons sont fortement marqués; c'est la partie la plus renflée de
la coquille. Les valves se joignent, sur la région cardinale, en
laissant entre elles un sillon profond qui se prolonge jusque
sous les crochets. La figure de Sowerby, pl. 153, fig. 1, donne

fort exactement la configuration de l'intérieur d'une valve, sauf
la ligne laissée par le manteau dont l'empreinte se voit distinctement à 10 millim., au moins, du bord; j'ai des spécimens de
90 millim., exactement de la taille de l'échantillon figuré par
Sowerby. La coquille étant des plus épaisses, comme la forme
est assez comprimée, il devait rester peu de place pour loger
l'animal; il en résulte aussi que les moules intérieurs étant
d'une dimension des plus médiocres et sans comparaison avec la
taille de la coquille, ils ont dû souvent être confondus avec ceux
des autres Cardinies.

La *Cardinia crassissima* est une des espèces les mieux limitées
et me paraît caractéristique du niveau supérieur de la zone avec
l'*Amm. spinatus* et l'*Avicula cycnipes*; elle est cependant citée
bien rarement; on la trouve assez commune sur plusieurs points
du Mont-d'Or lyonnais où elle est beaucoup moins rare que la
Cardinia philea qui l'accompagne dans les mêmes stations.

Avec les *Cardinia hybrida* et *philea*, cela fait la troisième espèce
du genre qui se rencontre dans les dernières couches supérieures
du lias moyen, tout à fait au contact du lias supérieur. On a lieu
d'être surpris de voir reparaître à ce niveau le genre *Cardinia*
qui a été bien rarement signalé au-dessus du lias inférieur, et
surtout les *C. hybrida* et *philea*; d'autant plus qu'il ne s'agit pas
ici de rares individus isolés, dont la présence laisse toujours
quelques doutes, mais de familles nombreuses et largement
développées.

Localités : Giverdy, Saint-Germain le lavoir, Poleymieux
la rivière, *c.*

Explication des figures : Pl. **XXXI,** fig. **2,** *Cardinia crassissima,* de Saint-Germain, de grandeur naturelle. Fig. 3, la
même, du côté des crochets. Fig. 4, la même, du côté antérieur. De ma collection.

18

Cypricardia Falsani (Nov. spec.).

(Pl. XXX, fig. 15.)

Testa ovato-oblonga, inequilatera, compressa, costis concentricis, equalibus ornata, ad apicem evanescentibus; latere buccali brevi, angustato, latere anali latiore, producto, rotundato; umbonibus anticis, humilibus.

Dimensions : Longueur, 21 millim.; largeur, 45 millim.; épaisseur, 15 millim.

Coquille transverse, elliptique, deux fois aussi large que longue, comprimée, tout à fait inéquilatérale; crochets petits, très-surbaissés, placés du côté antérieur, laissant les 8/9 de la coquille du côté anal ; les valves sont couvertes d'une trentaine de sillons concentriques bien marqués, assez réguliers, qui ne commencent qu'à une certaine distance des crochets et vont en augmentant un peu d'importance, à mesure que la coquille grandit; le côté antérieur, très-court, est étroitement arrondi, le côté anal plus large; la forme générale rappelle celle d'un *Mytilus*.

Les dents, qui paraissent être très-petites, s'aperçoivent mal dans l'unique échantillon que j'ai à ma disposition. Le dessin en est malheureusement mal réussi et fort incomplet.

Localités : Mont-Ceindre, *r. r.*

Explication des figures : Pl. XXX, fig. 15, *Cypricardia Falsani*, de grandeur naturelle. De ma collection.

Trigonia Lingonensis (Nov. spec.).

(Pl. XXXII, fig. 6. 7, et 8.)

Testa inæquilatera, ovato-trigona, levigata; latere buccali brevi, rotundato; latere anali producto, subangulato, in medio carinato; umbonibus obtusis, vix elatis, approximatis.

Dimensions : Longueur, 50 millim.; largeur, 58 millim.; épaisseur, 35 millim.; angle apicial, 103°.

Coquille robuste, oblique, plus large que longue, très-inéquilatérale, sans aucun ornement, recouverte partout de lignes d'accroissement serrées, irrégulières ; le côté buccal est court et largement arrondi ; le côté anal est séparé par une forte carène oblique, élevée, mais non coupante, qui descend de l'extrémité des crochets jusqu'au bord palléal allongé en rostre obtus ; une seconde carène, peu saillante, occupe le milieu du corselet et, en arrivant en bas, fait faire au contour une légère saillie ; cette carène est le seul endroit de la coquille où les lignes d'accroissement soient marquées avec un peu de fermeté ; la valve gauche porte une dent triangulaire très-forte et une fossette profonde, de plus une dent oblique plus petite de chaque côté. L'impression musculaire antérieure est très-profonde et tout à fait contre la charnière. Bord palléal arrondi.

Cette magnifique Trigonie lisse, si éloignée des ornements habituels des coquilles du genre, a tout à fait l'aspect d'une Arche, quant on ne peut voir la charnière. Elle paraît, jusqu'à présent, localisée dans le lias des environs de Langres ; je ne l'ai encore rencontrée nulle part ailleurs.

Localités : Langres, chemin de Corlée, *c.*

Explication des figures : Pl. XXXII, fig. 6, *Trigonia Lingo-*

nensis, valve gauche, de grandeur naturelle, de Langres. Fig. 7, la même, vue par l'intérieur. Fig. 8, la même, du côté des crochets. De ma collection.

Lucina scutulata (Nov. spec.).

(Pl. XXXIII, fig. 1.)

L'état de l'échantillon ne permet pas de donner la diagnose de l'espèce.

Dimensions : Longueur, 6 millim.; largeur.....?

Petite coquille assez renflée, qui paraît être plus large que longue, le seul spécimen que j'ai pu recueillir ne laisse pas distinguer la forme générale, mais le test, fort bien conservé, porte des ornements tels qu'il est impossible de la rapporter à aucune espèce déjà décrite.

La surface est couverte de lignes qui sont formées d'une série d'ondulations ou plutôt de chevrons rentrés les uns dans les autres. Ces lignes en arrivant sur les côtés cessent d'onduler, tout en conservant d'ailleurs leur parallélisme.

Il y a dans les coquilles tertiaires une Lucine dont la livrée se rapproche un peu de celle de notre coquille, c'est la *Lucina Barbieri*, Deshayes (*Supplément*, 1860, pl. 43, fig. 1 à 5).

Localités : Mont-Ceindre, *r. r.*

Explication des figures : pl. XXXIII, fig. 1, *Lucina scutulata*, fragment du Mont-Ceindre, grossi 4 fois. De ma collection.

Cardium multicostatum (PHILLIPS).

(Pl. XXXII, fig. 3 à 5.)

1835. Phillips, *Yorkshire*, pl. 13, fig. 21.
1837. Goldfuss, *Isocardia cingulata. Petrefacta*, pl. 140, fig. 16.
1858. Quenstedt, *Cardium multicostatum. Der Jura*, pl. 18, fig. 36.

Les plus grands échantillons vont jusqu'à 11 millim. de longueur. Les gisements du Brionnais fournissent des spécimens fort bien conservés.

Les côtes rayonnantes, au nombre de 40 environ, sont loin d'être toutes égales ; elles sont quelquefois assorties par associations de 4 à 10, sur un point, d'une largeur presque double que sur un autre ; il y a des exemplaires plus réguliers sous ce rapport. Ces côtes sont coupées par des lignes concentriques, fines et serrées : le trait caractéristique de cette jolie coquille est de porter 2 à 4 interruptions ou ressauts concentriques formant un gradin d'une importance considérable pour une coquille aussi petite.

La *Cardita liasina* (Moore, *On the middle and upper lias of the souht west of England*, 8° *Taunton* 1865, pl. 7, fig. 9) me paraît être une variété du *Cardium multicostatum*, où les ressauts concentriques ne sont pas apparents.

Localités : Mont-Ceindre, Saint-Julien, Langres.

Explication des figures : Pl. XXXII, fig. 3, *Cardium multicostatum*, de Saint-Julien, de grandeur naturelle. Fig. 4, le même, grossi 3 fois. Fig. 5, le même, vu de profil. De ma collection.

Cardium truncatum (PHILLIPS).

1835. Phillips, *Yorkshire*, p. 13, fig. 14.
1836. Goldfuss, *Petrefacta*, pl. 143, fig. 10.

Petite coquille de 9 à 10 millim. de longueur, très-semblable à la figure, donnée par Goldfuss, du *Cardium* d'Amberg, la taille même paraît s'accorder; cependant notre coquille, fort bien conservée du reste, paraît un peu plus épaisse et les crochets contournés du côté antérieur : ce détail semble séparer notre *Cardium* de celui que nous avons décrit, sous le même nom de *Cardium truncatum* du lias inférieur de Saint-Christophe (voir 2e partie, page 204); l'observation que l'on trouvera, même page, sur la figure donnée par Sowerby, est applicable encore au *Cardium* de la zone à *Pecten æquivalvis*, je n'y vois en effet aucune trace de lunule.

Localités : Mont-Ceindre, Ville-sur-Jarnioux, r.

Cardium caudatum (GOLDFUSS).

1837. Goldfuss, *Petrefacta*, pl. 143, fig. 12.
1854. Oppel, *Der mittlere Lias Schwabens*, pl. 4, fig. 33.

Dimensions : Longueur 6 millim.; largeur, 7 millim.; épaisseur, 4 millim.

Petite coquille qui paraît aussi rare dans le bassin du Rhône que dans la Souabe où elle habite bien le même niveau.

Localités : Saint-Julien, r.

Unicardium globosum (Moore).

1865. Moore, *On the middle and upper lias of the south west of England*, p. 103, pl. 7, fig. 15.

Dimensions : Longueur, 31 millim.; largeur, 35 millim.; épaisseur, 30 millim.

Coquille globuleuse, équivalve, équilatérale ; crochets médians, arrondis, contournés légèrement en avant et arrivant en contact sur la ligne cardinale qui est très-courte ; les valves ont une forme régulièrement globuleuse et sont couvertes de lignes concentriques irrégulières, bien marquées, presqu'un peu coupantes, qui perdent beaucoup de leur relief en approchant du sommet ; les crochets paraissent lisses et ne portent que des lignes d'accroissement imperceptibles.

Cette espèce se distingue de l'*Unicardium cardioides*, de Phillips, par ses crochets plus médians, moins massifs, plus contournés et surtout par son contour palléal, régulièrement arrondi, sans former des angles ; sa ligne cardinale est aussi plus courte ; c'est là probablement l'espèce decrite par d'Orbigny (*Prodrome*, liasien nº 184), du lias moyen de Nancy, sous le nom d'*Unicardium Aspasia*.

L'*Unicardium globosum* n'est pas très-rare dans le Brionnais, et cependant il est difficile d'obtenir de bons échantillons ; la coquille n'a pas une grande épaisseur.

Localités : Saint-Julien, Saint-Bonnet.

Isocardia rugata (Quenstedt).

1858. Quenstedt, *der Jura*, p. 189, pl. 23, fig. 26.

Petit coquille très-conforme à la figure que donne Quenstedt ; la taille est un peu plus grande.

Localités : Saint-Julien, r.

Arca secans (Nov. SPEC.).

(Pl. XXXIII, fig. 2.)

Testa ovato oblonga, carinata, longitudinaliter transversim-que striata, cancellata ; latere buccali brevi, rotundato ; latere anali oblique-acuto, carinato, concavo.

Dimensions: Longueur, 12 millim.; largeur, 16 millim. 1/2 ; épaisseur.....?

Coquille ovale, anguleuse, inéquilatérale, ornée en travers de lignes concentriques, régulières, qui sont croisées par des lignes rayonnantes d'égale importance; le côté buccal est court et arrondi, le côté anal allongé en pointe anguleuse tronquée obliquement et marquée en dehors d'une carène très-coupante, les ornements sur ce point sont effacés ; crochets larges, peu saillants, aplatis ; ligne cardinale courte. Les échantillons sont malheureusement engagés dans le calcaire de manière à cacher une partie des caractères les plus importants.

Je ne connais aucune Arche qui présente la carène de sa région anale aussi aiguë.

Localités : Mont-Ceindre, Saint-Julien, r. r.

Explication des figures : Pl. XXXIII, fig. 2, *Arca secans*, de Saint-Julien, grossie 2 fois. De ma collection.

Pinna inflata (CHAPUIS ET DEWALQUE).

(Pl. XXXIII, fig. 3 à 6).

1851. Chapuis et Dewalque, *Terrain secondaire du Luxembourg*, p. 184. pl. 30, fig. 1.

Coquille très-allongée, très-renflée, inéquilatérale, dont la longueur dépassait 140 millim.; ornée en long de petites côtes rondes, saillantes, rectilignes, au nombre de 8 à 9 sur chaque pan, assez inégalement espacées et qui sont croisées, quand la coquille grandit, par des lignes concentriques moins marquées.

La coquille est mince; la forme est celle d'une pyramide carrée, dont un des angles est très-émoussé et formé par des parois convexes; sur cet angle les valves se réunissent en formant, de chaque côté, un bourrelet épais composé de lignes lamelleuses qui sont très-saillantes; c'est probablement du milieu de ces bords épaissis que sortait le byssus; l'exemplaire très-grand que décrivent MM. Chapuis et Dewalque, étant un moule n'a pas pu laisser voir les bourrelets du bord; le rénflement convexe de la moitié dorsale des valves est des plus nettement indiqué sur mes échantillons.

Localités : Saint-Julien, Cuers (Var), r.

Explication des figures : Pl. XXXIII, fig. 3, *Pinna inflata*, de Cuers, jeune, de grandeur naturelle. Fig. 4, la même, de Saint-Julien, de grandeur naturelle, côté anguleux. Fig. 5, la même, du côté convexe. Fig. 6, section de la même, au point marqué *x*. De ma collection.

Pinna Giverdyensis (Nov. spec.).

1857. E. Dumortier, *Pinna...? Note sur quelques fossiles du lias moyen*, p. 10, pl. 5.

Dimensions : Longueur, 400 millim.; largeur, à la base, 120 millim.; épaisseur, 60 millim.

Grande coquille allongée, comprimée, sans côtes ni sillons longitudinaux; le test lamelleux, comme celui d'une Gryphée, est couvert de larges plis concentriques, qui descendent d'abord verticalement, s'arrondissent et passent horizontalement sur la deuxième partie de la valve.

Les valves portent, sur le milieu, une fissure nettement marquée et bordée par une ligne qui la suit de chaque côté; l'ensemble de la coquille paraît droit.

Comme les valves sont fissurées et qu'elles ne se réunissent pas à la base, je ne puis pas réunir cette belle espèce à la *Pinna folium*, de Young et Bird. Le dessin que j'en ai donné, en 1857, est très-fidèle et assez complet parce que le spécimen figuré est entièrement muni de son test. J'ai rapporté, depuis lors, de Saint-Bonnet, un autre fragment de la partie supérieure que je crois pouvoir attribuer à la même espèce ; on y remarque, près des crochets, des traces de lignes longitudinales.

Localités : Saint-Fortunat, Giverdy, Saint-Bonnet, Saint-Julien, *r*.

Myoconcha Jauberti (Nov. spec.).

(Pl. XXXIV fig. 1 et 2.)

L'échantillon est trop incomplet pour donner la diagnose de l'espèce.

Dimensions : Moule intérieur, longueur, 16 millim.; largeur, 58 millim.; épaisseur, 16 millim.

Coquille très-rare, dont je ne possède qu'un moule dont l'extrémité inférieure est tronquée ; le bord cardinal est légèrement concave, le bord palléal un peu convexe ; l'épaisseur égale la longueur, ce qui donne au moule une forme cylindrique ; la coquille n'est pas droite comme celle de la *Myoconcha oxynoti* du lias inférieur, et moins régulièrement cylindrique que celle-ci; je n'ai aucune donnée pour les ornements du test et ne puis par conséquent m'appuyer sur aucun détail ; il me semble, d'après les contours, que la longueur totale devait aller à 70 millim.

Localités : Le Blaymard, *r. r.*

Explication des figures : Pl. XXXIV, fig. 1 et 2, *Myo-concha Jauberti*, du Blaymard, moule de grandeur naturelle. De ma collection.

Mytilus decoratus (M. IN GOLDFUSS).

1837. Goldfuss, *Petrefacta*, pl. 130, fig. 10.

Je n'ai de cette coquille, qui paraît fort rare, que des fragments ; mais les ornements si caractéristiques, la forme générale et la taille identique, ne peuvent laisser de doutes et c'est bien l'espèce décrite par Goldfuss, du lias d'Amberg. Le niveau exact n'est pas très-sûr pour les échantillons que je cite du col des Encombres ; ils sont là, avec l'*Ammonites margaritatus*, ce qui ne prouve pas qu'ils appartiennent à la zone supérieure à *Pecten æquivalvis*.

Localités : Sarry, col des Encombres. De la collection de M. L. Pillet, *r.*

Mytilus Moorei (Nov. spec.).

(Pl. XXXV, fig. 1.)

1863. Ch. Moore, *Modiola ornata. On the middle et upper Lias*, p. 101, pl. 7, fig. 7.

Dimensions : Longueur, 11 millim.; largeur, 6 millim.; épaisseur, 8 millim.

Petite coquille gibbeuse, ramassée, très-renflée et courte ; le côté buccal arrondi dépasse à peine les crochets ; la région palléale concave. La coquille est couverte de fortes lignes d'accroissement irrégulières, croisées par 8 à 10 lignes longitudinales ; les valves prennent une apparence réticulée depuis le crochet et cette ornementation se maintient sur la partie saillante qui descend du côté postérieur.

Cette petite espèce a été établie, en 1865, par M. Ch. Moore, sous le nom de *Modiola ornata*, mais comme il y a déjà un *Mytilu ornatus*, de Goldfuss, je l'inscris sous le nom de l'auteur anglais. On trouvera, pl. XXXV, fig. 1, un copie de la figure donnée par M. Moore, d'après un échantillon d'Ilmenster, d'une longueur de 20 millim. ; mon échantillon donnerait une idée beaucoup moins exacte de cette espèce peu connue.

Localités : Ambérieux, *r*.

Explication des figures : Pl. XXXV, fig. 1, *Mytilus Mooei*, copie de la figure du Mémoire de M. Moore.

Mytilus Thiollierei (Nov. spec.).

(Pl. XXXIV, fig. 5 et 6.)

Testa ovato-oblonga, subcarinata, inflata, striis iregularibus, concentricis, confertis, profunde incisis undique d'orata ; latere buccali attenuato, obtuso ; latere anali subdilatat, rotundato ; latere palleali subrecto ; umbonibus minutis, obsetis.

Dimensions : Longueur, 100 millim. ; largeur, ? millim. ; épaisseur, 32 millim.

Grande coquille allongée, robuste, arquée, renflé brillante. Côté buccal arrondi mais étroit, les crochets sont passés par l'extrémité de la ligne palléale ; côté anal largement arrondi ; la région palléale est à peine concave ; la carène oblique et arrondie descend en décrivant une courbe ; la région cardinale, évidée sous les crochets, montre ensuite une arête saillante formée par la commissure des valves.

La coquille est partout couverte de plis nombreux, irréguliers, qui deviennent plus fortement marqués en passant sur la carène et sont surtout saillants sur la moitié inférieure des valves; là ils se chevauchent, s'entrecroisent d'une manière irrégulière et sont plutôt des faisceaux de nombreuses lignes capricieusement entremêlées.

Le *Mytilus Thiollierei* se distingue du *Mytilus plicatus* de Gold-fuss en ce que ce dernier est plus allongé et porte des sillons réguliers dans toute sa longueur ; la *Modiola elongata* (Koch et Dunker) diffère beaucoup par la forme et la carène paraît y être verticale au lieu d'être oblique ; sans cette circonstance, je n'aurais pas hésité à ranger dans la même espèce nos Mytilus du Brionnais, et cela d'autant plus volontiers que la forme générale de la *Modiola elongata* doit se rapprocher davantage de nos échantillons qu'il ne le paraît d'abord en examinant la figure : on lit, en effet, dans le mémoire de Koch et Dunker (*Beitrage zur kenntniss des Oolithgebildes*) à la page 62, que, depuis la préparation de la planche 7, les auteurs ont pu se procurer des échantillons complets de la *Modiola plicata*, et que la partie antérieure est plus rétrécie que ne l'indique le contour rétabli au trait, dans la figure 12.

Ce beau *Mytilus*, toujours de très-grande taille, n'est pas rare dans les calcaires du Charollais ; je ne l'ai jamais rencontré dans les couches si ressemblantes d'ailleurs par leurs fossiles et la nature de la roche, des autres régions du bassin du Rhône : les spécimens du département du Var sont plus petits et mal caractérisés.

Localités : Briant, Saint-Julien, Sarry, Cuers. *c.*

Explication des figures: Pl. XXXIV, fig. 5 et 6, *Mytilus Thiollierei*, de Saint-Julien, de grandeur naturelle, vu de face et de profil. De ma collection.

Lima pectinoides (SOWERBY, SP.).

(Voir dans la zone inférieure, p. 128.)

Nous retrouvons encore, à la partie supérieure du lias moyen, cette Lima qui figure sur nos listes depuis les couches de l'infralias, sans avoir à noter des différences essentielles ; c'est une des espèces dont l'existence s'est prolongée le plus longtemps et par là même des moins caractéristiques.

Assez répandue dans quelques localités, elle atteint parfois une grande taille (45 millim.).

Localités : Saint-Fortunat, Saint-Germain, Saint-Julien, Sarry, Auriols (Bouches-du-Rhône).

Lima succincta (SCHLOTHEIM SP.).

(Pl. XXXIV, fig. 3 et 4.)

1813. Schlotheim, *Chama succincta* ; *in Leonhard's Taschenbuch, Knorr* 3ᵉ *Band*, suppl., pl. 5, d., fig. 4.
1818. Sowerby, *Lima antiquata* ; *Miner. Conch.*, pl. 214, fig. 2.
1840 Goldfuss, *Lima Hermanni* ; *Petrefacta*, pl. 100, fig. 5.

La *Lima succincta*, très-répandue dans la zone à *Pecten œquivalvis*, ne me paraît pas différer de celle que nous avons déjà étudiée dans les deux zones du lias inférieur; elle atteint ordinairement la taille de 50 millim. ; ses côtes alternées irrégulièrement, son obliquité et surtout l'épaisseur de la région cardinale la font reconnaître facilement; la charnière montre, au milieu, une fossette triangulaire, peu profonde, dont la largeur occupe le tiers à peu près de la ligne cardinale ; cette ligne est ornée sur la crête d'une grande quantité de petites coches verticales, irrégulières, qui forment comme une petite frange, très-courte.

Il faut noter de plus une variété bien plus grande (130 millim.) ornée de côtes beaucoup plus grosses, coquille épaisse dont les contours sont bien les mêmes, mais qui devra probablement former une espèce à part. Il y a un détail qui me paraît surtout distinguer cette variété, c'est que les côtes, sur la partie tout-à-fait rapprochées du crochet, n'offrent pas le même aspect que dans la variété moins grande ; on n'y voit que de simples lignes séparant des espaces lisses 3 ou 4 fois larges comme elles-mêmes.

C'est à ce type qu'appartiennent les beaux échantillons du calcaire de Laissac (Aveyron) échantillons remarquables par leur énorme taille, l'épaisseur de la coquille et la rudesse des ornements.

Localités : Saint-Cyr, Saint-Fortunat, Saint-Germain, Saint-Julien, Auriols, le Blaymard. *c. c.*

Explication des figures : Pl. **XXXIV**, fig. 3, *Lima succincta*, du Mont-Ceindre, vue de la charnière. Fig. 4, la même, portion du test de grandeur naturelle. De ma collection.

Lima punctata (Sowerby sp.).

(Voir 2ᵉ partie, lias inférieur, p. 63 et 213.)

(Voir zone inférieure du lias moyen, p. 128.)

La *Lima punctata* se rencontre encore assez souvent dans la zone supérieure, sans changements appréciables ; c'est toujours la même surface brillante, avec ses ornements d'une délicatesse et d'une netteté remarquable ; la taille seulement paraît ici un peu plus grande, les exemplaires arrivent quelquefois à une longueur de 70 millim.

J'ai recueilli (au Blaymard) en même temps que la *Lima punc-tata* la mieux caractérisée, une *Lima* de la même taille (35 millim.) entièrement lisse ; la coquille bien conservée, brillante, ne laisse voir que de très-fines lignes d'accroissement ; on retrouve cependant, à l'aide de la loupe, sur la partie rapprochée du bord postérieur, des traces de lignes rayonnantes ponctuées, bien faiblement marquées : je ne crois pas devoir réunir, comme espèce, cette coquille à la *Lima punctata*, dont elle serait une variété bien tranchée.

Peut-être faut-il voir là la *Lima Eucharis*, d'Orbigny, *Prodrome*, étage liasien, n° 202, décrite seulement en ces termes : « Espèce ovale et entièrement lisse. »

Localités : Giverdy, Saint-Germain, Poleymieux, Bully, Frontonas, Saint-Julien, le Blaymard. *c.*

Lima Eucharis (D'ORBIGNY.).

1850. D'Orbigny, *Prodrome, liasien*, n° 202.

Dimensions : Longueur, 35 millim.; largeur, 30 millim.

Coquille ovale, lisse, brillante, qui ne laisse voir que de fines lignes concentriques ; on reconnaît cependant, à l'aide de la loupe, quelques lignes rayonnantes, sur les côtés, marquées de faibles ponctuations.

Je ne crois pas me tromper en inscrivant cette Lime sous le nom donné par d'Orbigny à celle de Fontaine-Etoupefour ; les contours de mon échantillon, fort bien conservé du reste, sont trop empâtés dans le calcaire pour que j'en puisse donner un dessin de quelque utilité.

La *Lima Delongchampsi*, décrite par M. Stoliczka (*Ueber die Gastropoden und Acephalen der Hierlatz-Schichten*) p. 199, pl. 7, fig. 1, est couverte de lignes rayonnantes et, M. Stoliczka ne mentionne pas les lignes ponctuées des côtés.

Localités : Le Blaymard. *r.*

Limea acuticostata (M. in Goldfuss).

1840. Goldfuss, *Petrefacta*, p. 103, pl. 107, fig. 8.
. 1858. Quenstedt, *Der Jura*, pl. 18, fig. 22.

Dimensions: Longueur, 7 millim.; largeur, 5 millim. 1/2.

Petite coquille peu oblique, assez globuleuse, ornée de 11 à 14 côtes aiguës, séparées par des intervalles plus larges qu'elles-mêmes et couvertes de fines lignes concentriques serrées, croisées par des lignes rayonnantes de même importance. Il en résulte une surface un peu rugeuse, surtout sur les arêtes des côtes. L'intérieur est fortement marqué par des sillons arrondis qui se montrent jusqu'à l'extémité des crorchets; les crochets sont rapprochés sans être en contact.

Cette petite *Limea* joue un rôle important dans le lias moyen de nos contrées, où elle caractérise le niveau supérieur de la zone en même temps que l'*Ammonites spinatus*. Elle est très-abondante dans la lumachelle du Mont-d'Or lyonnais; on la trouve presque toujours à l'état de moule intérieur: l'aspect qu'elle présente dans cet état est fort différent de celui qu'offre la coquille avec son test conservé; le moule porte, en effet, de petites côtes arrondies, distantes entre elles, empreinte des sillons intérieurs.

Localités : Mont-Ceindre, Giverdy, Poleymieux, Saint-Bonnet, Sarry. *c. c.*

Limea Juliana (Nov. spec.).

(Pl. XXXIV, fig. 7 et 8.)

Testa parvula, oblique-ovata, subinflata ; costis radiantibus 15 acutis, carinatis; sulcis lineis ornatis ; margine cardinali angusto, umbonibus acutis, prominentibus.

19

Dimensions : Longueur, 12 millim.; largeur, 9 millim.; épaisseur, 6 millim. 1/2.

Petite coquille, à contours arrondis mais très-oblique, ornée de 15 côtes rayonnantes, en toit surbaissé, peu aiguës; dans les intervalles prend naissance, au quart de la longueur, une très-petite côte aiguë qui se dédouble à la moitié; une troisième petite côte supplémentaire vient souvent s'y ajouter encore.

Je n'aperçois pas de fines lignes rayonnantes, comme sur la *Limea acuticostata*, mais toute la surface est couverte de lignes d'accroissement d'une ténuité extrême; la charnière est étroite et les dents peu développées relativement. Les côtes sont fortement marquées en creux sur les bords intérieurs, seule partie que l'on puisse voir. La *Limea Juliana* a beaucoup de ressemblance avec la *Limea duplicata* (Goldfuss, pl. 107, fig. 9) elle en diffère par sa forme bien plus étroite et oblique, ses oreilles plus petites, le nombre des petites lignes auxiliaires entre les côtes, et probablement par la moindre étendue des sillons intérieurs.

Localités : Saint-Julien, r.

Explication des figures : Pl. XXXIV, fig. 7, *Limea Juliana*, de Saint-Julien, grossie 2 fois. Fig. 8, la même, vue par l'intérieur. De ma collection.

Limea cristata (Nov. spec.).

(Pl. XXXV, fig. 2 et 3.)

Testa parvula, ovato-semicirculari, costis rugosis 13, radiantibus ornata, interstitiis tribus lineis notatis; auriculis tuberculatis; fovea cardinali mediana; utrinque dentibus 5 obliquis.

Dimensions : Longueur, 8 millim. 1/2; largeur, 7 millim.; épaisseur, 6 millim. 1/2.

Petite coquille inéquilatérale, renflée, ovale, peu oblique, ornée de 12 à 13 côtes peu aiguës; dans les sillons qui les séparent, il y a deux ou trois petites lignes saillantes et le tout est recouvert par des lignes d'accroissement; les côtes sont munies de tubercules d'autant plus saillants que les côtes se rapprochent des côtés de la coquille.

Le crochet, très-saillant sur la ligne cardinale, porte les côtes marquées jusqu'à son extrémité recourbée; la charnière comprend une fossette arrondie sous le crochet et 5 petites dents obliques de chaque côté.

Les petites côtes des sillons font saillie sur la région palléale où elles dépassent les grosses côtes; le bord est ainsi fortement dentelé; je ne puis voir si la coquille est lisse à l'intérieur; cette charmante petite espèce paraît fort rare; les trois petites *Limea* que nous venons de décrire ont entre elles d'incontestables rapports et donnent au genre *Limea* une assez grande importance dans la faune de la zone supérieure du lias moyen.

Localités : Saint-Julien, *r. r.*

Explication des figures : pl. XXXV, fig. 2, *Limea cristata*, de Saint-Julien, grossie 4 fois. Fig. 3, la même, vue par l'intérieur. De ma collection.

Avicula Münsteri (GOLDFUSS).

(Pl. XXXV, fig. 4.)

1840. Goldfuss, *Petrefacta*, pl. 118, fig. 2 (*pars*).
1858. Quenstedt, *Der Jura*, p. 440, pl. 60, fig. 6 à 9.

Dimensions : Longueur, 35 millim.; largeur, 35 millim.; épaisseur, 10 millim.

Coquille aussi longue que large, oblique; valve gauche robuste, ornée de 14 à 15 côtes saillantes, rondes, régulièrement espacées, se continuant jusqu'à l'extrémité du crochet; entre chaque côte on peut distinguer 12 à 18 lignes fines, rayonnantes, assez égales; il y a cependant toujours au milieu une ligne un peu plus forte; le plus ordinairement ces lignes des intervalles ne sont pas visibles. Le crochet, fortement recourbé, dépasse notablement la ligne cardinale.

La petite oreille, du côté antérieur, porte 6 à 8 côtes rapprochées, qui sont en tout semblables aux côtes de la valve, et cette oreille est renflée; l'oreille postérieure n'a pas de côtes, mais elle est couverte de lignes rayonnantes, fines et régulières; elle se prolonge en aile étroite, séparée de la coquille par un sinus étroit et profond.

Contrairement à la description de Goldfuss, la valve droite est bien plus petite que l'autre; elle est peu convexe, avec 10 sillons rayonnants, à peine marqués, croisés par de fines stries concentriques, légèrement onduleuses; sa longueur est à peu près de 15 millim.

L'*Avicula Münsteri* est très-commune dans la zone supérieure du lias moyen; elle me semble assez bien séparée de l'*Avicula Sinemuriensis*: ses côtes sont plus saillantes, plus régulières, plus marquées sur le crochet; l'aile est plus élancée, plus étroite; la forme générale plus bombée et plus oblique; je suis surpris de ne la voir jamais signalée que dans l'oolite inférieure.

Je n'ai pas la certitude que la petite valve (fig. 4, pl. XXXV) appartienne à l'*Avicula Münsteri*, car, malgré le nombre considérable de mes échantillons, je n'en ai aucun qui montre les deux valves réunies: cependant il est des plus probables que ces petites valves droites se rapportent bien à l'Avicule qui abonde partout; l'on ne saurait d'ailleurs à quelle coquille les attribuer; les valves gauches, avec 14 côtes, se trouvent toujours avec les petites dans les mêmes gisements.

On ne peut pas se dissimuler qu'il y a encore quelque chose d'obscur dans le classement de ces espèces d'Avicules à petites et grosses côtes ; l'extrême rareté des échantillons bivalves est une des causes du peu de sûreté que présentent les espèces, ce qui est d'autant plus fâcheux que le genre prend une grande importance au niveau que nous étudions.

Localités : Mont-Ceindre, Saint-Fortunat, Poleymieux, Saint-Julien, Ligny, Sarry, Briant, c.

Explication des figures : Pl. XXXV, fig. 4, *Avicula Müns-teri*, valve droite, de Giverdy, grossie 2 fois. De ma collection.

Avicula deleta (Nov. spec.).

(Pl. XXXV, fig. 5.)

Testa parvula, inflata, radiatim obsolete costata ; costis simplicibus, inequalibus 20, 24 ornata ; latere anali lato, levigato ; umbone levigato acuto, marginem superante.

Dimensions : Longueur, 10 millim.; largeur, 9 millim.

Coquille petite, renflée ; la valve gauche, la seule connue, un peu oblique, ordinairement plus longue que large, ornée de 20 à 24 côtes rayonnantes, très-peu marquées, irrégulières, tout à fait effacées en se rapprochant du sommet qui est entièrement lisse, pointu et qui dépasse un peu la ligne cardinale.

Les oreilles n'ont d'autres ornements que les lignes d'accroissement concentriques qui remontent de chaque côté verticalement ; l'oreille antérieure petite, celle du côté anal plus grande mais sans expansion en forme d'aile.

La valve droite n'est pas connue.

Localités : Saint-Fortunat, Giverdy.

Explication des figures : Pl. XXXV, fig. 5, *Avicula deleta*, valve gauche, de Giverdy, grossie 3 fois. De ma collection.

Avicula cycnipes (PHILLIPS).

(Pl. XXXV, fig. 6 à 9.)

1822. Young et Bird, *Pecten cycnipes*. Yorkshire, pl. 9, fig. 3.
1839. Stutchbury, *Avicula longicostata*. *Magaz. Natur. Histor.*,
    p. 163.
1839. Phillips, *Avicula cycnipes*. Yorkshire, pl. 14, fig. 3.
1850. D'Orbigny, *Prodrome*, 7e étage, n° 124.
1857. E. Dumortier, *Note sur quelques fossiles*, p 7, pl. 4,
    fig 1 à 4.

Dimensions : Longueur, 70 millim.; largeur, 80 millim.;
épaisseur, 20 millim.

Coquille bombée, robuste, arrondie dans son ensemble, ornée,
sur la valve gauche, de 4 à 6 grosses côtes rayonnantes, très-
saillantes, très-distantes entre elles ; les intervalles sont couverts
de lignes un peu inégales, au nombre de 20 à 30 entre chaque
côte ; ces stries grossissent très-peu à mesure que la coquille
grandit, mais elles augmentent en nombre, de sorte que l'aspect
de la surface varie peu, que le point observé soit éloigné ou rapproché du crochet. Ces lignes rayonnantes sont partout croisées
par des stries d'accroissement plus fines et plus nombreuses ; les
grosses côtes sont couvertes elles-mêmes du même système de
lignes entrecroisées ; cet arrangement donne à la surface l'aspect
qu'aurait une fine toile à fils ronds et serrés.

Les côtes, ordinairement au nombre de 5, rarement de 6, se
continuent jusqu'à la partie la plus extrême du crochet ; à peu de
distance elles s'élèvent déjà à 1 millim. verticalement, et ne tar-
dent pas, en approchant de la région palléale, à former un pli saillant qui peut atteindre à 8 millim. de hauteur verticale au-dessus
du niveau général de la valve ; ces côtes, quoique très-élevées ont
très-peu de largeur et ne sont pas plus élargies à la base que

sur l'arête ; leur forme peut se comparer à une portion d'un tissu fortement pincé entre deux corps solides ; les stries rayonnantes se propagent jusque sur les parois verticales des côtes, où l'on peut en compter souvent plus de 12 sur chaque flanc. Les extrémités des côtes se prolongent beaucoup en dehors du contour de la valve ; je n'ai jamais, cependant, rencontré les proportions exagérées des spécimens anglais, dans lesquels, d'après Stutchbury, souvent les côtes dépassent de plus d'un pouce, les bords de la coquille.

Le crochet, très-fortement recourbé et saillant, dépasse la ligne cardinale, qu'il recouvre ; celle-ci se prolonge, du côté anal, en ligne droite pour former une aile en large pointe triangulaire plus ou moins prolongée ; cette expansion est recouverte des mêmes ornements que la valve, seulement les lignes d'accroissement, plus fortement marquées dans cette région, forment des zones ondulées qui se recouvrent d'une manière fort élégante ; la coquille est très-épaisse et solide dans toute la région cardinale ; l'expansion buccale est courte, irrégulièrement bosselée et dépasse un peu la ligne cardinale.

A l'intérieur la coquille est lisse sauf de légers sillons qui indiquent les côtes et deviennent profonds sur le bord ; dans la région cardinale la coquille se recourbe un peu en dedans et elle est marquée par une bande large de 4 millim. 1/2, composée de stries fines et profondes, et qui s'étend surtout du côté postérieur ; cette bande est toujours teintée d'une couleur jaune qui tranche sur le beau blanc d'ivoire du fond. Sous l'expansion buccale on remarque une protubérance allongée, arrondie, longue de 4 à 6 millim., et dont l'impression en creux se retrouve bien marquée sur les moules intérieurs.

Très-jeune, à la taille de 10 millim., l'*Avicula cycnipes* montre déjà un contour et des ornements tout à fait semblables à ceux de la coquille adulte. Dans tous les échantillons bien conservés, la partie extérieure de la coquille est d'une couleur jaune clair qui ne paraît pas dépendre des accidents de la fossilisation, car la surface interne reste invariablement d'un beau blanc mat.

Depuis la description que j'ai donnée, de l'*Avicula cycnipes* en 1857, j'ai pu recueillir la valve droite de l'espèce, qui était restée inconnue : cette valve est plane, assez épaisse, très-légèrement renflée vers le crochet qui n'arrive pas tout à fait sur la ligne cardinale ; les côtes, qui paraissent être en même nombre que sur la valve gauche correspondante, sont marquées par un léger sillon en creux ; les intervalles sont ornés de stries rayonnantes indiquées moins fortement que sur la valve gauche et sans lignes croisées ; l'expansion anale porte seule des ornements plus accentués et qui rappellent ceux de la valve gauche ; le contour palléal est ici plus arrondi et ne laisse plus voir les digitations si marquées de la valve bombée ; il en résulte que la dimension de la valve droite est un peu moindre, dans le sens de la longueur ; l'intérieur est lisse.

L'*Avicula cycnipes* est un des fossiles les plus caractéristiques de la zone ; abondante dans tout le Mont-d'Or, quoique souvent mutilée, ses fragments ne sont jamais méconnaissables ; malheureusement la dureté excessive de la roche et la complication des ornements de la coquille, qui la rend très-adhérente, font que l'on n'obtient que des spécimens imparfaits quoique fort bien conservés dans certaines parties.

D'Orbigny la place par erreur dans son étage sinémurien. A l'époque où les échantillons recueillis à Saint-Fortunat lui furent envoyés, les diverses couches de la localité étaient loin d'être reconnues, et comme les spécimens sont associés à de grandes Cardinies, dont on n'admettait pas alors la présence à ce niveau élevé, l'erreur était facile à commettre. Oppel croyait que son niveau était au-dessous de l'*Amm. margaritatus* (*Die Juraformation*. p. 300), mais sa place est véritablement à la partie supérieure de la zone à *Pecten æquivalvis*, avec les Cardinies et l'*Amm. spinatus* ; je ne l'ai jamais rencontrée à un autre niveau et il ne peut rester aucun doute sur sa vraie position.

Localités : Giverdy, Saint-Fortunat, Poleymieux, Saint-Romain, Frontonas, Saint-Quentin, la Verpillière, Langres, *c*.

Explication des figures : Pl. XXXV, fig. 6, *Avicula cycnipes*, de Giverdy, valve gauche, de grandeur naturelle. Fig. 7, fragment du test avec une côte, grossi. Fig. 8, valve droite, de Giverdy, de grandeur naturelle. Fig. 9, fragment de la même, grossi. De ma collection.

Consulter les figures, de la même Avicule, données dans ma note de 1857, qui complètent l'illustration de l'espèce.

Perna Lugdunensis (Nov. spec.).

(Pl. XXXVI, fig. 1 et 2.)

Testa compressa, elongata, concentrice plicis rugosis etiam foliaceis undique decorata; latere anali subconcavo, externe obtuso; latere buccali acuminato, recto; latere palleali dilatato, rotundato, umbonibus acutis, approximatis.

Dimensions : Longueur, 175 millim.; largeur, 104 millim.; épaisseur, 28 millim.; angle apicial, 80°.

Très-grande coquille allongée, comprimée, rugueuse, peu oblique; extrémité anale largement arrondie, extrémité buccale formant une aile pointue, peu prolongée; les deux côtés descendent presque parallèlement en s'écartant un peu, le côté anal avec une légère rentrure avant d'arriver au milieu de la longueur; le côté buccal, en ligne droite. Région palléale arrondie.

Les valves sont minces si l'on considère la grande taille de la coquille; elles sont couvertes de lamelles rugueuses concentriques qui remontent verticalement du côté postérieur; la facette du ligament est oblique sur l'axe de longueur, assez large et munie de 10 fossettes peu profondes et séparées par des intervalles un peu plus larges qu'elles-mêmes; l'empreinte que j'ai sous les yeux n'est pas assez bien conservée pour discuter les détails.

Cette espèce, rare, est une des plus grandes de celles signalées dans la formation jurassique ; son contour, en forme de sac allongé, à côtés presque parallèles, la distingue assez bien.

Localités : Mont-Ceindre, Saint-Julien, *r*.

Explication des figures : Pl. XXXVI, fig. 1, *Perna Lugdunensis*, du Mont-Ceindre, de grandeur naturelle. Fig. 2, charnière de la même. De ma collection.

Pecten æquivalvis (Sowerby).

(Pl. XLII, fig. 16 et 17.)

1816. Sowerby, *Miner. Conch.*, pl. 136, fig. 1.
1840. Goldfuss, *Petrefacta*, pl. 89, fig. 4.

Dimensions : Longueur, 140 millim.; largeur, 144 millim.; épaisseur, 45 millim.?

Les valves de ce grand Pecten ne sont pas égales comme son nom l'indique et comme l'affirme Sowerby, la valve droite est notablement plus renflée que la gauche.

Le nombre des côtes est très-régulièrement de 20 à 22; les oreilles ne sont pas égales, et je me suis assuré, que, lorsque la coquille arrive à une grande taille, les ornements qu'elles portent sont bien plus compliqués que les figures de Goldfuss ne l'indiquent; on trouvera, pl. XLII, fig. 16 et 17, le dessin, de grandeur naturelle, de deux oreilles qui appartiennent, je crois, à la valve la moins renflée ; les échantillons sont copiés scrupuleusement et sans aucune restauration.

Il faut noter aussi que la figure 4 *c*, pl. 89, de l'atlas de Goldfuss, n'est pas exacte. En effet il n'y a pas de fossette indiquée, à l'intérieur, sur la ligne cardinale, tandis que cette fossette existe : sans être très-large elle est profonde.

Le *Pecten æquivalvis* est le fossile le plus important et le plus caractéristique de la zone, il se trouve partout, ses fragments se reconnaissent facilement, et il ne se rencontre pas dans les couches qui sont au-dessus ou au-dessous de ce niveau; ce sont là les raisons qui m'ont amené à le prendre comme type; de plus, comme cette subdivision du lias moyen se fait remarquer surtout par le nombre et la variété de ses coquilles bivalves, cette circonstance justifie encore le choix d'un Pecten comme représentant l'ensemble des fossiles du groupe. Les Ammonites ne pouvaient ici nous fournir le type, car, des deux espèces de ce genre qui se montrent en grand nombre, l'une, l'*Ammonites margaritatus*, se trouve dans toute l'épaisseur du lias moyen, l'autre, l'*Ammonites spinatus*, ne se rencontre que dans une partie de la zone, la subdivision tout à fait supérieure. Il faut considérer de plus, que dans un grand nombre des gisements du Midi, à l'est comme à l'ouest du Rhône, le lias n'est représenté d'une manière reconnaissable que par la zone à *Pecten æquivalvis* et que l'on ne rencontre pour se guider que quelques Terebratules peu sûres, accompagnées de fragment du *Pecten æquivalvis*, lui-même, qui seul vient éclairer sur le niveau où l'on se trouve.

Localités : Partout, *c. c.*

Explication des figures : Pl. XLII, fig. 16, oreille du *Pecten æquivalvis*, du Mont-Ceindre, de grandeur naturelle; fig. 17, autre de Saint-Fortunat. De ma collection.

Pecten frontalis (Nov. SPEC.).

(Pl. XXXVII, fig. 1 et 2.)

(Pl. XXXVIII, fig. 1.)

Testa solida, suborbiculari, dilatata, transversa, levigata, nitens, ad umbones potissime convexa ; valva sinistra conve-

xiori, auriculis brevioribus munita, valva dextra auriculis autem prominentibus, intus reflexis et utrobique defossis ; umbonibus acutissimis.

Dimensions : Longueur, 145 millim.; largeur, 155 millim.; épaisseur, 38 millim.; ouverture de l'angle apicial, 130° à 135°.

Grande coquille subobiculaire, lisse, comprimée, un peu plus large que longue; surface lisse, très-brillante, couverte de très-fines lignes concentriques régulières et, quand le test se trouve parfaitement conservé, laissant apercevoir la trace de lignes rayonnantes, à peine perceptibles, et qui sont plus nettement marquées à l'intérieur des valves.

L'angle apicial, très-ouvert, va souvent jusqu'à 135°; les lignes qui le forment sont légèrement concaves, très-nettes, mais d'une excessive ténuité. A l'intérieur des valves s'élèvent deux côtes rondes, épaisses, qui, partant du crochet, forment comme un second angle apicial, au-dessous de l'angle apicial réel, et dont l'ouverture est égale à un angle droit; cet angle intérieur se traduit sur le moule par deux longues impressions en creux qui paraissent couvertes de lignes rayonnantes quand le moule est en bon état de conservation.

La coquille, parfaitement close, a sa plus grande épaisseur plus près des crochets que du centre de figure et. sur la valve gauche surtout, à partir de la ligne médiane la surface s'abaisse assez promptement de chaque côté; la valve droite offre une courbure plus rapprochée d'une section de sphère régulière.

Les oreilles, très-petites pour la taille de la coquille, présentent des dispositions tout à fait spéciales et qui s'écartent de la forme de tous les *Pectens* fossiles : elles sont couvertes de fines stries verticales, sans aucun autre ornement, mais leur forme est très-différente suivant les valves que l'on considère : sur la valve gauche, qui est notablement plus bombée, les oreilles, légèrement inégales pour la largeur, ne s'élèvent pas plus haut que le sommet de la valve et se terminent par une ligne droite;

mais en examinant attentivement la partie supérieure de ces oreilles, on remarque qu'elles sont repliées en dedans, formant ainsi un rebord horizontal de 2 millim. environ de largeur.

La valve droite, moins renflée, porte deux oreilles ornées de même de lignes verticales, mais ces oreilles, moins étendues en largeur que celles de la valve gauche, sont par contre beaucoup plus élevées et largement arrondies, la ligne supérieure qui les termine forme un angle rentrant, et sur ce point seulement (l'angle au sommet) les oreilles des deux valves se trouvent au même niveau; du côté intérieur on voit les oreilles de la valve droite dépasser celles de la valve gauche de 5 millim. 1/2 (mesure prise sur un spécimen de taille très-médiocre, de 115 millim. de longueur). On voit de plus que, dès que ces oreilles ont dépassé le niveau de celles de l'autre valve, elles se replient en formant un angle droit et un rebord qui paraît venir s'ajuster par dessus le rebord supérieur rectiligne des autres; de ce point l'oreille s'élève en perdant de son épaisseur, jusqu'à devenir étroite et coupante sur sa crête supérieure; de plus, de chaque côté, extérieurement, on remarque un sinus profond, qui semble se perdre dans la partie épaissie des oreilles et vient compliquer curieusement l'appareil de la charnière. Les oreilles ainsi repliées, rebordées, prenaient une épaisseur assez grande (4 millim.), qui paraît d'ailleurs avoir été nécessaire pour assurer la conservation de la partie isolée de l'oreille de la valve droite qui, n'ayant dans cette position aucun point d'appui, n'aurait pu résister au moindre choc.

Il y a dans les grands Pectens lisses des mers actuelles plusieurs espèces, entres autre le *Pecten Japonicus*, qui présentent la même singulière complication de la charnière et des oreilles ; seulement l'inégalité est beaucoup moindre que chez le *Pecten frontalis*, et le caractère moins marqué. Il me semble que cette curieuse conformation de l'appareil cardinal devait correspondre à une organisation spéciale, tout à fait séparée de celle des *Pectens* ordinaires, et qui mériterait peut-être de devenir le type d'un genre. Il ne m'a pas été possible, malheureusement, malgré d'attentives recherches, de recueillir des valves séparées, munies de leurs oreilles, pour avoir l'occasion d'examiner en détail la forme et l'arrangement de ces rebords intérieurs qui se recouvrent ; on obtiendrait ainsi des notions qui permettraient de compléter la description de l'espèce.

La plupart des géologues inscrivent le grand Pecten lisse qui accompagne partout le *Pecten æquivalvis,* sous le nom de *Pecten liasicus* (Nyst), qui n'est autre que le *corneus,* Goldfuss (*Petrefact.,* pl. 98, fig. 11), mais c'est par erreur : la forme n'est pas la même ; le *Pecten liasinus* est plus long que large, le *Pecten frontalis* est toujours plus large que long. L'angle apicial est tout différent et incomparablement plus grand dans le dernier ; de plus, Goldfuss signale positivement deux plis à l'oreille antérieure de la valve droite du *Pecten corneus,* tandis qu'il est très-certain que les oreilles du *Pecten frontalis* n'en offrent pas de traces. Je ne parle pas de la complication des oreilles, parce qu'il faut, pour observer cette singulière conformation, des échantillons bien conservés et que le hasard seul peut faire rencontrer.

Le *Pecten frontalis* accompagne très-souvent le *Pecten æquivalvis,* mais il est moins répandu, tout en étant aussi caractéristique que lui. Les exemplaires que l'on rencontre soit dans le Mont-d'Or, soit dans le Brionnais et le Charollais, sont d'une taille énorme et presque toujours bivalves ; malheureusement les oreilles sont ordinairement brisées.

Localités : Mont-Ceindre, Giverdy, Poleymieux, Saint-Julien, Saint-Christophe, Sarry, c.

Explication des figures : Pl. XXXVII, fig. 1, *Pecten frontalis,* de Saint-Bonnet, de grandeur naturelle. Fig. 2, le même, vue par la valve gauche. Pl. XXXVIII, fig. 1, fragment d'un moule intérieur de Giverdy, de grandeur naturelle. De ma collection.

Pecten textorius (SCHLOTHEIM).

(Pl. XXXIX, fig. 1 et 2.)

(Voir dans la zone inférieure, p. 139.)

Le *Pecten textorius* est une de ces espèces qui se sont perpétuées depuis le lias le plus inférieur, sans éprouver de changements notables; on peut cependant reconnaître un ensemble, un
faciès spécial, qui le caractérise à mesure qu'il passe d'un étage
à l'autre.

On peut affirmer, par exemple, que dans la zone à *Pecten
æquivalvis*, le *Pecten textorius* prend une taille plus grande et, ce
qui paraît impliquer contradiction, il montre en même temps
des côtes plus serrées et plus fines. En effet j'ai des exemplaires
de Montout, d'une longueur de 70 millim., sur 66 de large, et
qui sont couverts de côtes rugueuses si serrées qu'il y en a 20
dans l'espace d'un centimètre, aux trois quarts de la longueur;
l'angle apicial est droit. Goldfuss décrit (*Petrefacta*, p. 45, pl. 90,
fig. 1) sous le nom de *Pecten texturatus*, un Peigne qui se
rapproche beaucoup des *Pecten textorius* à côtes serrées que l'on
rencontre dans la zone à *Pecten æquivalvis*; mais comme je
remarque des passages évidents, qui conduisent d'une variété à
l'autre, je retiens le nom de *Pecten textorius* pour l'espèce avec
ses diverses modifications.

Le *Pecten textorius* est particulièrement abondant en exemplaires de grande taille et variés pour le nombre des côtes, à
Giverdy, en bas de la dent de Montout, dans le gisement si
curieux où pullule le *Harpax lævigatus* et l'*Ostrea sportella*.

Localités : Giverdy, Poleymieux, Ambérieux, Saint-Germain, Saint-Julien, Briant, Privas, Aix, c.

Explication des figures : Pl. XXXIX, fig. 1, *Pecten textorius*, de Saint-Julien, valve gauche, de grandeur naturelle. Fig. 2, autre de Giverdy, valve droite, variété à côtes serrées, de grandeur naturelle. De ma collection.

Pecten Palæmon (D'ORBIGNY).

1850. D'Orbigny, *Prodrome. Etage liasien*, n° 214.

Dimensions : Longueur, 22 millim.; largeur, 19 millim.

Voici la phrase au moyen de laquelle d'Orbigny donne la trop courte description de l'espèce :

« Coquille plus longue que large, ornée dans le jeune âge de stries rayonnantes, lisse ensuite. »

Je ne saurais employer d'autres termes pour caractériser ce Pecten, que j'ai sous les yeux ; j'ajouterai cependant qu'il est assez bombé, régulier dans sa forme oblongue, et que les stries descendent à peu près jusqu'au bord palléal ; il ne reste que les traces d'une oreille qui paraît être assez grande et munie de lignes rayonnantes.

Localités : Giverdy, *r. r.*

Pecten strionatis (QUENSTEDT).

(Pl. XXXVIII, fig. 2, 3 et 4).

1858. Quenstedt, *Der Jura*, p. 183, pl. 23, fig. 2.

Dimensions : Longueur, 24 millim.; largeur, 21 millim.; épaisseur, 6 millim.

Coquille plus longue que large, arrondie, oblique, comprimée,
presque lisse; angle apicial de 85°; la valve gauche un peu
plus renflée; la coquille est ornée de petites lignes rayonnantes
qui partent du sommet et se perdent bientôt, celles qui sont près
des bords se continuent un peu plus longtemps; oreille antérieure
de la valve gauche, grande, coupée carrément, couverte de
lignes croisées formant de petits carrés qui augmentent de grandeur en s'éloignant du sommet, ce détail me paraît caractéristique; au-dessous des oreilles on voit de chaque côté une aréa
de petite dimension, mais bien nettement séparée et ornée
également de petits quadrilles; la valve droite, plus comprimée
que l'autre, porte les mêmes ornements; son oreille antérieure,
couverte de lignes rayonnantes, offre une échancrure pour le
bissus; si l'on ne l'examine pas avec attention, ce petit Pecten
paraît lisse, malgré la complication de ses ornements.

Le Pecten *Palæmon* (d'Orbigny) est plus bombé, plus allongé
et pas du tout oblique, de plus il n'a pas la petite aréa quadrillée
de chaque côté; je n'ai pas d'ailleurs d'échantillon suffisant de ce
dernier.

Localités : Poleymieux la rivière, *r.*

Explication des figures : Pl. XXXVIII, fig. 2, *Pecten
strionatis*, valve gauche, de Poleymieux, grossi 2 fois. Fig. 3,
valve droite, du même. Fig. 4, le même, de grandeur
naturelle, vu de profil. De ma collection.

Pecten acuticostatus (LAMARCK)

(Pl. XXXIX, fig. 3.)

(Voir zone inférieure, page 136.)

Ce Pecten est peu répandu dans la zone à *Pecten æquivalvis* ;
les fragments des oreilles indiquent qu'elles sont couvertes de
lignes verticales régulières, saillantes lamelleuses.

20

Il y a cependant une localité qui fait exception et où le *Pecten
aculicostatus* paraît être très-abondant et de grande taille ;
malheureusement les fossiles s'y trouvent dans de très-mauvaises
conditions ; à Privas (Ardèche), au-dessous de la ville, à la
descente qui conduit vers le Rhône, on rencontre les grès grossiers à grains de quartz qui représentent dans toute l'Ardèche le
lias moyen supérieur ; dans ces grès se trouvent de grands
exemplaires du *Pecten aculicostatus* qu'il est très-rare d'obtenir
en bon état ; l'échantillon que j'ai fait dessiner, Pl. XXXIX, vient
de ce gisement ; il est par exception bien conservé et mesure
95 millim., soit en longueur, soit en largeur ; ses côtes coupantes
sont au nombre de 21, et l'ensemble se rapporte très-bien à la
figure donnée par Zieten.

Localités : Bully, Marcy-sur-Anse, Saint-Julien, Sarry,
Privas.

Explication des figures : Pl. XXXIX, fig. 3, *Pecten acuticostatus*, valve gauche, de Privas, de grandeur naturelle.
De ma collection.

Pecten liasinus (NYST).

1837. Goldfuss, *Pecten corneus*. *Petrefacta*, pl. 98, fig. 14.
1845. Nyst, *Pecten liasinus*. *Coquilles et Polypiers fossiles*,
      p. 299.

Dimensions : Longueur et largeur, 26 millim.; angle
apicial, 105°.

Le Pecten que j'inscris sous le nom de *P. liasinus* est très-
rapproché pour l'ensemble du *Pecten Hehli*, du lias inférieur,
dont j'ai donné le dessin dans la deuxième partie de ces études
(voir pl. XII, fig. 6); cependant les lignes concentriques sont
invisibles et les oreilles, un peu moins grandes, paraissent lisses;

je crois donc que nous avons ici une autre espèce que l'on peut rattacher à celui dont on trouve la figure pl. 98, fig. 11 de l'atlas de Goldfuss, sous le nom de *P. corneus*. La taille de nos échantillons est plus petite.

Le nom de *Pecten corneus*, donné par Sowerby à une espèce tertiaire, ne peut dans aucun cas rester à un Pecten du lias.

Localités : Ambérieux, Saint-Julien, Ligny, Langres, Aix, *r*.

Pecten Julianus (Nov. spec.).

(Pl. XL, fig. 1.)

Testa parva, ovato-orbiculari, convexa; costis 12 lævigatis, convexis, latis, æqualibus ornata; sulcis angustis; margine inferiori elongato.

Dimensions : Longueur, 14 millim.; largeur, 12 millim. 1/2.

Petite coquille convexe, plus longue que large, ornée de 12 côtes larges, arrondies, égales, séparées par des sillons arrondis plus étroits.

Angle apicial de 90°; oreille antérieure avec une échancrure et pourvue de 5 lignes rayonnantes; oreille postérieure bien plus petite, avec quelques lignes verticales; les côtes paraissent lisses, cependant on voit des traces de stries concentriques dans les sillons; la ligne palléale décrit une courbe étroite, très-prolongée, il en résulte que les côtés sont très-courts.

L'intérieur des valves montre en creux une empreinte affaiblie des côtes, mais sur le bord palléal ces dernières sont marquées par de fortes crénelures.

Le nombre des côtes ne permet pas de réunir ce petit *Pecten* au *Pecten priscus* avec lequel il a beaucoup de rapports.

Localités : Saint-Julien, *r*.

Explication des figures : Pl. XL, fig. 1, *Pecten Julianus*, de Saint-Julien, grossi 2 fois. De ma collection.

Pecten mica (Nov. spec.).

Testa parvissima , rugosa, costata; costis 10 *radiantibus; lamellosis, æqualibus.*

Très-petite coquille d'une longueur qui n'atteint pas 2 millim., ornée de 10 gros plis ou côtes rayonnantes, un peu noduleuses et irrégulières ; ces côtes ne paraissent pas remonter jusqu'au sommet de la valve ; les oreilles sont conservées, celle antérieure est munie d'une échancrure pour le bissus.

On ne peut admettre que ce Pecten microscopique soit le jeune d'une autre espèce ; rien dans les autres Pectens plus grands de ce niveau ne vient rappeler la disposition de ses ornements et et ne peut justifier cette supposition.

Il est curieux de rencontrer ce Pecten de si petite taille, dans les couches précisément caractérisées par les deux plus grands Pectens fossiles de toute la formation Jurassique, c'est-à-dire par le *Pecten æquivalvis* et le *Pecten frontalis*.

Localités : Ambérieux, *r*.

Pecten Humberti (Nov. spec.).

(Pl. XL, fig. 2.)

Testa inflata , rotundata, æquilaterali, costata; costis 14 *prominentibus, angustis sed non acutis, subrugosis ornata; sulcis latioribus planoconcavis; umbone acuto, marginem superante.*

Dimensions : Longueur et largeur, 16 millim.

Petite coquille globuleuse, aussi longue que large et dont l'angle apicial est droit ; valve ornée de 14 côtes saillantes, étroites mais non aiguës, séparées par des sillons plano-concaves, larges et peu profonds ; le tout est recouvert de stries concentriques coupantes, lamelleuses, plus distantes dans la région des crochets où leur passage sur les côtes forme un véritable treillis.

Le crochet dépasse la ligne cardinale, il est saillant, aigu, presque recourbé ; l'oreille qui est visible est ornée de lignes rugueuses verticales.

Localités : Mont-Ceindre, Saint-Julien, *r. r.*

Explication des figures : Pl. XL, fig. 2, *Pecten Humberti*, du Mont-Ceindre, grossi 2 fois. De ma collection.

Hinnites velatus (GOLDFUSS).

1834. Goldfuss, *Petrefacta*, p. 45, pl. 90, fig. 2.
1838. Quenstedt, *Pecten velatus. Der Jura*, p. 148, pl. 18, fig. 26.
1864. E. Dumortier, *Etudes Paléontologiques*, 1re partie, p. 70, pl. 4, fig. 1, 2 et 3.

L'*Hinnites velatus* paraît fort rare dans tout le lias moyen du bassin du Rhône ; le spécimen que j'ai recueilli au Blaymard n'est pas entier, mais le test fort bien conservé ne laisse aucun doute sur son identtié, il est de très-grande taille.

Nous retrouverons cette coquille remarquable, très-abondante dans tout le lias supérieur et même beaucoup plus haut encore ; on peut donc la considérer comme une des espèces Jurassiques qui se sont perpétuées le plus longtemps, puisque nous avons eu l'occasion de constater sa présence déjà dans l'infra-lias.

Localités : Le Blaymard, *r.*

Harpax pectinoides (LAMARCK, SP.).

(Pl. XL, fig. 6 à 8.)

1819. Lamarck, *Placuna pectinoides. Anim. sans vert.*, 1re édit.,
t. IV, p. 224.
1858. E. Deslongchamps, *Harpax pectinoides. Essai sur les
Plicatules fossiles*, p. 33, pl. 8, fig. 6 à 15.

Dimensions : Longueur, 22 millim.; largeur, 16 millim.;
épaisseur, 5 millim.

Cette jolie espèce ovale, oblique, atténuée vers les crochets, est
commune sur quelques points du bassin, dans le département du
Doubs, par exemple, qui fournit de très-jolis exemplaires. Les
traces d'adhérence sont des plus petites; la valve droite, adhérente, est plane, souvent concave, et porte toujours des épines
assez longues, pressées contre la surface; la valve gauche, ou libre,
est bombée, brillante, avec de très-fortes lignes d'accroissement
lamelleuses et de gros plis rugueux irréguliers, peu saillants.

Localités : Miserey, Arguelles (Doubs), Cuers (Var), r.

Explication des figures : Pl. XL, fig. 6, 7 et 8, *Harpax
pectinoides*, d'Arguelles, de grandeur naturelle.

Harpax Parkinsoni (BRONN).

(Pl. XL, fig. 3, 4, 5 et 12.)

1811. Parkinson, *Harpax. Organic remains*, pl. 12, fig. 14 à 18.
1824. Bronn, *Harpax Parkinsoni System urweltlicher Conchylien*,
pl. 6, fig. 16.
1858. E. Deslongchamps, *Harpax Parkinsoni. Essai sur les Plicatules fossiles*, p. 37, pl. 9, fig. 1 à 46; pl. 10, fig. 1 à 23.

Dimensions: Longueur, 15 millim.; largeur, 10 millim. 1/2.

C'est l'espèce la plus répandue et qui se trouve presque partout, avec des variétés d'aspect bien faits pour dérouter l'observateur.

La coquille est subtriangulaire ou ovoïde, quelquefois largement auriculée, moins oblique que le *Harpax pectinoides*; la valve droite est plate, tantôt adhérente par une petite partie de la valve, près du crochet, tantôt adhérente par toute sa surface ; dans les parties libres elle montre des lamelles d'accroissement concentriques, chargées de longues épines vers les bords.

La valve gauche, ou libre, porte de grosses côtes dichotomes et des lignes d'accroissement irrégulières dont les bords se relèvent en dents de rape, mais sans jamais former d'épines. La valve libre, toujours un peu plus grande que la valve adhérente, la déborde par conséquent et la cache entièrement dans les spécimens bivalves.

L'absence d'épines sur la valve gauche, ou non adhérente, sépare nettement l'espèce du *Harpax spinosus* (Sowerby, *Miner. Conchol.*, p. 245, fig. 1 à 4) du lias inférieur. Il faut avouer cependant que les *Harpax* épineux des couches inférieures du lias et de l'infra-lias sont très-imparfaitement représentés par les figures indiquées de Sowerby; celles de l'infra-lias surtout, qui jouent un rôle si important à ce niveau, sont plus grandes, plus robustes; les épines, plus nombreuses, abondent sur les deux valves et s'y montrent en séries verticales ou rayonnantes très-bien caractérisées, et je conserve encore des doutes sur la légitimité du nom de *Harpax spinosus* appliqué à ces Plicatules de l'infra-lias.

Quoi qu'il en soit, le nom de *H. spinosus*, quoique consacré par un usage presque général, ne peut pas cependant s'appliquer à l'espèce qui nous occupe, du lias moyen supérieur, puisque sa valve adhérente seule porte des épines, tandis que les échantillons de Sowerby sont couverts d'épines sur les deux valves.

Depuis le premier volume de ces études (*Infra-lias*, 1864) où l'on trouvera plusieurs exemplaires figurés du *Harpax spinosus*, j'ai pu observer un grand nombre d'autres spécimens d'une taille plus grande et avec des ornements plus fortement marqués.

Localités : Partout, *c*.

Explication des figures : Pl. XL, fig. 3, 4 et 5, *Harpax Parkinsoni*, de Saint-Julien, grossi 2 fois. Fig. 12, valve du même, vue par l'intérieur, aussi grossie.

Harpax lævigatus (D'ORBIGNY SP.).

(Pl. LX, fig. 9 et 10.)

(Pl. XLI, fig. 1 et 2.)

1850. D'Orbigny, *Plicatula lævigata. Prodrome* ; *étage liasien*, n° 216.
1857. E. Dumortier, *Plicatula lævigata. Note sur quelques fossiles*, p. 5, pl. 2, fig. 2 ; pl. 3, fig. 1, 2 et 3.
1858. E. Deslongchamps, *Harpax Terquemi. Essai sur quelques Plicatules fossiles*, p. 29 et 143, pl. 7, fig. 11 à 15.

Dimensions : Longueur, 80 millim.; largeur 65 millim.

Coquille ovale, arrondie irrégulièrement, toujours plus ou moins oblique, ordinairement peu épaisse pour sa taille, surface souvent bosselée, très-déprimée ; texture lamelleuse; les lamelles se recouvrent en laissant successivement en retraite des zones de 2 à 6 millim. de largeur, limitées par des lignes concentriques irrégulières; ces couches s'exfolient facilement et il est des plus rares d'obtenir intacte la partie du test qui avoisine les crochets; le sommet est indiqué, extérieurement, par une petite pointe très-aiguë, remarquable dans une aussi grande coquille, caractère qu'il est malheureusement fort rare de pouvoir observer. Le

Harpax lævigatus ne conserve pas ordinairement l'empreinte des corps qui servaient de support à sa coquille ; j'ai pourtant des spécimens où cette empreinte de forme étrangère est des plus visibles ; l'on trouvera dans ma *Note sur quelques fossiles*, pl. 3, fig. 3 *a*, le dessin d'une valve de Saint-Bonnet qui porte, en outre de ses plis concentriques, l'impression des côtes d'un grand Pecten ; je dois dire même que cette impression est mieux marquée sur la coquille que sur le dessin.

Malgré le très-grand nombre d'échantillons que j'ai pu examiner du *Harpax lævigatus*, je n'ai jamais rencontré la valve droite, ou adhérente ; M. Deslongchamps fait remarquer qu'il n'a jamais pu observer non plus que la *valve gauche*, ou libre, du *Harpax Terquemi* ; j'ai cependant réussi tout nouvellement à mettre la main sur une valve droite, ou adhérente, en bon état de conservation, mais de petite taille ; ce *Harpax*, dont on ne peut voir que la face intérieure, est incrusté dans l'intérieur d'une valve de *Gryphæa gigantea*, venant de Fleury-la-Montagne ; les dents sont très-divergentes mais ne laissent pas encore apercevoir leurs crénelures, complication qui ne se montre probablement que chez les individus adultes, voir pl. XLI, fig. 2.

La charnière de la valve gauche présente sous le crochet un triangle allongé dont le sommet arrive jusqu'au contour extérieur et formé par des rebords saillants qui limitent la cavité ligamentaire ; ce triangle est bordé, de chaque côté, par une fossette striée, profonde, après laquelle viennent deux dents latérales, prolongées, peu saillantes ; le tout est couvert de stries transverses, régulières, qui ressemblent aux coches des dents des Trigonies, moins accentuées pourtant et qu'il est rare de pouvoir observer en bon état. L'empreinte musculaire, placée contre le bord postérieur et à petite distance de la charnière, est ovale, transverse, assez grande, rarement profonde ; l'impression palléale suit le contour extérieur, à une distance de 12 à 15 millim., et forme un contour dans lequel l'empreinte musculaire est entièrement comprise.

Quoique le test ne porte que des plis contournés lamelleux,

j'ai rencontré pourtant à Giverdy, dans les gisements où les *Harpax lœvigatus* se comptent par milliers, un exemplaire de grande taille (30 millim.) qui porte sur les bords des lamelles de petites expansions en dents de rape, très-bien caractérisées; exception unique sur une immense quantité de spécimens.

Localités : Giverdy, Saint-Fortunat, Mont-Ceindre, Saint-Cyr, Collonges, Saint-Romain, Poleymieux, Marcy-sur-Anse, Saint-Quentin, Saint-Bonnet, Saint-Julien, Briant, Saint-Christophe, Puget-de-Cuers, c.

Explication des figures : Pl. XL, fig. 9 et 10, *Harpax lœvigatus*, de Saint-Fortunat, valve gauche, de grandeur naturelle. Pl. XLI, fig. 1, *Harpax lœvigatus,* du Mont-Ceindre, valve gauche. Fig. 2, valve droite, vue par l'intérieur, de Fleury-la-Montagne.

Ostrea irregularis (M. in Goldfuss).

(Voir dans la zone inférieure, p. 143.)

Très-rare dans la zone à *Pecten œquivalvis*; j'ai cependant recueilli à Saint-Bonnet un échantillon de fort grande taille (85 millim.) très-semblable à l'*Ostrea irregularis* dont j'ai déjà donné la figure dans la deuxième partie de ces études (voir *Lias inférieur*, pl. 43, fig. 2 et 3). Il paraît donc évident que cette *Ostrea* d'une forme si spéciale, tout en étant rare partout, s'est perpétuée avec une grande tenacité pendant de longues périodes, circonstance qui ôte toute signification à sa présence à tel ou tel niveau.

Je puis citer encore un magnifique exemplaire bivalve, de 10 centimètres, de l'*Ostrea irregularis*, que j'ai rapporté des calcaires si bien caractérisés de Laissac (Aveyron) ; ici nous sommes très-certainement dans la zone à *Pecten æquivalvis*, mais le gisement n'appartient plus au bassin du Rhône.

Localités : Saint-Bonnet, *r. r.*

Ostrea Branoviensis (Nov. spec.).

(Pl. XL, fig. 11.)

Quoique je ne connaisse qu'un seul échantillon, mutilé, de cette *Ostrea,* cependant ce qu'il est possible d'en observer est si différent des autres huîtres du lias, qu'il me paraît impossible de n'en pas faire une espèce distincte et surtout de la passer sous silence.

Je ne puis en donner qu'une description bien peu satisfaisante ; le dessin, de grandeur naturelle, suppléera et pourra aider à reconnaître cette remarquable coquille ; j'espère que, grâce à la solidité de sa complexion, on la retrouvera sur un autre point en assez bon état pour pouvoir la caractériser mieux que je ne puis le faire aujourd'hui.

Voici les dimensions à peu près : Longueur, 60 millim.; largeur, 40 millim.; hauteur, 40 millim. La valve supérieure manque tout à fait ; la valve inférieure, adhérente par toute sa base, a la forme d'une ellipse irrégulière ; sur cette base la coquille s'élève presque verticalement et cette muraille est couverte de côtes obliques, rugueuses, anguleuses, peu inégales et séparées par des intervalles égaux à elles-mêmes ; on peut encore compter 25 à 26 de ces côtes lamelleuses sur l'échantillon. La coquille paraît fort épaisse ; la muraille verticale semble perdre presque toute sa hauteur vers un des angles où se trouvait le talon ; les côtes ne s'élèvent pas perpendiculairement sur la base, mais en déviant à gauche, comme si la valve avait subi un mouvement de torsion.

Localités : Saint-Julien, *r. r.*

Explication des figures : Pl. XL, fig. 11, *Ostrea Branoviensis*, de Saint-Julien, de grandeur naturelle. De ma
collection.

Ostrea sportella (E. DUMORTIER).

(Pl. XLI, fig. 3 à 7.)

1857. E. Dumortier, *Note sur quelques fossiles peu connus ou
mal figurés, du lias moyen*, p. 3, pl. 1, fig. 1 à 8, et pl. 2,
fig. 1.

Coquille lamelleuse, robuste, qui ressemble beaucoup à une
Gryphæa arcuata qui serait tronquée à la moitié de sa longueur.
Surface d'adhérence, de la valve inférieure, large et lisse;
l'animal semble avoir choisi toujours pour support un corps à
surface unie; la coquille se relève à angle droit sur le bord palléal, tandis qu'elle reste basse sur le bord cardinal; il résulte de
cette inégalité d'accroissement que, plus la coquille grandit, plus
la valve supérieure se trouve sur un plan différent de celui de
la surface d'adhérence, et de sa base par conséquent; l'angle que
forment ces deux plans dépasse ordinairement un angle droit.

La coquille porte un sinus assez profond, qui ne manque
jamais et qui modifie assez l'ouverture de la valve inférieure,
pour nécessiter une rentrure correspondante dans la valve operculaire. La surface extérieure est lamelleuse, sans être rugueuse;
l'impression musculaire, de forme ronde, s'élève en saillie au
fond de la valve.

Comme il n'est pas sans exemple de rencontrer des *Gryphæa
obliquata*, fortement tronquées, on a souvent confondu l'*Ostrea
sportella* avec cette espèce, ainsi modifiée; mais cette confusion
n'est plus possible si l'on considère la valve supérieure, qui est
construite sur un plan qui diffère complétement de celui de la

valve operculaire des Gryphées ordinaires ; au lieu d'être, comme chez ces dernières un peu concave, elle est légèrement convexe, plus courte que large, lisse en partie et bordée de petites lignes lamelleuses, serrées ; elle montre la rentrure du sinus toujours bien marquée.

L'*Ostrea sportella* est une des coquilles les plus importantes et les plus caractéristiques de la zone ; sans être très-abondante, elle ne manque presque jamais ; en dehors même du bassin du Rhône je l'ai rencontrée presque partout ; je citerai le Calvados, la Sarthe, l'Ariége, l'Aveyron ; c'est donc un des fossiles les plus utiles pour s'orienter dans les couches diverses du lias ; son extrême solidité, sa robuste complexion font qu'on la trouve encore reconnaissable dans des gisements où les autres coquilles n'ont pu résister ; malheureusement il arrive bien rarement de la trouver avec ses deux valves réunies ; de plus, la valve supérieure se rencontre beaucoup moins souvent que l'autre, mais la la valve inférieure a un faciès qui la fait reconnaître facilement.

Localités : Saint-Fortunat, Saint-Cyr, Saint-Germain, Poleymieux, Marcy-sur-Anse, Limas, Dardilly, Saint-Quentin, Ambérieux, Saint-Julien, Saint-Bonnet, Ligny, Briant, Saint-Christophe, Privas, Laurac, Aix, c.

Explication des figures : Pl. XLI, fig. 3 et 4, *Ostrea sportella*, valve inférieure, de Sarry, de grandeur naturelle. Fig. 5, 6 et 7, valve operculaire, de Saint-Bonnet, de grandeur naturelle. De ma collection.

Gryphæa cymbium (LAMARCK).

1819. Lamarck, *Animaux sans vertèbres*, p. 198.
1837. Goldfuss, *Petrefacta*, pl. 84, fig. 3, 4 et 5 ; et pl. 85, fig. 1.

La figure de Knorr, pl. B. I. d., fig. 7, indiquée par Lamarck, n'est pas aussi nette que celles que l'on trouve ordinairement dans ce magnifique atlas: celles de l'*Encyclopédie*, pl. 189, fig. 1 et 2, n'indiquent pas avec beaucoup plus de précision une forme séparée de la *Gryphœa arcuata*; il faut donc se reporter aux figures données par Goldfuss, qui représentent certainement la Gryphée de la zone supérieure du lias moyen.

La petitesse des crochets, la moindre épaisseur de la coquille, sa surface plus lisse et surtout le rétrécissement, au talon, de sa valve operculaire, et la régularité de ses lignes concentriques, paraissent des caractères constants, malgré la grande irrégularité que l'on remarque dans la taille de la coquille, qui varie dans de grandes proportions. L'obliquité de la coquille est ici beaucoup plus rare.

On désigne souvent sous le nom de *Gryphœa cymbium* la *Gryphœa gigantea*, dont la description va suivre; mais cette dernière, par sa forme et sa grande taille, mérite certainement une place à part; elle occupe d'ailleurs un niveau très-borné verticalement et ne descend jamais dans la zone inférieure.

Localités : Partout. *c. c.*

Griphœa gigantea (SOWERBY).

1823. Sowerby, *Miner. conchol.*, 4° vol., pl. 391. (Voir le paragraphe qui doit être ajouté au texte de la page 127, à la fin du même 4° volume : *Corrigenda*.)
1841. Rozet, *Note dans le Bulletin de la Société géologique de France*, t. XII, p. 160, pl. 4, fig. 2.

Très-grande coquille, à contours sub-circulaires dont la longueur dépasse très-ordinairement 120 millim., et la largeur 100 millim.; elle est déprimée et plus ou moins épaisse pour la même taille ; la valve operculaire est couverte de lamelles peu saillantes, régulièrement concentriques ; le sinus de la grande valve est peu prononcé, le crochet petit, pointu et recourbé ; la charnière remarquablement rétrécie.

La figure très-fidèle de Sowerby, qui représente la *Gryphœa gigantea* a malheureusement donné lieu à une foule d'erreurs par suite de l'indication erronée qui existe dans le texte, *Minéral. Conchol.*, 4° vol., p. 127, où l'auteur place nettement la *Gryphœa gigantea* dans l'oolite inférieure; il est arrivé, en effet, que, malgré la note corrective et qui ne peut laisser prise au moindre doute, que l'on trouve à la fin du même 4° volume, note qui assigne à la *Gryphœa gigantea* son vrai niveau, dans la zone du *Pecten æquivalvis*, on a continué pendant de longues années à chercher dans l'oolite inférieure la grande Gryphée ronde que l'on n'y trouve jamais, et l'on a imposé le nom de *Gryphœa cymbium* à la grande Gryphée du lias moyen supérieur ; autre erreur considérable puisque cette Gryphée, par sa forme arrondie, sa grande taille et la petitesse relative de ses crochets, s'éloigne beaucoup de la *Gryphœa cymbium*. Cette méprise s'est propagée à peu près partout, même chez les Anglais qui avaient cependant le texte de Sowerby sous les yeux ; il est probable que le mode de publication de la *Minéral Conchology*, par livraisons séparées, n'a pas permis de rapprocher l'errata du texte à compléter ; d'ailleurs, en 1823, la présence dans une couche du *Pecten æquivalvis* n'indiquait pas encore avec précision un niveau géologique défini, et la rectification n'avait pas toute la portée que nous lui trouvons aujourd'hui.

(Voir sur ce point le *Bulletin de la Société géologique*, 1858, 2° série, volume XV, note de M. Thiollière, p. 698, suivie d'une note de M. Hébert.)

Quoi qu'il en soit, il paraît certain qu'il faut inscrire sous le nom de *Gryphœa gigantea* la grande Gryphée large et arrondie de la zone supérieure, parfaitement figurée depuis 1823, et réserver le nom de *Gryphœa cymbium* à la Gryphée des mêmes couches, dont la forme est allongée et qui parvient quelquefois à une très-grande taille. Il faut bien avouer d'ailleurs qu'en prenant ce parti, toutes les difficultés ne sont pas évitées, parce qu'il y a des passages entre la *Gryphœa cymbium* de grande taille et la *Gryphœa gigantea*.

La *Gryphœa gigantea* est répartie d'une manière fort inégale, elle est très-abondante dans certains gisements et manque quelquefois absolument dans d'autres régions ; très-nombreuse dans les calcaires du Charollais, elle est des plus rares dans les mêmes couches du département du Rhône. Dans la partie méridionale du bassin elle paraît accompagner partout le *Pecten œquivalvis* ; aussi j'ai recueilli à Solliès-Ville (dépt. du Var) des exemplaires remarquables par leur taille et l'épaisseur considérable de la grande valve.

L'on peut dire que la *Gryphœa gigantea* se montre toujours dans les couches les plus élevées du lias moyen, et la *Gryphœa cymbium* principalement dans les couches inférieures du même étage.

Localités : Saint-Fortunat, Poleymieux, Bully, Saint-Julien, Sarry, Fleury-la-Montagne, Saint-Nizier, Langres, Aix, Solliès-Ville. *c.*

Spiriferina rostrata (Schlotheim, spec.).

1822. Schlotheim, *Terebratulites rostratus; Nachtr. zur Petref,* pl. 16, fig. 4.

1851. Davidson, *Spirifer rostratus. British oolitic and liasic Brachiopoda,* p. 20, pl. 2, fig. 1 à 6 et 13 à 21.

1862. E. Deslongchamps, *Spiriferina rostrata. Bullet. Soc. Linné. de Normandie,* 7e vol., p. 257, pl. 2, fig. 7 à 9.

Espèce assez répandue et généralement de grande taille.

Localités : Saint-Bonnet, Saint-Julien, le Blaymard, Col des Encombres.

Spiriferina rupestris (E. Deslongchamps).

1862. E. Deslongchamps, *Bullet. Soc. Linn. de Normandie*, 7e vol.,
p. 251, pl. 1, fig. 3 à 7.

Coquille très-rare dans nos contrées.

Localités : Saint-Bonnet-de-Cray, Aix. *r. r.*

Spiriferina pinguis (Zieten sp.).

1842. Zieten, *Spirifer pinguis*; *Wurtembergs*, pl. 38, fig. 5.
1851. Davidson, *Spirifer rostratus*: *British oolitic et liasic Brachiopoda*, pl. 2, fig. 7, 8 et 9.
1863. E. Deslongchamps, *Spiriferina pinguis. Bullet. Soc. Linnée.
de Normandie*, 7e vol., p. 262, pl. 2, fig. 1, 2 et 3.

Je n'ai rencontré cette *Spiriferina* que très-rarement, dans le
bassin du Rhône.

Localités : Frontonas (Isère), Aix. *r.*

Terebratula sulpunctata (Davidson).

1850. Davidson, *British oolitic and liasic Brachiopoda* : **Poléont.
Society**, p. 46, pl. 6, fig. 7 à 10, 12 et 16.
1863. E. Delongchamps, *Paléont. Française. Terr. Jurass. Brachiop.*, p. 165, pl. 39, fig. 1 à 7; pl. 43, fig. 4.

Coquille de grande taille, ovalaire, assez globuleuse, crochet
recourbé, très-épais, arrondi, et foramen de grande taille.

21

C'est un des fossiles les plus importants et les plus caractéristiques de la zone, surtout pour la partie méridionale du bassin du Rhône; elle ne manque nulle part, car sa solide construction fait qu'elle résiste mieux que les autres fossiles aux causes si variées de destruction.

Localités : Partout. *c. c.*

Terebratula Edwardsi (DAVIDSON).

1850. Davidson, *British oolitic and liasic Brachiopoda*, p. 30, pl. 6, fig. 11, 13 et 15.
1863. E. Deslongchamps, *Paléont. Française. Brachiop.*, p. 167, pl. 41, fig. 3 et 7 ; pl. 42, fig. 1 à 10.

Espèce peu commune dans nos contrées ; je ne l'ai rencontrée que sur deux points fort éloignés l'un de l'autre : dans Saône-et-Loire et dans l'Ardèche.

Localités : Saint-Julien, Laurac. *r.*

Terebratula Jauberti (E. DESLONGCHAMPS).

1863. E. Deslongchamps, *Paléont. Française. Brachiopodes*, p. 176, pl. 45, fig. 8 à 11; pl. 46, fig. 1 à 4 ; pl. 47, fig. 1 à 4.

Je ne connais cette espèce que du département de la Lozère ; son contour est moins largement arrondi, dans la région palléale, que chez la *Tereb. Subnumismalis* ; le crochet est plus grand et moins recourbé ; la *Tereb. Subnumismalis* appartient d'ailleurs à la section des *Waldheimia*; il ne peut donc pas y avoir confusion.

Localités: Le Blaymard.

Terebratula globulina (Davidson).

1847. Davidson, *Description of some species of Brachiop : Ann. and
    mag. of. nat. history*, pl. 19, fig. 4.
1851. Davidson, *British oolit. et lias. Brachiopoda*, p. 57, pl. 11,
    fig. 20 et 21.
1863. E. Deslongchamps, *Paléont. Franç. Brachiop.*, p. 174, pl.
    45, fig. 4 à 7.

Cette espèce a été rencontrée, d'après M. Deslongchamps, dans
les départements du Gard et de l'Hérault, je ne l'ai pas trouvée
ailleurs.

Localités : Alais, Pic-Saint-Loup.

Terebratula subovoides (Roemer).

1836. Roemer, *Norddeutschen Oolithen Gebirge*, p. 50, pl. 2,
    fig. 9.
1853. Oppel, *Der Mittl. Lias*, pl. 4. fig. 1.
1853. E. Deslongchamps, *Paléont. Franç. Brachiop.*, p. 154, pl.
    37, fig. 4, et pl. 38, fig. 1 à 8.

Cette Terebratule, de la section des Epithyris, est quelquefois
d'une épaisseur singulière ; j'ai un exemplaire d'Auriols, de
30 millim. de longueur, qui mesure au moins 22 millim.
d'épaisseur.

Localités : Cuers, Auriols.

Terebratula Waterhousi (DAVIDSON).

(Pl. XLI, fig. 11 et 12).

(Voir dans la zone inférieure, page 149.)

Cette petite coquille, de la section des Waldheimia, se rencontre aux deux extrémités du bassin du Rhône, sans être commune nulle part ; ses caractères varient peu ; mes échantillons de Privas sont absolument semblables aux spécimens de Zell (Wurtemberg) que j'ai sous les yeux et qui appartiennent bien au lias ♂ supérieur, c'est-à-dire à notre zone.

Localités : Saint-Cyr, Saint-Julien, Salins, Besançon, Privas.

Explication des figures : Pl. XLI, fig. 11 et 12, *Terebratula Waterhousi*, de Monteillet, de grandeur naturelle. De ma collection.

Terebratula Darwini (E. DESLONGCHAMPS).

(Voir zone inférieure, page 148.)

Cette petite Waldheimia n'est pas plus abondante dans la zone à *Pecten æquivalvis* que dans la zone inférieure ; elle paraît assez variable, comme le dit M. Deslongchamps.

Localités : Bully, Saint-Bonnet. *r*.

Terebratula indentata (SOWERBY).

1825. Sowerby, *Miner. Conchol.*, pl. 445, fig. 2.
1850. Davidson, *British. oolit. et liasic Brachiopoda*, p. 46, pl. 5,
    fig. 25 et 26.
1863. E. Deslongchamps, *Paléont. Franç., Brach. Jurass.*, p. 133,
    pl. 32, fig. 1 à 13.

Cette espèce, de la section des Waldheimia, est peu commune
dans nos contrées ; la région frontale, obtusément arrondie le
plus souvent, se creuse cependant quelquefois et devient un peu
cornue.

Localités : Mont-Ceindre, Saint-Julien, Besançon. *r.*

Terebratula resupinata (SOWERBY).

1816. Sowerby, *Miner. Conch.*, p. 150, fig. 3 et 4.
1850. Davidson, *British ool. et lias. Brachiopoda*, p. 31, pl. 4,
    fig. 1 à 5.
1863. E. Deslongchamps, *Paléont. Franç., Brach. Jurass.*, p. 118,
    pl. 24, fig. 6 à 10 ; pl. 25, fig. 1 à 5.

Cette Térébratule, de la section des Waldheimia, se rencontre
très-rarement, même dans les régions les plus fossilifères ; on la
trouve quelquefois dans le Midi, je l'ai recueillie à Auriols (Bouches-du-Rhône.)

Localités : Saint-Julien, Auriols. *r.*

Terebratula subnumismalis (DAVIDSON).

(Pl. XLI, fig. 8 à 10.)

1850. Davidson, *British oolit. and liasic Brachiopoda*, p. 38, pl.
   5, fig. 10.
1863. E. Deslongchamps, *Paléont. Franç., Brach. Jurass.*, p. 124,
   pl. 27, 28 et 29.

Cette Waldheimia est fort abondante au-dessus d'Ambérieux,
à l'entrée du vieux château de Saint-Germain, dans un calcaire
bleuâtre, dur, très-fossilifère, qui forme les couches les plus supérieures du lias moyen : la forme régulièrement renflée est circulaire et répond très-bien à celle des exemplaires du Calvados ; le
crochet est large, fortement caréné et peu recourbé ; il forme
d'ailleurs une saillie prononcée, caractères qui permettent de la
distinguer de la *Terebratula Jauberti*, dont la forme est rapprochée ; de plus cette dernière n'a pas la ligne caractéristique des
Waldheimia, et appartient à la section des Térébratules propre-
ment dites.

J'ai sous les yeux et je donne le dessin d'un spécimen de la
Terebratula subnumismalis, de Poleymieux, remarquable par ses
lignes palléales ; on y voit, en effet, sur le moule intérieur une
série de lignes rayonnantes, nombreuses, régulières, équidistantes et très-fortement imprimées ; je vois que le même fait a
frappé M. Deslongchamps, il mérite dès lors d'être signalé comme
caractéristique ; je remarque, de plus, que la surface de ce moule
intérieur est couverte d'une ponctuation serrée, régulière, bien
plus apparente que sur la surface extérieure de la coquille.

La *Terebratula subnumismalis* est un des types importants pour
la partie supérieure du lias moyen, mais elle est très-inégalement
répartie, et paraît manquer dans beaucoup de localités. Le gisement des marnes grèseuses foncées, situé au-dessous de la

Jobernie, m'a fourni de très-grands exemplaires de cette espèce (40 millim.) en compagnie de la *Rhychonella acuta*.

Localités : Ambérieux, Poleymieux, la Jobernie, le Blaymard.

Explication des figures : Pl. XLI, fig. 8 et 9, *Terebratula subnumismalis*, d'Ambérieux, de grandeur naturelle. Fig. 10, autre exemplaire de Poleymieux, laissant voir ses lignes palléales.

Terebratula cornuta (Sowerby).

1825. Sowerby, *Miner. Conchol.*, pl. 446, fig, 4.
1851. Davidson, *British oolit. and lias. Brachiopoda*, p. 29, pl. 3, fig. 11 à 18.
1863. E. Deslongchamps, *Paléont. Franç., Jurass.*, p. 95, pl. 17, 18 et 19.

Cette belle espèce, de la section des Waldheimia, paraît manquer dans beaucoup de localités du bassin du Rhône et je ne l'ai jamais rencontrée dans les gisements, si riches d'ailleurs, des départements du Rhône, de l'Ain et de Saône-et-Loire.

Elle est abondante cependant sur plusieurs points plus au midi.

Localités : La Jobernie, le Blaymard, Laurac.

Terebratula Sarthacensis (D'Orbigny sp.)

(Voir zone inférieure, page 148.)

D'après M. Deslongchamps elle se rencontre aussi dans la zone supérieure, sur plusieurs points des départements méridionaux.

Localités : Aix, Cuers.

Rhynchonella acuta (Sowerby sp.).

1818. Sowerby. *Terebratula acuta. Miner. Conchol.*, pl. 150,
fig. 1 et 2.
1852. Davidson, *Rhynchonella acuta. British oolitic and liasic
Brachiopoda*, p. 76, pl. 14, fig. 8 et 9.

La *Rhynchonella acuta* appartient aux couches les plus supérieures de la zone, où elle manque rarement, mais il y a
des contrées où elle est beaucoup plus abondante que dans
d'autres.

C'est une coquille des plus caractéristiques de ce niveau, elle
varie peu : j'ai cependant rapporté du Blaymard un ou deux
exemplaires faisant exception au milieu d'un nombre considérable
montrant la forme normale et portant 2 plis sur le sinus,
mais cette variété est fort rare et je ne l'ai pas rencontrée
ailleurs.

Localités : Giverdy, Saint-Fortunat, Saint-Germain,
Poleymieux, Marcy-sur-Anse, Ambérieux, Frontonas, Saint-
Julien, Briant, Saint-Bonnet, Sarry, Saint-Christophe,
Privas, Laurac, Uzer, la Jobernie, le Blaymard, Digne, c.

Rhynchonella furcillata (Theodori sp.).

(Voir zone inférieure, p. 152.)

Cette Rhynchonelle, très-abondante par places, manque ailleurs
absolument; la forme varie un peu.

Davidson affirme qu'elle est toujours transverse et cependant
j'ai sous les yeux un bon nombre de spécimens qui sont plus
longs que larges, mais malgré cela le bec presque droit la fait
distinguer de la *Rhynchonella rimosa*.

Je remarque qu'il y a une variété, plus comprimée, curieuse par la longueur des petits plis qui, partant du crochet, se prolongent jusqu'à l'extrême bord de la coquille ; les gros plis du bord ne sont plus que de faibles ondulations ; de fines lignes concentriques bordent les valves, sur une largeur de 4 à 5 millim. J'ai recueilli à Fontaine-Etoupefour des échantillons qui présentent les mêmes caractères.

Localités : Giverdy, Saint-Fortunat, Poleymieux, Bully, Ambérieux, Privas, Saint-Julien, Saint-Bonnet, Sarry, Briant, Uzer, Salins, c.

Rhynchonella serrata (SOWERBY SP.).

(Pl. XLI, fig. 13.)

1825. Sowerby, *Terebratula serrata. Miner. Conchol.*, pl. 503, fig. 2.
1852. Davidson, *Rhynchonella serrata. Bristish ool. and Lias. Brachiop.*, p. 85, pl. 15, fig. 1 et 2.

Cette Rhynchonelle globuleuse, à gros plis aigus, paraît rare partout.

Localités : Saint-Julien, *r. r.*

Explication des figures : Pl. XLI, fig. 13, *Rhynchonella serrata*, de Giverdy, de grandeur naturelle. De ma collection.

Rhynchonella quinqueplicata (ZIETEN SP.),

(Pl. XLII, fig. 1 et 2.)

1830. Zieten, *Terebratula quinqueplicata et triplicata. Wurtembergs*, pl. 41, fig. 2 et 4.

On trouve assez communément à Laurac de grosses Rhynchonelles qui portent de 6 à 9 plis énormes, dont trois dans le sinus ;
une aréa lisse, excavée, se montre de chaque côté sous le crochet
qui est peu volumineux et vient presque toucher la petite valve ;
il me paraît impossible de ne pas réunir cette Rhynchonelle aux
Terebratula quinqueplicata et *triplicata* de Zieten.

Il est curieux de voir une espèce, signalée seulement près de
Zell et de Sondelfingen, dans la Souabe, retrouvée dans le midi
de l'Ardèche, au même niveau, sans que les gisements intermédiaires, si riches pourtant en fossiles, en laissent apercevoir des
traces ; malheureusement les Rhynchonelles de Laurac sont un
peu déformées et en mauvais état. Je fais figurer quelques-uns
de meilleurs échantillons.

Localités : Laurac (Ardèche).

Explication des figures : pl. XLII, fig. 1 et 2, *Rhynchonella
quinqueplicata,* de Laurac, de grandeur naturelle. De ma
collection.

Rhynchonella tetraedra (Sowerby sp).

(Pl. XLII, fig. 10 à 13.)

1812. Sowerby, *Terebratula tetraedra. Miner., Conchol.,* pl. 83,
fig. 4.
1852. Davidson, *Rhynchonella tetraedra. Bristish oolitic and liasic
Brachiopoda,* p. 93, pl. 18, fig. 5 à 10.

Cette Rhynchonelle est commune sur tous les points du bassin
du Rhône, dans la zone du *Pecten æquivalvis,* mais on remarque
des différences considérables dans la taille, la forme et le nombre
des plis.

Généralement transverse, épaisse, avec un sinus bien marqué

comprenant 5 à 8 plis qui se relèvent verticalement pour aller
rejoindre la valve non perforée ; il y a des variétés de petite taille
qui portent 40 plis égaux, arrondis, quelquefois devenant
dichotomes au milieu de la distance à partir des crochets. J'inscris provisoirement toutes les variétés sous le nom de R. tetraedra malgré que les changements de forme me paraissent dépasser
les variations qu'il est possible d'admettre pour une espèce.
Quoi qu'il en soit, les figures que je donne ne seront pas sans
utilité parce que le niveau qui a fourni les échantillons est
parfaitement sûr.

Localités : Partout, c. c.

Explication des figures : Pl. XLII, fig. 10, *Rhynchonella
tetraedra*, d'Ambérieux, à côtes serrées. Fig. 11 et 12, autre
spécimen, de Laurac. Fig. 13, autre, de la Jobernie. Toutes
ces figures de grandeur naturelle. De ma collection.

Rhynchonella Dalmasi (Nov. spec.).

(Pl. XLII, fig. 3, 4 et 5.)

*Testa parvula, inflata, triangulari, lævigata, ad frontem
truncata et 5 plicis brevioribus instructa ; apice paululum
incurvato, carinato, foramine parvo.*

Dimensions : Longueur, 10 millim.; largeur, 10 millim.;
épaisseur, 6 millim. 1/2.

Petite coquille triangulaire, globuleuse, lisse ; valve perforée,
beaucoup moins renflée que l'autre, se terminant carrément au
front où un sinus peu profond s'étale dans toute la largeur et
porte 5 plis.
Le crochet médiocre, un peu recourbé, caréné, surmonte
de chaque côté une aréa lisse, concave ; le foramen de petite
dimension.

La petite valve, très-bombée à partir du crochet, se termine
au front par une ligne droite, ornée de 7 plis très-courts; il n'y
a pas de partie relevée. La plus grande largeur de la coquille est
sur la région palléale. Cette petite Rhynchonelle se distingue de
la *Rh. retusifrons* (Oppel) en ce que cette dernière est coupée
moins carrément vers le front, qu'elle porte des plis marqués
sur toute sa surface et qu'elle n'en est pas excavée latéralement
sous les crochets.

Localités : Privas, pont de Couz, *r. r.*

Explication des figures : Pl. XLII, fig. 3, 4 et 5, *Rhynchonella Dalmasi*, de Privas, vue de trois côtés, de grandeur
naturelle. De ma collection.

Rhynchonella Alberti (Oppel).

(Pl. XLII, fig. 14 et 15.)

1861. Oppel, *Zeitschr. d. Deutsch. Geol. Gesselsch.*, p. 529,
pl. 13, fig. 4. *Ueber die Brachiopoden des untern Lias.*

Dimensions : Longueur, 14 millim.; largeur, 16 millim.;
épaisseur, 9 millim.

Petite coquille plus large que longue, avec deux plis sur un
sinus prononcé, et offrant un limbe latéro-frontal peu large mais
caractérisé.

La valve non perforée porte trois plis dans le sinus ; j'ai des
échantillons de la *Rhynchonella Alberti*, donnés et déterminés
par Oppel et qui se rapprochent encore plus de mes spécimens
de l'Ardèche que les figures de la planche indiquée du Zeitschrift.

Le niveau du lias du Mont-Hierlatz est bien plus bas que celui
qui m'a fourni la *Rh. Alberti* ; j'ai recueilli en effet mes échan-

tillons avec la *Tereb. subnumismalis* et la *Rhynchonella acuta.* La *Rh. Alberti* a quelques rapports de forme avec la *Terebratula oxynoti* (Quenstedt).

Localités : La Jobernie près de Privas, *r.*

Explication des figures : pl. XLII, fig. 14 et 15, *Rhynchonella Alberti*, de la Jobernie, de grandeur naturelle. De ma collection.

Rhynchonella bubula (Nov. spec.).

(Pl. XLII, fig. 6 à 9.)

Testa rotundata, transversa, compressa, costata ; 11 costis, latis, inæqualibus, humilibus munita ; valvis æque convexis, acute unitis ; valvarum commissura undulata, ad frontem leviter inflexa ; apice parvo, brevi, acuto.

Dimensions : Longueur, 13 millim. 1/2; largeur, 15 millim. 1/2; épaisseur, 6 millim. 1/2.

Coquille ronde, comprimée, plus large que longue; crochet petit, très-aigu, peu courbé et remarquablement peu saillant. Foramen petit, ovale, venant toucher la petite valve ; les côtes, larges, doucement arrondies, inégales et très-peu saillantes, sont au nombre de 12 sur la valve perforée et de 11 sur l'autre ; l'angle apicial est plus grand qu'un angle droit ; les valves, d'une courbure égale et régulière, sont cependant un peu plus renflées vers le crochet ; elles se rejoignent partout en faisant un angle très-aigu et en formant une ligne onduleuse qui se relève doucement sur le front ; cette jolie Rhynchonelle se distingue surtout par la petitesse de son crochet, la régularité de son contour arrondi et le peu de saillie de ses plis.

Localités : Saint-Christophe, *r. r.*

Explication des figures : Pl. XLII, fig. 6 à 9, *Rhynchonella bubula*, de Saint-Christophe, vue de différents côtés, grossie deux fois. De ma collection.

Serpula plicatilis (Munster in Goldfuss).

1840. Goldfuss, *Petrefacia*, pl. 68, fig. 2.

Coquille solide, ornée d'une crête dorsale irrégulière, avec temps d'arrêt et renflements rugueux ; section intérieure lisse et parfaitement ronde.

Cette Serpule paraît prendre son accroissement très-rapidement : ainsi les échantillons de 25 à 30 millim. de longueur passent d'une extrémité effilée à un diamètre de 5 millim. ; sur quelques exemplaires je remarque que la couche extérieure, qui porte la crête longitudinale, manque tout à fait du côté de l'ouverture ; un échantillon bien conservé montre la bouche très-intacte et d'une rondeur parfaite à l'extérieur comme à l'intérieur.

Localités : Saint-Julien, Saint-Bonnet, *r*.

Serpula Etalensis (Piette sp.),

(Pl. XLiII, fig. 8 à 12.)

1853. Piette, *Ancyloceras? Etalensis. Bulletin de la Soc. Géol. de France*, 13ᵉ vol., p. 201, pl. 10, fig. 24.
1857. E. Dumortier, *Serpula Brannoviensis. Note sur quelques fossiles peu connus ou mal figurés du lias moyen*, p. 15, pl. 7, fig. 4 à 8.

Coquille en fragments cylindriques d'un diamètre qui dépasse rarement 4 millim., ornée extérieurement d'anneaux saillants,

élevés, tranchants, régulièrement espacés à 1 millim. 1/2 de
distance moyenne; l'ouverture, parfaitement ronde et lisse à
2 millim. 1/2 de diamètre. Les fragments de 40 millim., les
plus longs que l'on rencontre ordinairement, se prolongent par
une légère courbe irrégulière, en diminuant un peu de diamètre, mais très-lentement et la forme de la coquille prouve qu'elle
devait se développer beaucoup en longueur; circonstance remarquable, je n'ai jamais rencontré de spécimen qui donne le
commencement et tous les échantillons percés dans toute la
longueur, varient fort peu pour leurs diamètres. Souvent les
anneaux coupants sont plus éloignés ou plus rapprochés et,
quand la coquille est en bon état, on remarque toujours la trace
de stries concentriques plus fines, entre les anneaux ; quelquefois on voit, de distance en distance, des anneaux beaucoup plus
saillants que les autres, les figures de la pl. XLIII donneront
une idée des limites des variétés de la forme.

La *Serpula Etalensis* est un des fossiles les plus importants de
la zone, pour les calcaires du Charollais et du Brionnais ; les
murs des vignes et des prairies, dans les environs de Semur et
de Saint-Christophe (Saône-et-Loire), offrent peu de fragments
qui ne contiennent des débris plus ou moins distincts de notre
Serpule ; c'est là le trait caractéristique de la faune du pays ; au
contraire, dans les départements du Rhône et de l'Ain et partout
ailleurs, je ne la connais pas, elle paraît tout à fait localisée dans
la petite région que j'ai indiquée, et toujours au même niveau ;
je l'ai bien signalée, il est vrai, dans la zone inférieure du lias
moyen et même dans le lias inférieur, mais ce ne sont là que de
très-rares accidents qui ne peuvent entrer en comparaison avec
le développement vraiment immense de l'espèce dans la zone du
Pecten æquivalvis.

J'adopte le nom donné par M. Piette, il y a cependant des
raisons pour douter encore de l'identité de son espèce avec la
nôtre, malgré la grande ressemblance des figures. M. Piette a
rencontré l'*Ancylocevus Etalensis* à Rimognes, dans le lias inférieur, mais de plus il a remarqué que le tube se terminait par

une crosse recourbée, tandis que chez notre Serpule, donc j'ai pu examiner des milliers d'échantillons, je n'ai jamais pu apercevoir rien de semblable.

Localités : Saint-Julien, Saint-Bonnet, Sarry, Briant, Saint-Christophe, Ligny. *c. c.*

Explication des figures : Pl. XLIII, fig. 8 à 11, *Serpula Etalensis,* de Saint-Julien, divers fragments de grandeur naturelle. Fig. 12, un fragment de la même, grossi 4 fois. De ma collection.

Serpula quinque-sulcata (M. IN GOLDFUSS).

1840. Goldfuss, *Perfacta,* p. 226, pl. 67, fig. 8.

Très-petite coquille, dont la longueur varie entre 10 et 18 millim., et 2 à 2 1/2 de diamètre; elle est ornée de 5 carènes obtuses; l'ouverture ronde, très-grande comparativement; le tube décrit une courbe prononcée, paraît libre et se termine du côté de l'ouverture par un étranglement; c'est une espèce nettement caractérisée; elle est connue du lias inférieur.

Localités : Mont-Ceindre, Saint-Julien, *r.*

Dentalium elongatum (M. IN GOLDFUSS).

1841. Goldfuss, *Petrefacta,* pl. 166, fig. 5.
1865. Moore, *Dentalium gracile, On the middle and upper lias,* p. 86, pl. 5, fig. 23.

Petite espèce, lisse, cylindrique, conique, de 10 à 24 millim.; je remarque une légère inflexion sur un spécimen de moins de 20 millim.

Localité : Mont-Ceindre. *r.*

Cidaris amalthei (QUENSTEDT).

(Pl. XLIII, fig. 1 à 4.)

1852. Quenstedt, *Cidarites amalthei: Handbuch der Petrefakten-
      kunde*, p. 574, pl. 48, fig. 28 à 30.
1857. E. Dumortier, *Cidaris amalthei: Note sur quelques fossiles*,
      p 16, pl. 7, fig. 9.
1858. Quenstedt, *Cidarites amalthei: Der Jura*, p. 198, pl. 24,
      fig. 42 à 44.

(Voir dans la zone inférieure, présent volume, p. 170.)

Ce beau Cidaris, rare dans la zone à *Pecten æquivalvis*, paraît
être toujours de grande taille; ses débris, quoique peu satisfai-
sants comme conservation, se montrent partout très-semblables
entre eux, même recueillis sur des points très-éloignés les uns
des autres.

Les gros tubercules, largement perforés et crénelés, très-
saillants, sont entourés de grands scrobicules déprimés et
confluents; les plaques qui les supportent sont, à l'intérieur
doublement crénelées sur le bord droit du côté de l'ambulacre
où l'on peut compter 10 denticules allongés transversalement
sur chaque plaque; leur surface intérieure est, de plus, couverte
de porosités sérrées si tenues qu'il faut la plus forte loupe pour
les apercevoir.

Les radioles, d'un diamètre uniforme qui va de 3 à 4 millim. 1/2, devaient être fort longs puisque j'ai des fragments
qui dépassent la longueur de 88 millim.; ils sont ornés de perles
peu saillantes, un peu allongées dans le sens de la longueur, et
réparties sporadiquement, plus nombreuses du côté du bourrelet;
les perles épineuses ne commencent à se montrer qu'à une assez
grande distance de ce bourrelet, qui est ordinairement oblique;

22

de plus le radiole est partout couvert de fines stries longitudinales, visibles seulement à la loupe.

Je fais figurer les échantillons qui n'ont pas été dessinés dans
mon mémoire de 1857. Je dois dire que des recherches ulté-
rieures m'ont fait reconnaître depuis longtemps que le gisement
que je signalais (dans ce mémoire) à l'ouest de la Voulte (Ardèche)
appartient à l'Oxfordien et que le Cidaris qui y abonde est une
espèce qui ressemble au *Cidaris amalthei*, mais qui en diffère
certainement : les scorbicules en sont plus arrondis, non confluents et les denticulations intérieures des plaques arrivent au
nombre de 18. Je saisis avec empressement l'occasion qui se présente pour signaler cette erreur.

Localités : Mont-Ceindre, Giverdy, Frontonas, Saint-
Julien, Saint-Bonnet. *r*.

Explication des figures : Pl. XLIII, fig. 1, radiole de *Cidaris amalthei*, de Giverdy, de grandeur naturelle. Fig. 2,
fragment du même, fortement grossi. Fig. 3, fragment du
test, vu par l'intérieur, de Frontonas, de grandeur naturelle.
Fig. 4, autre fragment de la même localité. De ma collection.

Cidaris armata (COTTEAU).

(Pl. XLIII, fig. 5.)

1857. Cotteau et Triger, *Echinides du département de la Sarthe*,
p. 1, pl. 1, fig. 1 et 2.

Fragment de radiole d'une longueur de 33 millim. sur 2 millim. de diamètre, orné de grosses épines arrondies, plantées un
peu obliquement et distribuées sans ordre à forte distance ; le
fond est couvert de lignes serrées, excessivement tenues que l'on
ne peu voir qu'à l'aide d'une forte loupe.

Localités: Saint-Romain (Rhône). *r. r.* Dans les calcaires au-dessous de la mine de fer, niveau de l'*Ammonites spinatus.*

Explication des figures: Pl. XLIII, fig. 5, *Cidaris armata,* de Saint-Romain, fragment de radiole de grandeur naturelle. De ma collection.

Pseudodiadema Prisciniacense (COTTEAU).

1857. Cotteau, *Echinides du département de la Sarthe*, p. 4, pl. 1, fig. 8 à 12.

Les échantillons de cet Echinide que j'ai recueillis sont médiocres et de taille plus petite que l'exemplaire figuré par M. Cotteau; le diamètre ne paraît pas dépasser 14 à 15 millim.; cependant les détails sont conservés et permettent d'inscrire sans hésiter notre espèce à côté de l'Echinide de la Sarthe; je remarque que les tubercules des ambulacres sont un peu plus gros proportionnellement dans mes exemplaires.

Localités: Mont-Ceindre, Saint-Julien. *r.*

Pentacrinus punctiferus (QUENSTEDT).

(Voir zone inférieure, p. 164.)

On rencontre quelquefois ce Pentacrinus dans la zone à *Pecten æquivalvis;* peu abondant.

Localités: Giverdy, Limas, Privas, Besançon.

Millericrinus Hausmanni (Roemer sp.).

(Voir zone inférieure, p. 166.)

Ce Crinoïde, que l'on rencontre rarement dans la zone supérieure, est cependant extrémement abondant à Privas, dans les grès grisâtres que l'on trouve en allant au pont de Couz; dans cette localité on peut recueillir par centaines des articles de toutes les tailles (jusqu'au diamètre de 22 millim.), plus des morceaux de grosses dimensions appartenant à la base ou au calice; malheureusement l'état de conservation de ces échantillons est détestable.

Localités : Giverdy, Ambérieux, Privas. *c.*

Cotylederma vasculum (E. Deslongchamps).

(Pl. XLIII, fig. 6 et 7.)

1858. E. Deslongchamps, *Bulletin de la Société Linnéenne de Normandie*, 3e vol., p. 182, pl. 5, fig. 7 et 8.

Dimensions : Hauteur, 17 millim.; diamètre, 10 millim.

Petit corps cylindrique, un peu évasé, presque lisse extérieurement, creux à l'intérieur, à parois assez épaisses, fortement empâté sur son pied qui adhère par une large surface, au dessus duquel le corps subit un rétrécissement.

Cassure spathique des mieux caractérisée.

La surface extérieure présente des lignes circulaires irrégulières et inégales bien étonnantes dans un animal rayonné.

Le *Cotylederma vasculum* vivait en famille nombreuse, le fragment de calcaire très-dur, qui m'a fourni les deux échantillons qui sont en ma possession, laissait voir encore les traces d'un bon nombre des mêmes corps, que l'on pouvait à peine apercevoir et dont il m'a été impossible d'arracher même quelques fragments.

La forme s'accorde assez bien avec l'échantillon figuré par M. Deslongchamps, mais mes exemplaires sont plus longs ; dans aucun d'eux les bords supérieurs des calices ne sont conservés. Le défaut de symétrie et de régularité dans la forme est aussi grande dans le corps principal de cette curieuse espèce, que celui que l'on remarque dans les parties inférieures servant de bases ou de racines aux encrines : c'est un genre qui réunit en une seule pièce la base et le calice ; il y avait probablement, dans les parties qui recouvraient ce calice d'autres pièces extérieures d'une forme extraordinaire, mais que rien encore n'est venu révéler.

Localités : Saint-Julien. *r. r.*

Explication des figures : Pl. XLIII, fig. 6, *Cotylederma vasculum*, de Saint-Julien, grossi au double. Fig. 7, autre exemplaire du même, de la même localité. De ma collection.

Glyphea liasina (MEYER).

(Pl. XLIII, fig. 14.)

1840. Meyer, *Neue Gattungen foss. Krebse*, p. 16, pl. 4, fig. 26.
1862. Oppel, *Palaeontologische Mittheilungen*, p. 61, pl. 15, fig. 5.

Dimensions : Longueur du fragment, 42 millim. ; largeur, 16 millim.

Carapace cylindroïde, couverte partout de tubercules épineux ; sillon oblique très-prononcé ; la partie antérieure n'est pas

entière et ne permet pas de bien étudier les détails; l'on y voit
cependant 3 ou 4 lignes droites, épineuses, formant arêtes très-
marquées; l'identité de l'espèce me paraît certaine, autant que
l'on peu juger d'après un seul échantillon peu complet.

Localité : Giverdy. *r. r.*

Explication des figures : Pl. XLIII, fig. 14, *Glyphea liasina,*
de Giverdy, de grandeur naturelle. De ma collection.

Pseudoglyphea Etalloni (Oppel).

(Pl. XLIII, fig. 13.)

1861. Etallon, *Pseudoglyphea grandis : Notes sur les crustacés
   Jurassiques,* p. 30, pl. 7, fig. 1, et pl. 9, fig. 2 (non *Glyphea grandis,* Meyer).
1862. Oppel, *Pseudoglyphea Etalloni, Palaeontologische Mittei-
   lungen,* p. 53, pl. 13, fig. 3.

Dimensions de la carapace: Longueur, 64 millim.; largeur,
33 millim.

Le très-bel échantillon, dont je donne le dessin, a été trouvé
par le frère Ogérien, dans un rognon de marne durcie, au dessus
de Savagnat (Jura); il est remarquable par sa belle conservation.
Oppel a judicieusement séparé cette espèce de la *Pseudoglyphea
grandis* (*Glyphea grandis,* Meyer), du lias inférieur; malgré la
grande analogie, du sillon double, oblique, qui traverse le cepha-
lothorax et de la petite éminence qui le termine ; la largeur de
la carapace, la ligne dorsale qui se prolonge en ligne droite, et
des différences de détails, paraissent justifier l'établissement de
l'espèce du lias moyen.

Un détail que l'on rencontre très-rarement dans les échantillons déjà recueillis de *Décapodes macroures* du lias, se trouve

heureusement conservé dans le spécimen de Savagnat; en effet,
la queue repliée en avant, a reporté son extrémité jusque près
du céphalothorax et laisse voir d'une manière nette la forme et
les détails de deux des lames natatoires arrondies et étalées en
éventail qui garnissent cette extrémité.

Localités : Savagnat (Jura), près de Lons-le-Saunier; il
faut ajouter d'après Etallon : Peigney, Chalindrey et Langres. *r.*

Explication des figures : Pl. XLIII, fig. 13, *Pseudogliphea
Etalloni*, de Savagnat, de grandeur naturelle. De la collection
des Frères de la Doctrine chrétienne de Lyon.

Stomatopora antiqua (J. Haime).

1864. J. Haime, *Bryozaires de la formation Jurassique, Mém. de la
Société géol. de France*, 5° vol., p. 162, pl. 6, fig. 7.
1865. Terquem et Piette, *Le Lias inférieur de l'Est de la France*,
p. 124, pl. 14, fig. 27 et 28.

Petit festier rameux à mailles assez confuses, testules largement espacées. Le dessin donné par MM. Terquem et Piette se
rapproche beaucoup de mes échantillons, dont l'un est placé sur
une valve de cardinie.

Localités : Giverdy, Saint-Bonnet. *r.*

Neuropora spumans (E. Dumortier).

(Voir zone inférieure, p. 171.)

J'ai rapporté de Saint-Julien-de-Jonzy un échantillon de calcaire avec les *Pecten textorius et Julianus* sur lequel on remarque

une incrustation des plus nettes formée par le testier du *Neuropora spumans*, tel que je l'ai décrit des couches de la zones inférieure.

Localités : Saint-Julien. *r. r.*

———

GÉNÉRALITÉS SUR LES FOSSILES

de la zone à Pecten æquivalvis.

Quand on quitte la zone inférieure du lias moyen pour s'élever dans celle caractérisée par le *Pecten æquivalvis*, ce qui frappe tout d'abord c'est l'immense révolution qui se produit tout à coup, dans une période de temps qui n'a pas dû comparativement se prolonger beaucoup, dans la famille des Céphalopodes. Les Bélemnites qui avaient pris un développement tout à fait exceptionnel, soit par le nombre des espèces, soit par celui des individus, cessent de dominer; une seule espèce très-importante, il est vrai, la *Belemnites paxillosus* a passé de la zone inférieure, toutes les autres, à très peu près ont disparu ; une seule espèce nouvelle, la *Belemn. compressus* se montre ici pour la première fois et pour disparaître ensuite à jamais; la faune des Ammonites présente des incidents qui ne sont pas sans montrer une remarquable coïncidence avec les Bélemnites; nous voyons, en effet, les espèces si nombreuses et si remarquables de la zone inférieure s'éteindre complétement avant d'arriver aux dépôts supérieurs, mais ici encore une espèce importante, l'*Ammonites margaritatus* se propage et se continue seule, comme pour servir de lien aux deux zones du lias moyen ; une autre espèce nouvelle, éminemment caractéristique de la zone supérieure, l'*Amm. spinatus*, fait son apparition pour ne laisser de trace de son passage que sur une bien faible épaisseur.

Les Gastéropodes sont nombreux et variés : l'attention se fixe
nécessairement sur la famille des *Trochus* lisses de petite taille,
qui par la quantité des individus et la variété des espèces méritent une mention spéciale ; la plupart des espèces diffèrent de
celles d'une autre région (le Calvados), où un groupe semblable
se fait remarquer aussi au même niveau.

Un groupe de trois Cardinies de grande taille enrichit la partie
tout à fait supérieure de la zone à *Pecten æquivalvis* ; ce genre très-
rarement signalé à un niveau aussi élevé, voit augmenter ainsi
l'importance qu'il avait déjà parmi les coquilles du lias ; il est à
remarquer que sur ces trois espèces de Cardinies, il y en a deux,
les *Cardinia philea* et *Cardinia Hybrida* qui vivaient déjà dans les
temps du lias inférieur.

Si l'on considère le nombre des coquilles bivalves remarquables
par leur forme, par leur grande taille ou la beauté de leurs
ornements, que fournit la zone du *Pecten æquivalvis*, on est
amené à regarder cette classe de Mollusque comme formant la
partie principale et la plus importante de la faune de cette subdivision ; cette remarque est d'autant plus vraie, que les espèces
sont en même temps en nombre considérable d'individus et
spéciales ou caractéristiques pour la zone.

Il ne me reste plus à signaler que les nombreuses et importantes espèces que fournissent les Brachiopodes, parmi lesquels
plusieurs formes nouvelles sont indiquées pour la première fois,
et enfin le genre, si peu connu encore, *Cotylederma*, qui montre
dans notre région une de ses espèces les plus curieuses, le *Cotylederma vasculum* (E. Deslongchamps).

Voici la liste des fossiles les plus abondants et les plus
importants de la zone en faisant abstraction de toute autre
considération :

LISTE DES FOSSILES LES PLUS RÉPANDUS

de la zone à Pecten æquivalvis

Ammonites margaritatus.
— *spinosus.*
Belemnites paxillosus.
Avicula cycnipes.
Limea acuticostata.
Pecten frontalis.
— *æquivalvis.*
Harpax lævigatus.
Ostrea sportella.
Gryphæa cymbium.
— *gigantea.*
Terebratula subpunctata.
Rhynchonella acuta.
Serpula Etalensis.
Belemnites compressus.
Cardium multicostatum.
Cardinia philea.
— *crassissima.*
— *hybrida.*
Mytilus Thiollierei.

Limia succincta.
Pecten acuticostatus.
— *textorius.*
Rhynchonella furcillata.
— *tetraedra.*
Terebratula subnumismalis.
Harpax Parkinsoni.
Avicula Münsteri.
Cidaris Amalthei.
Chemnitzia Periniana.
Trochus nudus.
— *epulus.*
Turbo cyclostoma.
— *Socconensis.*
Pleurotomaria principalis.
— *heliciformis.*

Dans la liste suivante je réunis les fossiles qui ne se rencontrent que dans la zone, jamais au-dessous ni au-dessus et que l'on peut considérer comme caractéristiques.

LISTE DES FOSSILES CARACTÉRISTIQUES

de la zone à Pecten æquivalvis

Belemnites compressus.	*Limea Juliana.*
Ammonites spinatus.	— *cristata.*
Trochus nitens.	*Pecten frontalis.*
Turbo cyclostoma.	— *æquivalvis.*
Straparolus encrinus.	*Harpax lævigatus.*
Gastrochæna Lugdunensis.	*Ostrea sportella.*
Astarte striatocostata.	*Gryphæa gigantea.*
Pleuromya meridionalis.	*Terebratula subpunctata.*
Hettangia Lingonensis.	— *submumismalis.*
Tellina gracilis.	— *cornuta.*
— *floralis.*	*Rhynchonella acuta.*
Opis Ferryi.	— *quinqueplicata.*
Cardinia crassissima.	— *Dalmasi.*
Arca secans.	— *bubula.*
Pinna Giverdyensis.	*Cidaris Amalthei.*
Mytilus Thiollierei.	*Pseudodiadema prisciniacense.*
Avicula cycnipes.	*Cotylederma vasculum.*
Perna Lugdunensis.	

Il n'est pas de séparation plus nettement marquée entre deux étages jurassiques, que celle qui existe entre le lias moyen et le lias supérieur. Malgré la concordance de la stratification, malgré la petite distance verticale des dépôts, on peut dire que les faunes de chaque étage ne se mélangent nullement et que les fossiles se montrent, de part et d'autre, absolument différents; à peine pourrait-on citer trois ou quatre espèces de coquilles bivalves qui, par exception, semblent avoir résisté aux causes de destruction qui ont agi sur les autres animaux avec une énergie si efficace. On est, en effet, bien forcé d'avouer que l'on retrouve, dans le lias supérieur, les *Lima punctata* et *pectinoides*, le *Pecten textorius* et l'*Hinnites velatus*, avec des variations si peu importantes, dans la

forme, qu'il est impossible de les considérer comme des espèces
nouvelles ; il est remarquable que ces quatre espèces, non-seulement passent du lias moyen dans le lias supérieur, mais encore
elles sont au nombre des fossiles que l'on retrouve encore
plus bas, dans le lias inférieur et même dans l'infra-lias.

Pour résumer ce que l'observation nous apprend sur les fossiles
de l'étage entier du lias moyen, nous dirons que la partie la plus
inférieure est peuplée de nombreuses et belles espèces d'Ammonites, qui sont spéciales pour ce niveau ; ces Ammonites paraissent
être dépourvues d'aptychus.

Dans les couches qui viennent immédiatement au-dessus, le
genre Belemnite se développe tout à coup, montrant, pour la
première fois, un grand nombre d'espèces et un nombre surprenant d'individus ; ces Bélemnites, sauf de très-rares exceptions,
sont dépourvues de sillons.

Enfin, la zone supérieure est remarquable par ses belles espèces
de Gastéropodes et surtout par l'abondance et la grande taille des
coquilles bivalves.

Si l'on voulait caractériser, par quelques fossiles seulement,
l'ensemble du lias moyen, il faudrait prendre :

Belemnites paxillosus.	*Avicula cycnipes.*
— *clavatus.*	*Gryphæa gigantea.*
— *compressus.*	*Pecten æquivalvis.*
Ammonites margaritatus.	*Terebratula acuta.*
— *Davœi.*	*Tisoa siphonalis.*
— *fimbriatus.*	

Le lias moyen est remarquable par l'épaisseur de ses dépôts qui
dépasse celle des autres étages du lias.

Le caractère minéralogique dominant est l'état marneux. Ce
caractère paraît persévérer dans la plus grande partie des dépôts
du même âge, dans toute l'Europe, et si l'on excepte les Alpes, le
fait semble assez général ; les dépôts que nous avons pu étudier
dans le bassin du Rhône, nous montrent, presque partout, la
même composition et l'on voit les marnes dominer sur les
couches calcaires.

TABLE

DE LA TROISIÈME PARTIE

ERRATA

Association typographique lyonnaise. — Regard, rue de la Barre, 12.

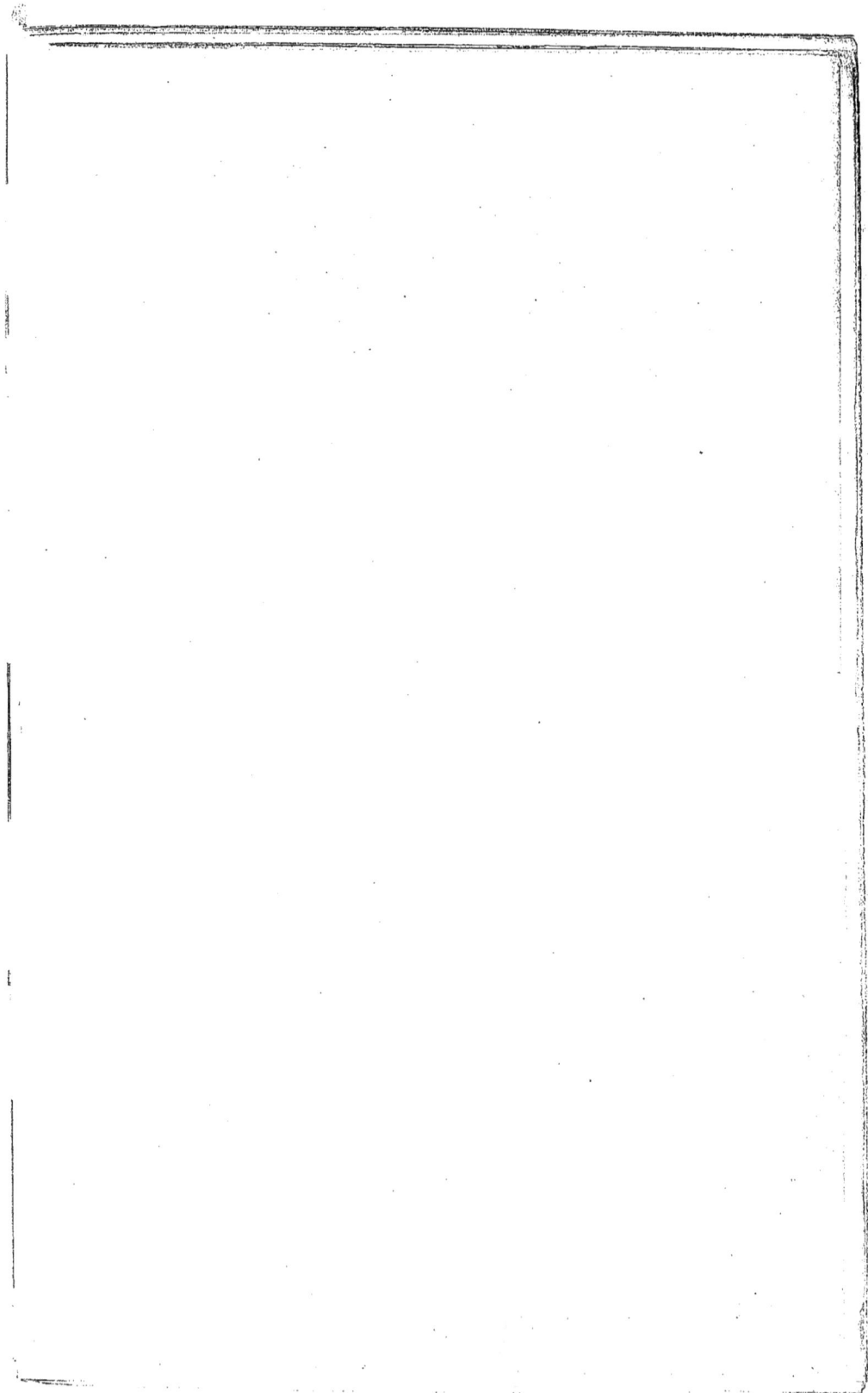

PLANCHE 1.

Zone de la Belemnites Clavatus.

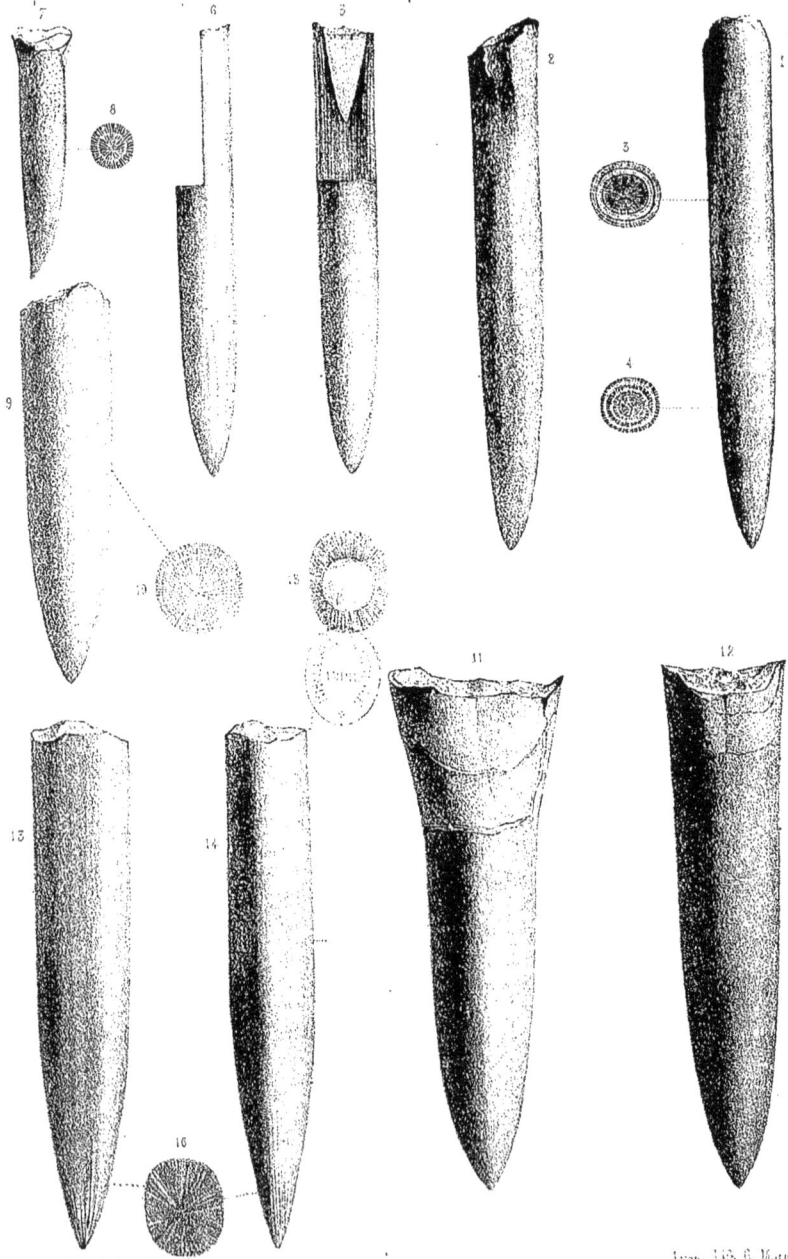

Ad. nat in lap. J. Bavard. Lyon. Lith. C. Marmorat.

11

PLANCHE II.

Zone de la Belemnites Clavatus.

Fig. 1 à 12. **Belemnites apicicurvatus** (Blainville), page 34.

1. Belemnites apicicurvatus, de Saint-Fortunat, vue du côté ventral.
2. La même, par côté.
3. Section de la même, au point marqué *a*.
4. Autre exemplaire, même espèce, aussi de Saint-Fortunat, côté dorsal.
5. La même, par côté.
6. Section de la même, au point marqué *b*.
7. Vue de la même par le sommet.
8. Section longitudinale d'un spécimen de Saint-Fortunat, région alvéolaire.
9. 10. Sommet d'un autre spécimen de Saint-Fortunat, vu de deux côtés différents.
11. 12. Sections du même fragment.

Toutes les figures de la planche II sont de grandeur naturelle.

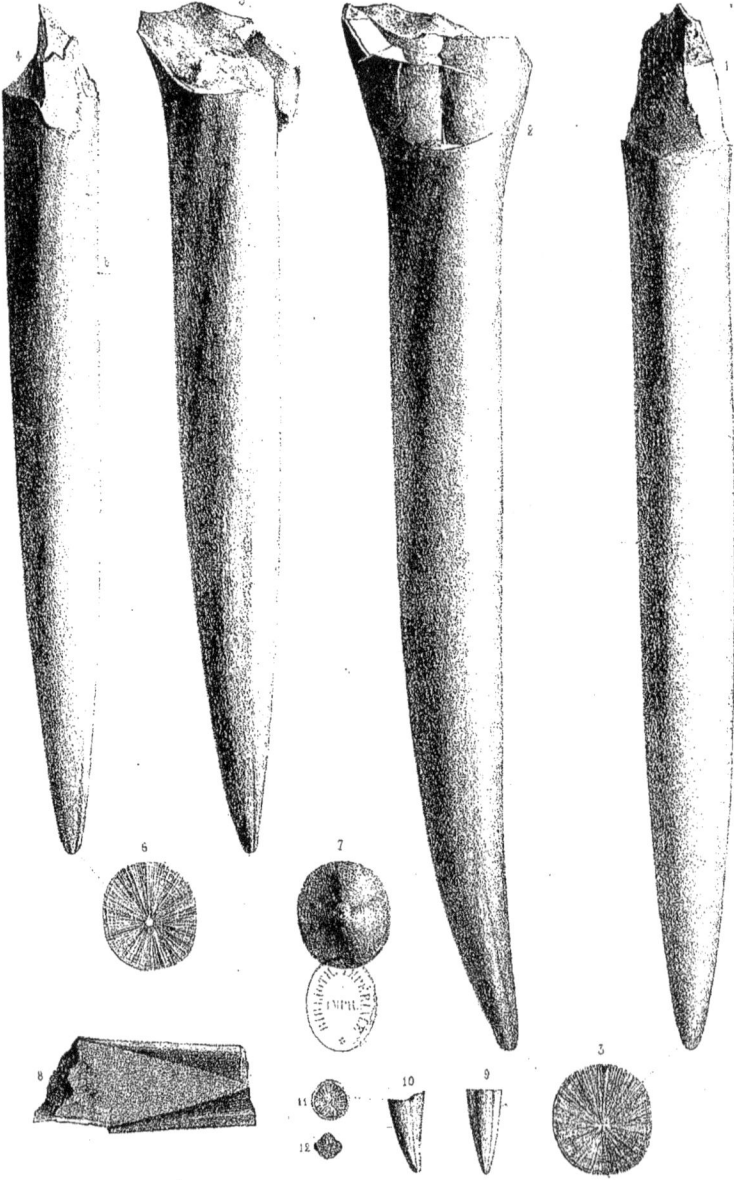

Dépôts Jurassiques.   3ᵉ partie   PL. 11

Lyon, Lith. G. Marmont

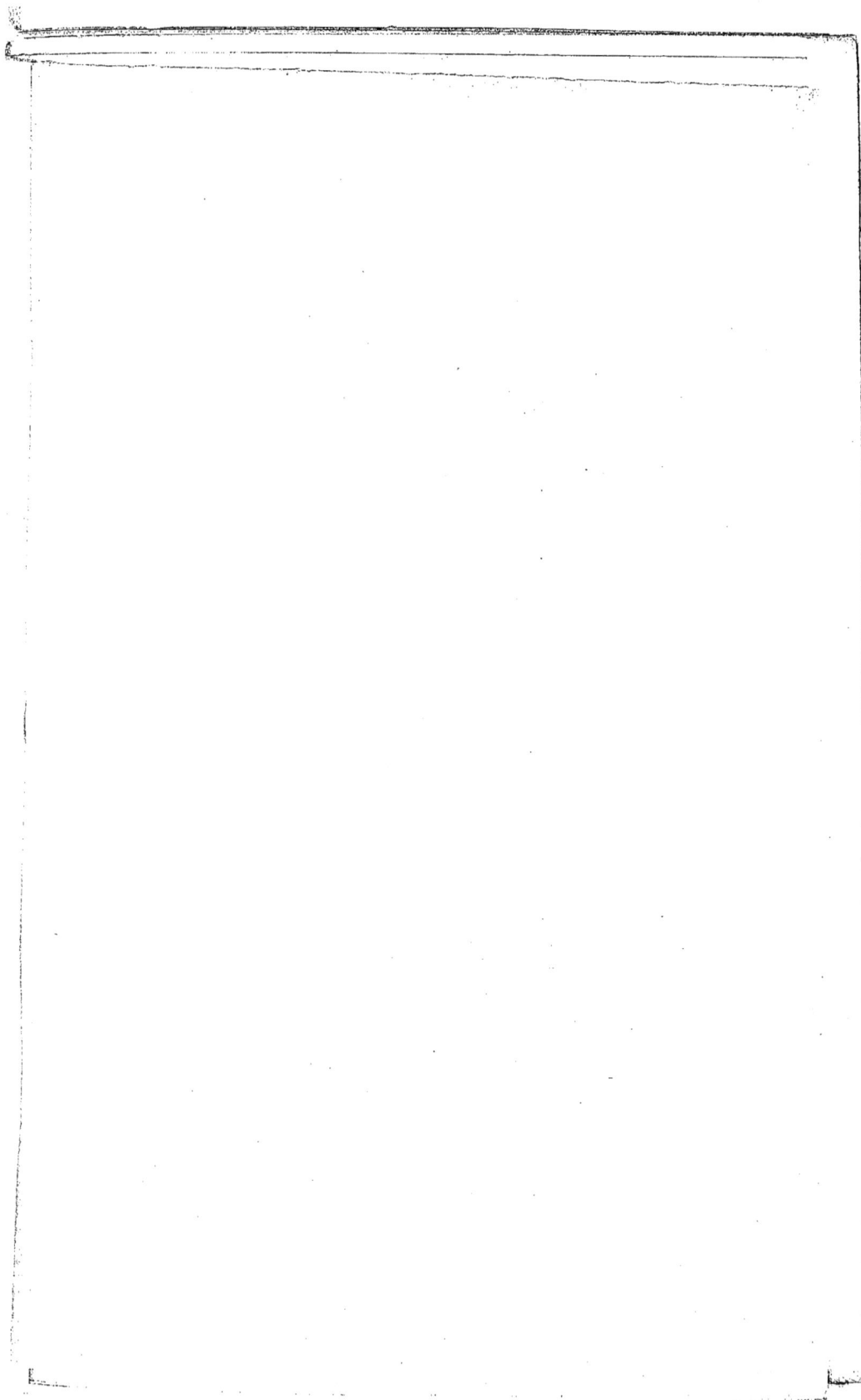

PLANCHE III.

Zone de la Belemnites Clavatus.

Fig. 1 à 5. **Belemnites elongatus** (Miller), page 36.

    1. Belemnites elongatus, de Saint-Maurice, vue latérale.

    2. La même, vue dorsale.

    3. 4. Sections de la même.

    5. Belemnites elongatus, de Saint-Fortunat, fragment montrant le cône alvéolaire.

6 à 11. **Belemnites faseolus** (Nov. spec.), page 35.

    6. Belemnites faseolus, de Pouilly, côté dorsal.

    7. La même, vue de côté, taillée pour laisser voir le cône alvéolaire.

    8. Section de la même, au point marqué *a*

    9. Belemnites faseolus, jeune, de Saint-Fortunat, côté ventral.

    10. La même, par côté.

    11. Section de l'ouverture du même rostre.

12 à 18. **Belemnites clavatus** (Schlotheim), page 48.

    12. Belemnites clavatus, de Saint-Fortunat.

    13. 14. Autre, même gisement.

    15. Autre, de Saint-Fortunat, côté dorsal.

    16. La même, vue latérale.

    17. Autre, de Pouilly, côté ventral.

    18. La même, côté latéral.

    19. Coupe de l'ouverture.

Toutes les figures de la planche III sont de grandeur naturelle.

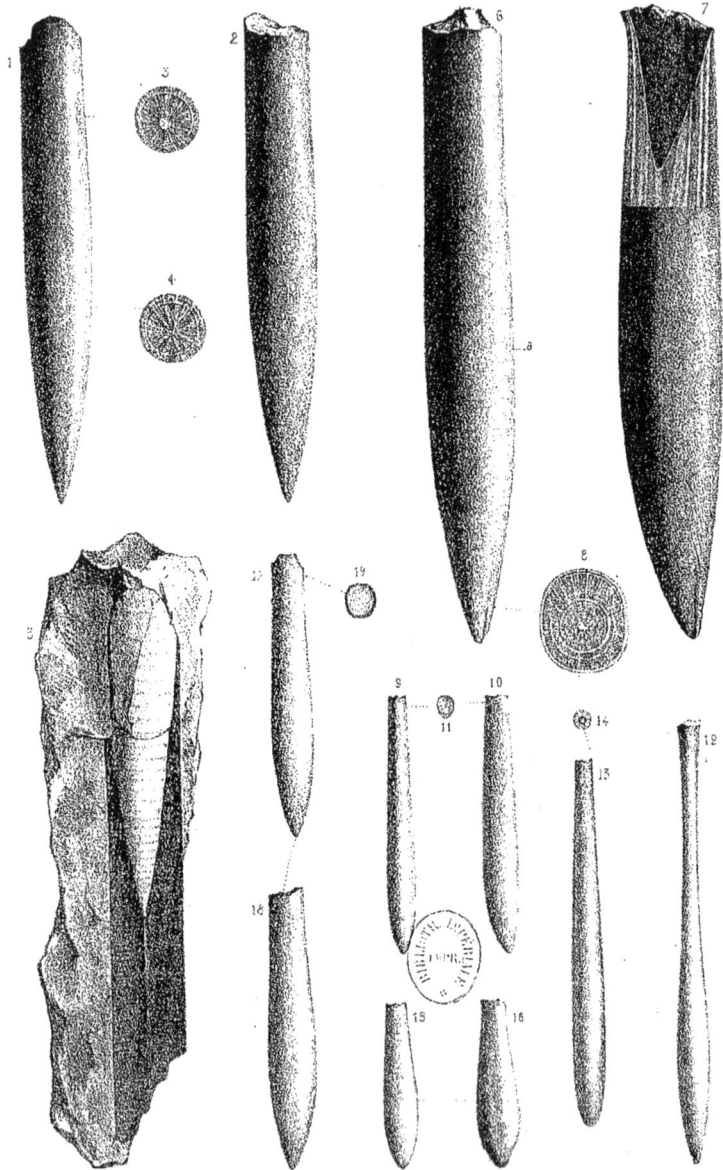

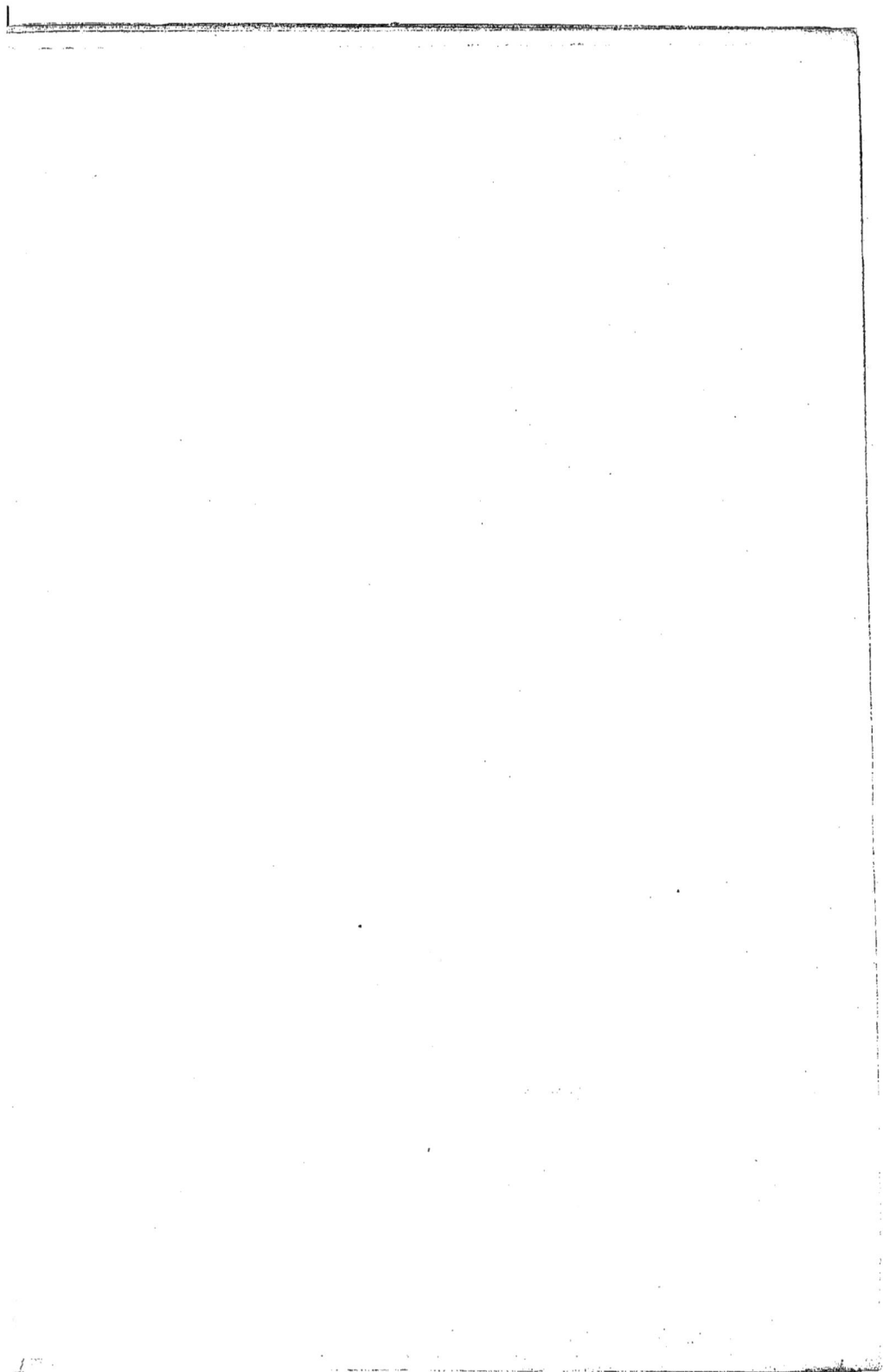

PLANCHE IV.

Zone de la Belemnites Clavatus.

Fig. 1 à 6. **Belemnites virgatus** (Mayer), page 41.

    1. Belemnites virgatus, de Saint-Fortunat, vue latérale.

    2. La même, du côté ventral.

    3. Section de la même, au point *a*.

    4. Autre spécimen, même localité, vue latérale.

    5. La même, côté ventral.

    6. Section de la même, point *b*.

7 à 11. **Belemnites longissimus** (Miller), page 44.

    7. 8. Fragment et section de Belemnites longissimus, de Saint-Fortunat.

    9. Autre, même localité, vue latérale.

    10. 11. Vue dorsale et section du même fragment.

12 à 14. **Belemnites Janus** (Nov. spec.), page 38.

    12. Belemnites Janus, de Saint-Fortunat, vue par côté.

    13. La même, du côté ventral.

    14. La même, vue par le sommet.

15. **Belemnites penicillatus** (Sowerby), de Saint-Fortunat, vue par côté, page 43.

16 à 19. **Belemnites microstylus** (Phillips), page 45.

    16 à 18. Belemnites mycrostylus, de Saint-Fortunat, fragment et deux sections.

    19. Autre fragment de la même, aussi de Saint-Fortunat.

20 à 25. **Belemnites Araris** (Nov. spec.), page 42.

    20. 21. Belemnites araris, de Saint-Fortunat.

    22. Autre spécimen, de Saint-Fortunat, côté dorsal.

    23. La même, vue latérale.

    24. 25. Sections du même rostre.

26. 27. **Belemnites brevis** (Blainville), fig. 26, de Saint-Fortunat, fig. 27, de Pouilly, page 34.

Toutes les figures de la planche IV sont de grandeur naturelle.

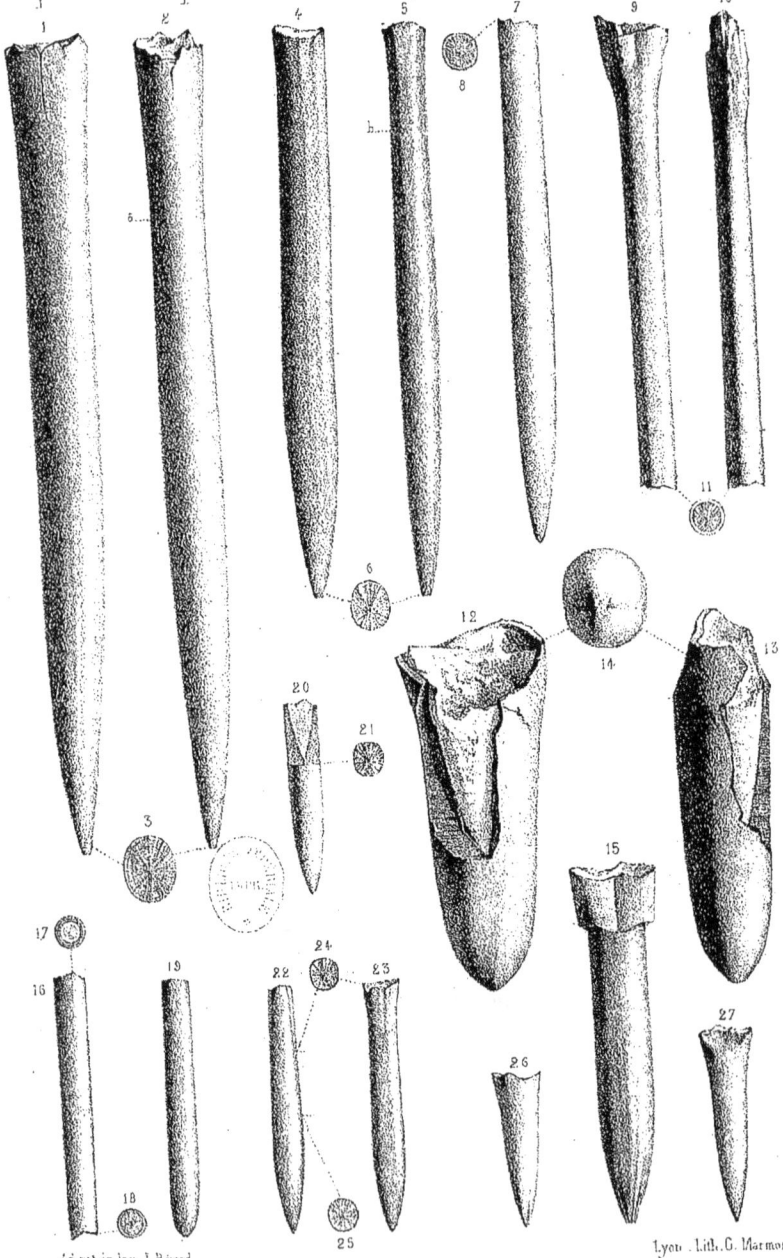

Dépôts Jurassiques. 3ᵉ partie PL. IV

Ad. nat. in lap. J. Bérard.

Lyon. Lith. G. Marmorat.

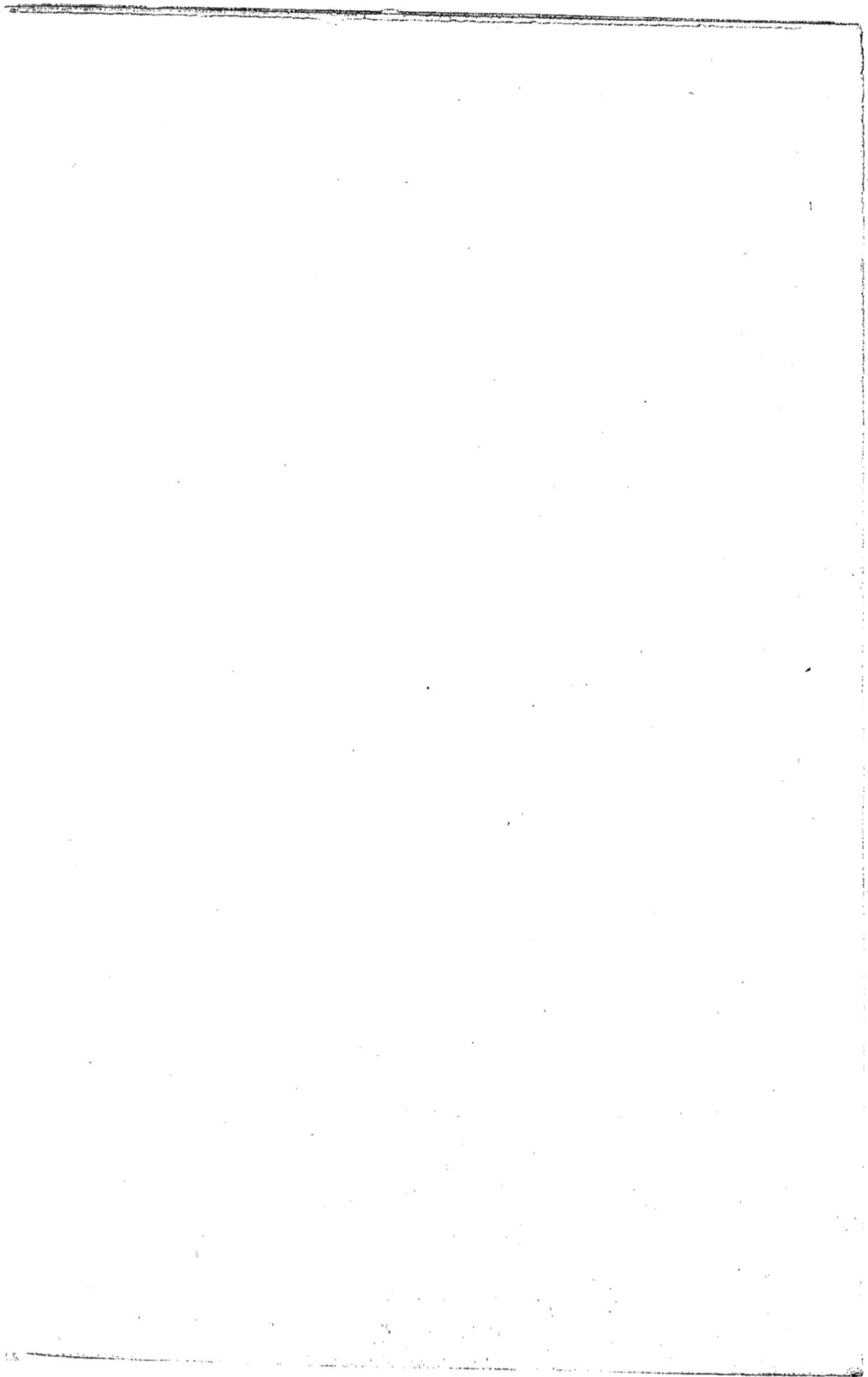

PLANCHE V.

Zone de la Belemnites Clavatus.

Fig. 1. **Belemnites umbilicatus** (Blainville), de Saint-Fortunat, vue du
côté dorsal, page 45.

2. La même, vue par côté.

3 à 7. **Belemnites ventroplanus** (Voltz), page 47.

    3. Belemnites ventroplanus, de Dardilly, vue de côté.

    4. La même, vue du côté ventral, page 50.

    5. Autre exemplaire de Saint-Fortunat, côté ventral.

    6. La même, vue par côté.

    7. Section de la même, au point marqué a.

8. **Belemnites Charmouthensis** (Mayer), de Saint-Fortunat, du
côté ventral, page 50.

9 à 17. **Belemnites palliatus** (Nov. spec.), page 51.

    9. Belemnites palliatus, de Saint-Fortunat, vue par côté.

    10. La même, côté dorsal.

    11. Grossissement de la partie marquée x sur la figure 10.

    12. Autre spécimen, de Saint-Fortunat.

    13. 14. Autre spécimen, de la même localité.

    15. Autre, montrant la section longitudinale.

    16. 17. Autres spécimens, jeunes; aussi de Saint-Fortunat.

Toutes les figures de la planche **V** sont de grandeur naturelle, sauf la
figure 11.

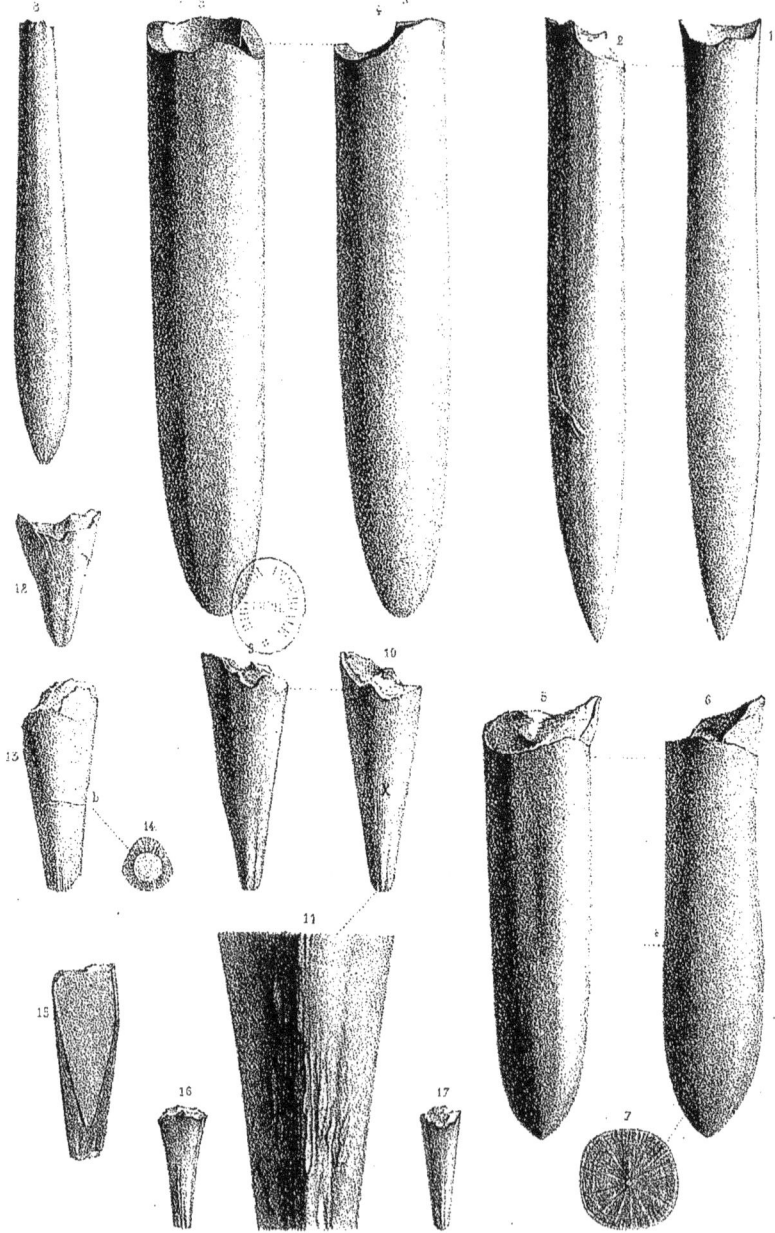

Ad. nat. in lap. J. Bérud.

Lyon _ Lith. C. Marmorat.

PLANCHE VI.

Zone de la Belemnites Clavatus.

Fig. 1. **Nautilus Araris** (Nov. spec.), de Saint-Fortunat, moule de grandeur naturelle, page 56.

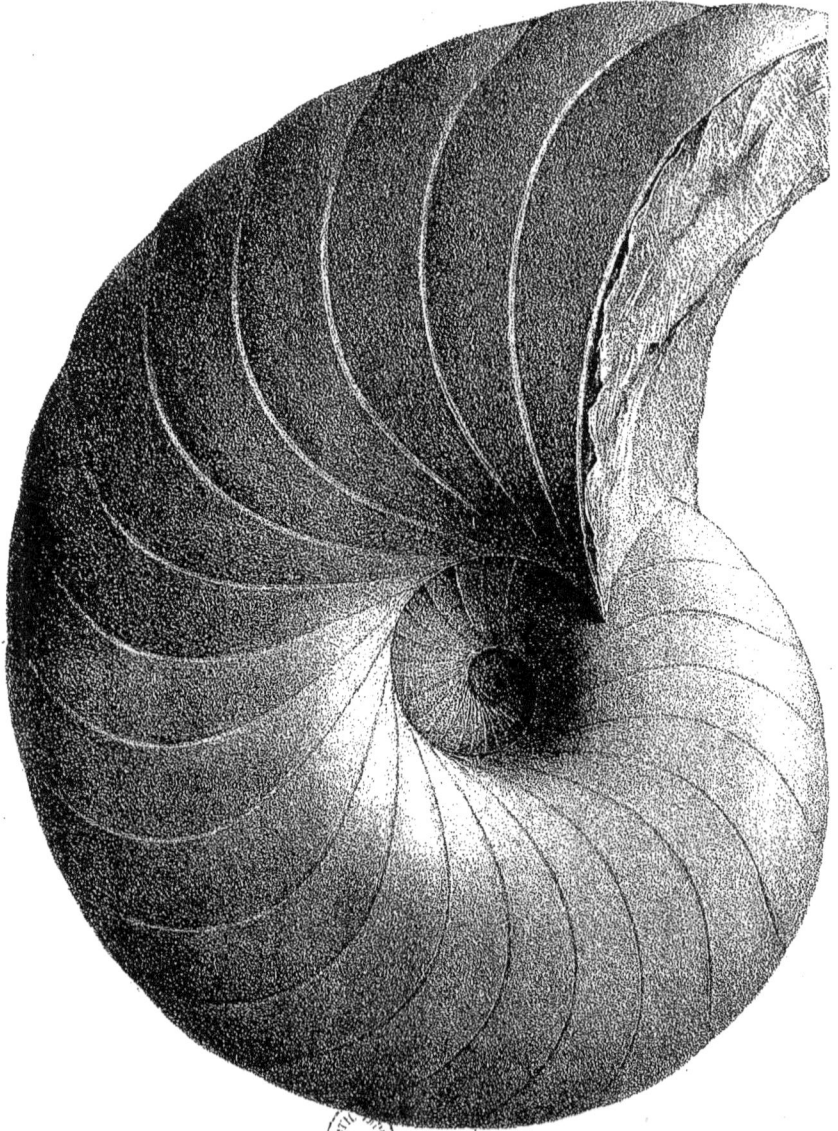

Ad. nat in imp. J. Bérard. Lyon _ Lith. G. Marmoral .

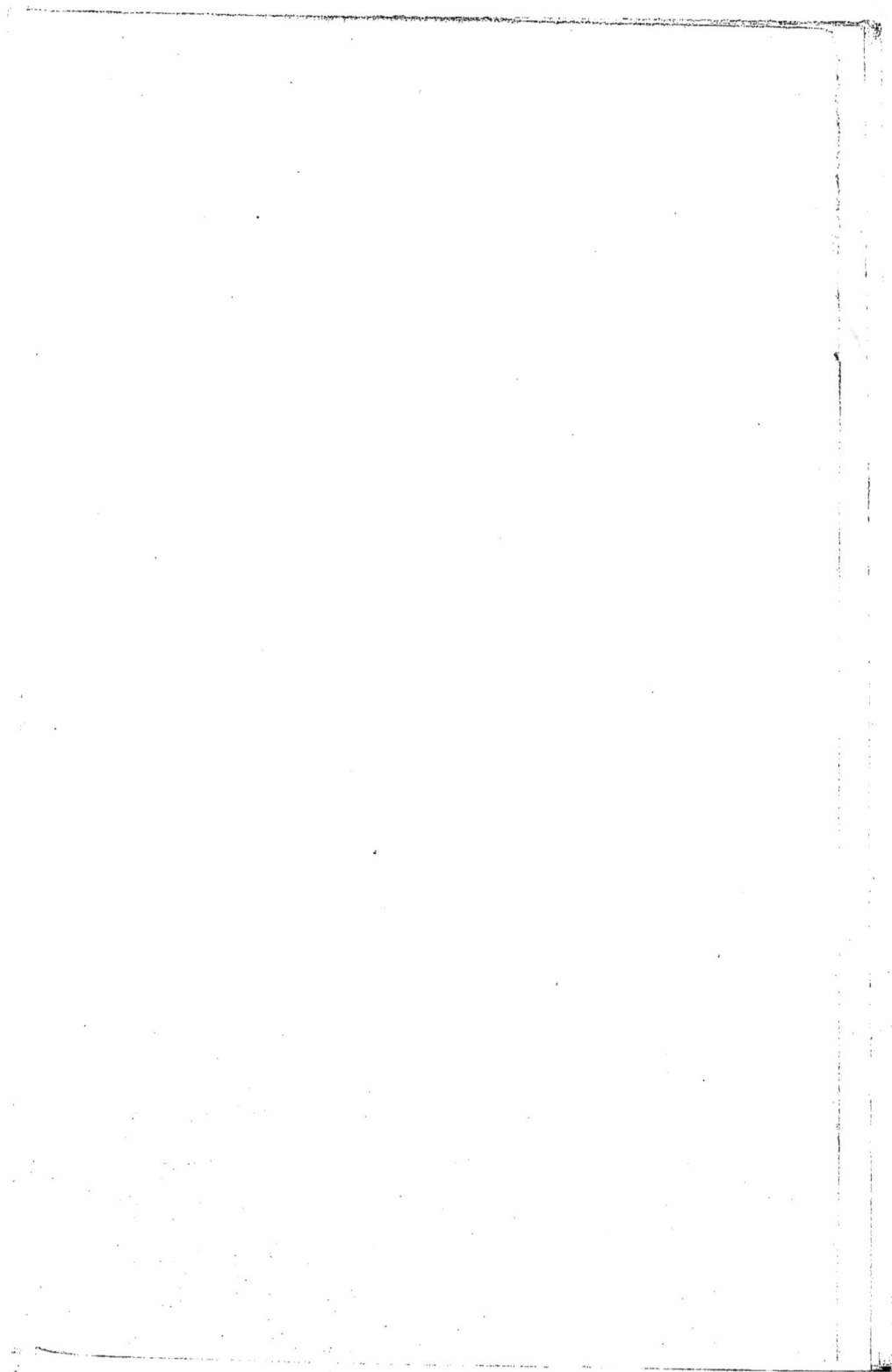

PLANCHE VII.

Zone de la Belemnites Clavatus.

Fig. 1 à 4. **Nautilus Araris.** (Nov. spec.), page 56.

1. Nautilus Araris, de Saint-Fortunat, du côté de la bouche, de grandeur naturelle.
2. Fragment de cloison du même, de Ville-sur-Jarnioux, vu par derrière.
3. Fragment du test, pris contre l'ombilic.
4. Fragment du test, pris sur le dos.

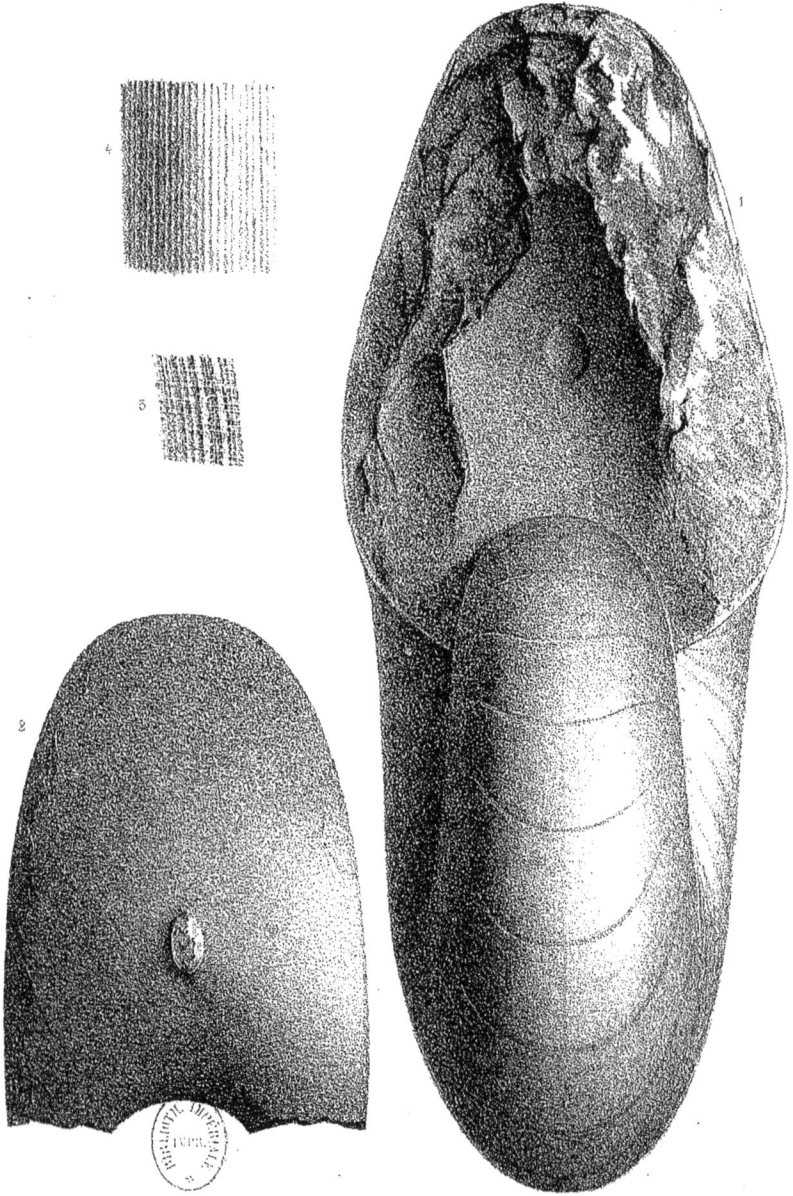

Ad.nat.in lap. J. Bérard.

Lyon _ Lith. G. Marmorat.

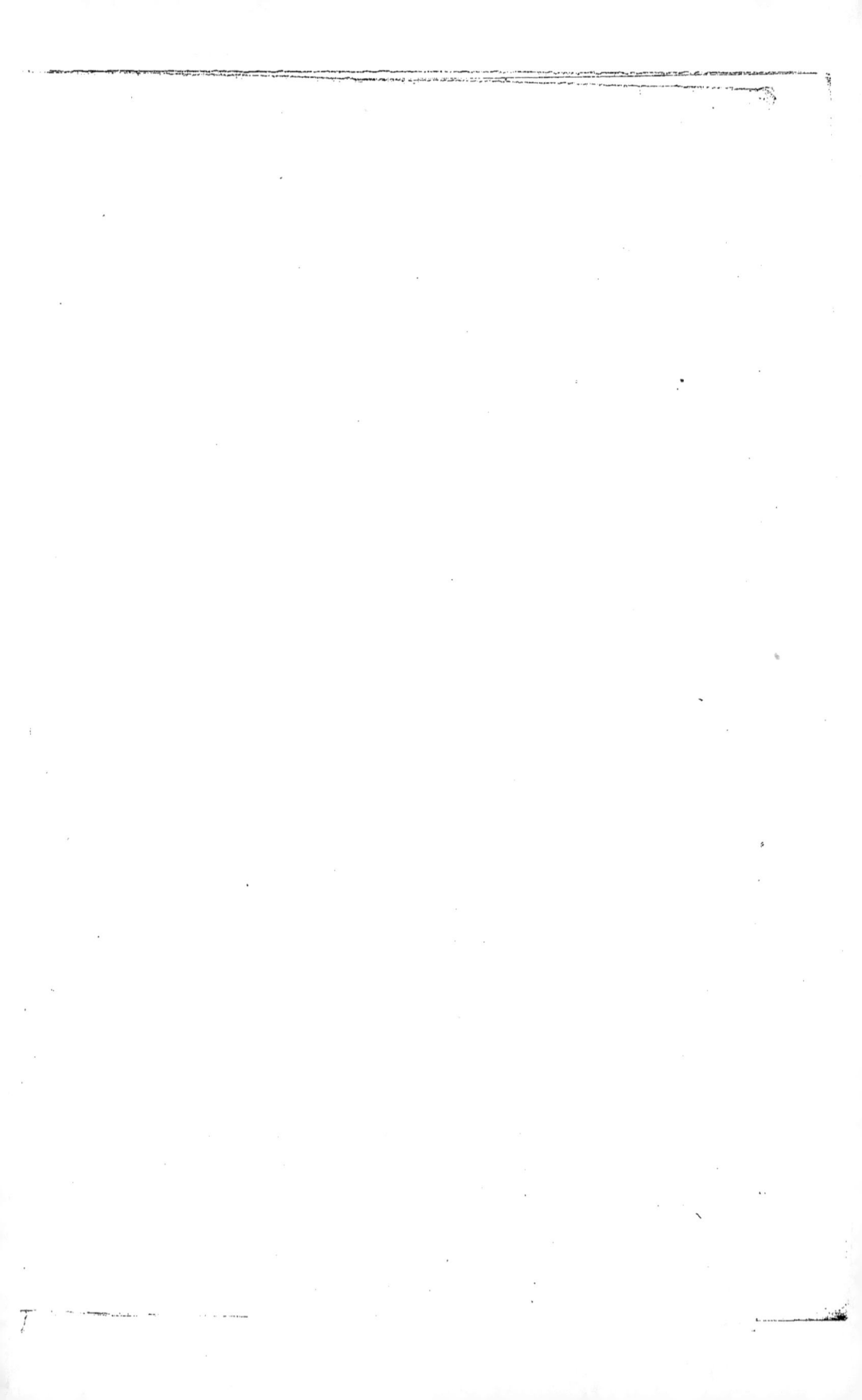

PLANCHE VIII.

Zone de la Belemnites Clavatus.

Fig. 1. **Ammonites armatus** (Sowerby), fragment de Lournand, de grandeur naturelle, page 59.

2. Autre fragment, plus petit, de la même localité.

3. **Nautilus rugosus** (Buvignier), portion du test, prise sur le dos d'un nautile de 140 mill. de diamètre, de Saint-Fortunat, grossi trois fois, page 54.

4. Portion du test d'un autre exemplaire, de 100 mill., grossi trois fois.

5. **Ammonites Heberti** (Oppel), de Saint-Fortunat, de grandeur naturelle, page 66.

6. Lobes de la même coquille, grossis trois fois.

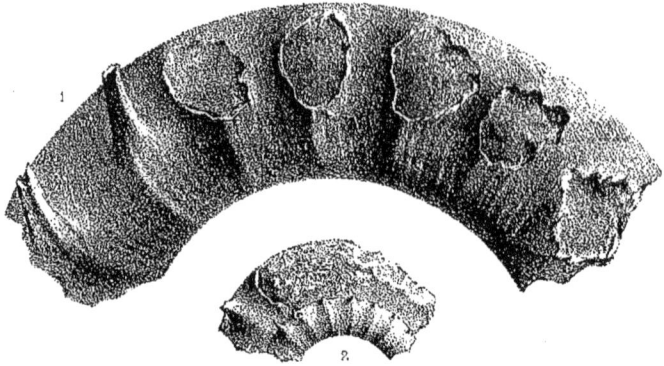

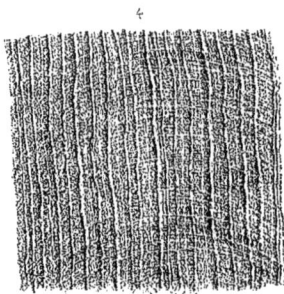

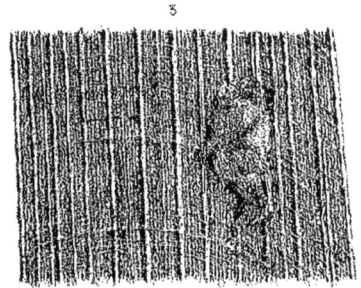

Ad. nat. in lap. J. Bérard. Lyon - Lith. G. Marmorat.

Ad.nat.in lap. J.Bérard.   Lyon _ Lith. G. Marmorat.

PLANCHE XI.

Zone de la Belemnites Clavatus.

Fig. 1. **Ammonites quadrarmatus** (Nov. spec.), coupe du dernier tour de l'échantillon de Saint-Fortunat, représenté planche IX. — Cette coupe est de grandeur naturelle, page 60

2. **Ammonites arietiformis** (Oppel), de Perrigny, de grandeur naturelle, page 68.

3. La même, du côté de la bouche.

4. **Ammonites Davœi** (Sowerby), fragment de Lagnieu, de grandeur naturelle, vu par côté, page 94.

5. Le même, du côté du dos.

6. Fragment d'Ammonites Davœi, de Saint-Rambert, de côté, près la bouche, de grandeur naturelle.

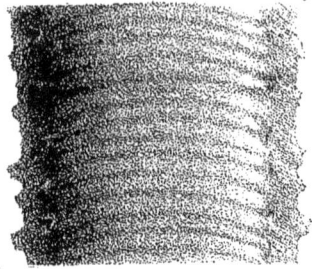

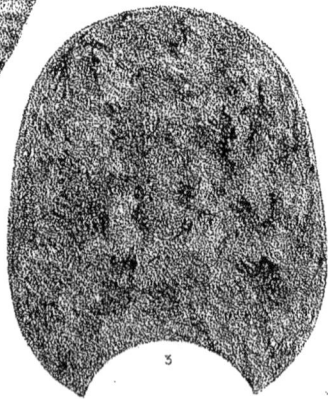

PLANCHE X.

Zone de la Belemnites Clavatus.

Fig. 1. 2. 3. **Ammonites quadrarmatus** (Nov. spec.), page 60 :

    1. Ammonites quadrarmatus, de Saint-Didier, carrière du Monteillet, fragment de grandeur naturelle.

    2. Portion du dos de la même Ammonite.

    3. Coupe du dernier tour, de la même.

    4. **Ammonites Heberti** (Oppel), exemplaire jeune, de Nolay, de grandeur naturelle, vu par le dos, page 66.

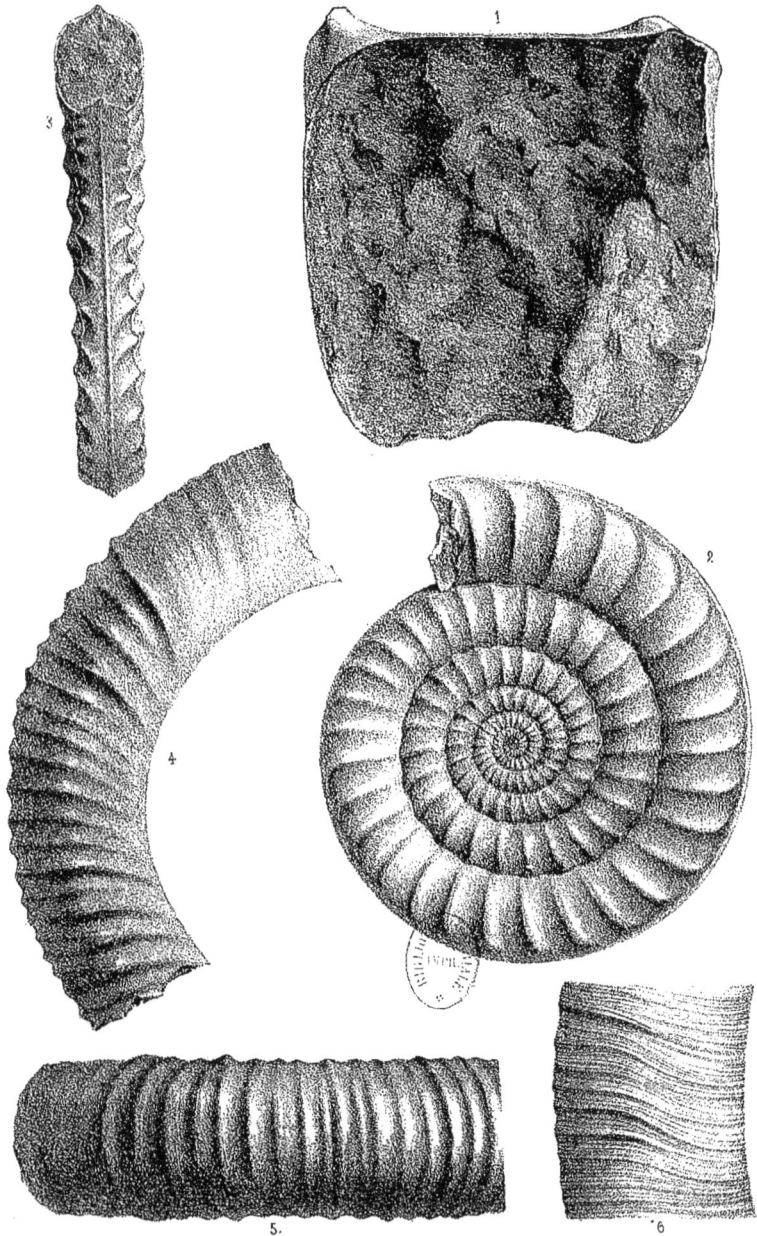

Ad. nat. in lap. J. Bérard. Lyon _ Lith. G. Marmorat.

PLANCHE IX.

Zone de la Belemnites Clavatus.

Fig. 1. **Ammonites quadrarmatus** (Nov. spec.), de Saint-Fortunat, vue par côté, réduite à moitié de la grandeur naturelle, page 60.

PLANCHE XIII.

Zone de la Belemnites Cluvatus.

Fig. 1. **Ammonites Morogensis** (Nov. spec.), grand exemplaire de Moroges (Saône-et-Loire), de grandeur naturelle, page 64.

2. Coupe de la bouche, de la même.

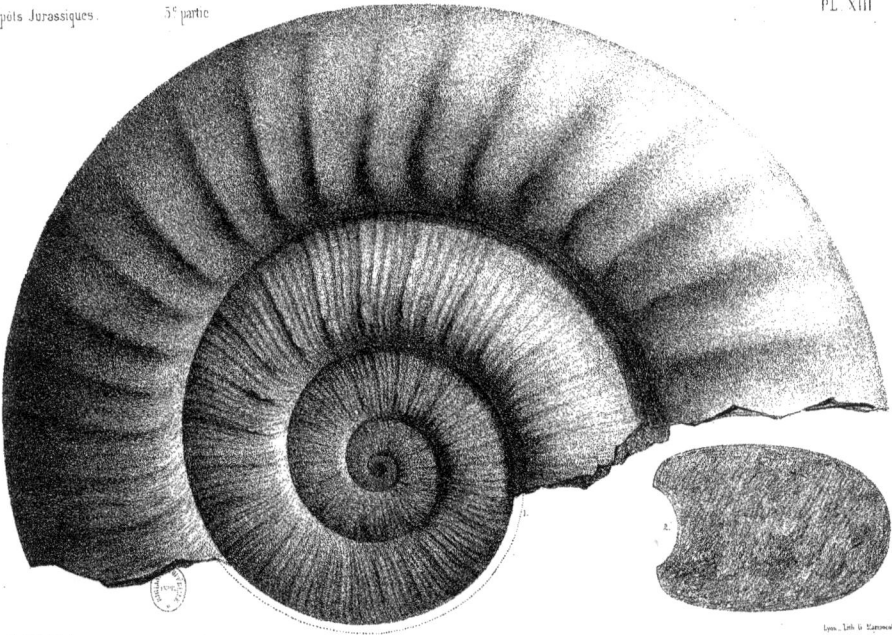

PLANCHE XIV.

Zone de la Belemnites Clavatus.

Fig. 1. **Ammonites Flandrini** (Nov. spec.), de Moroges (Saône-et-Loire),
de grandeur naturelle, page 72.
2. Coupe du dernier tour, de la même.

5ᵉ north-

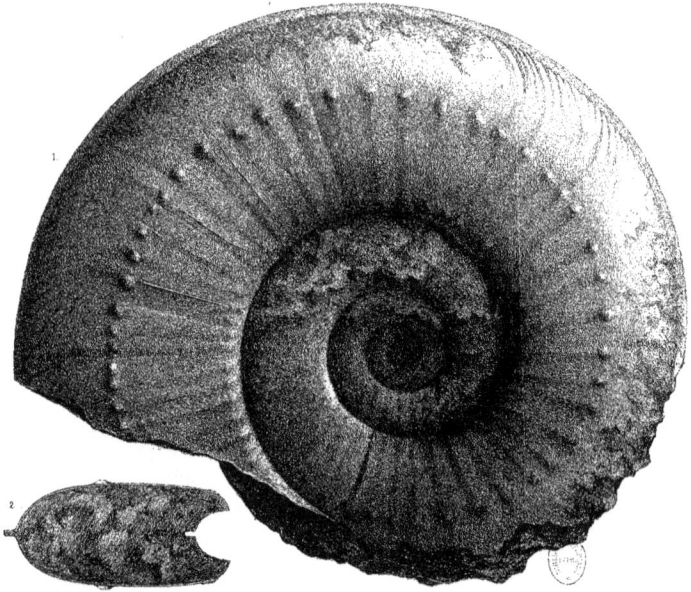

PLANCHE XV.

Zone de la Belemnites Clavatus.

Fig. 1 à 3. **Ammonites trimodus** (Nov. spec.), page 86 :

1. Ammonites trimodus, de Nolay, de grandeur naturelle.
2. Autre exemplaire, du même gisement.
3. Le même, vu du côté du dos, de grandeur naturelle.

Ad.nat.in Imp.J.Rouit.   Lyon - Lith. G. Marmorat.

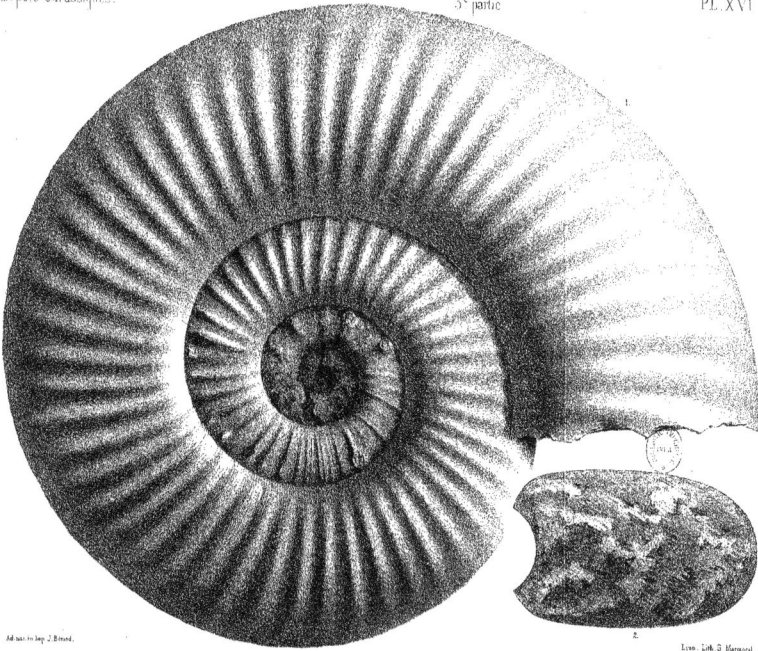

Ad. nat. in Imp. J. Bérard.   Lyon. Lith. S. Marmorat.

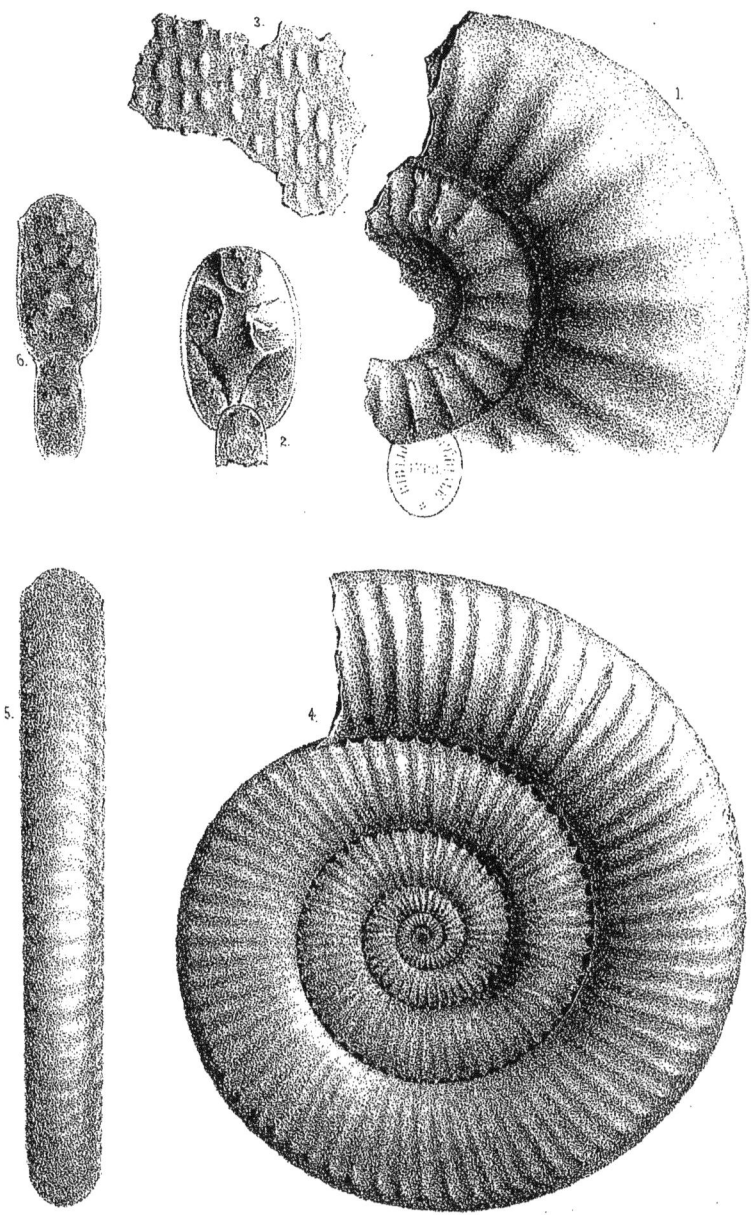

Ad.nat.in lap. J. Bérard.

Lyon - Lith. G. Marmorat.

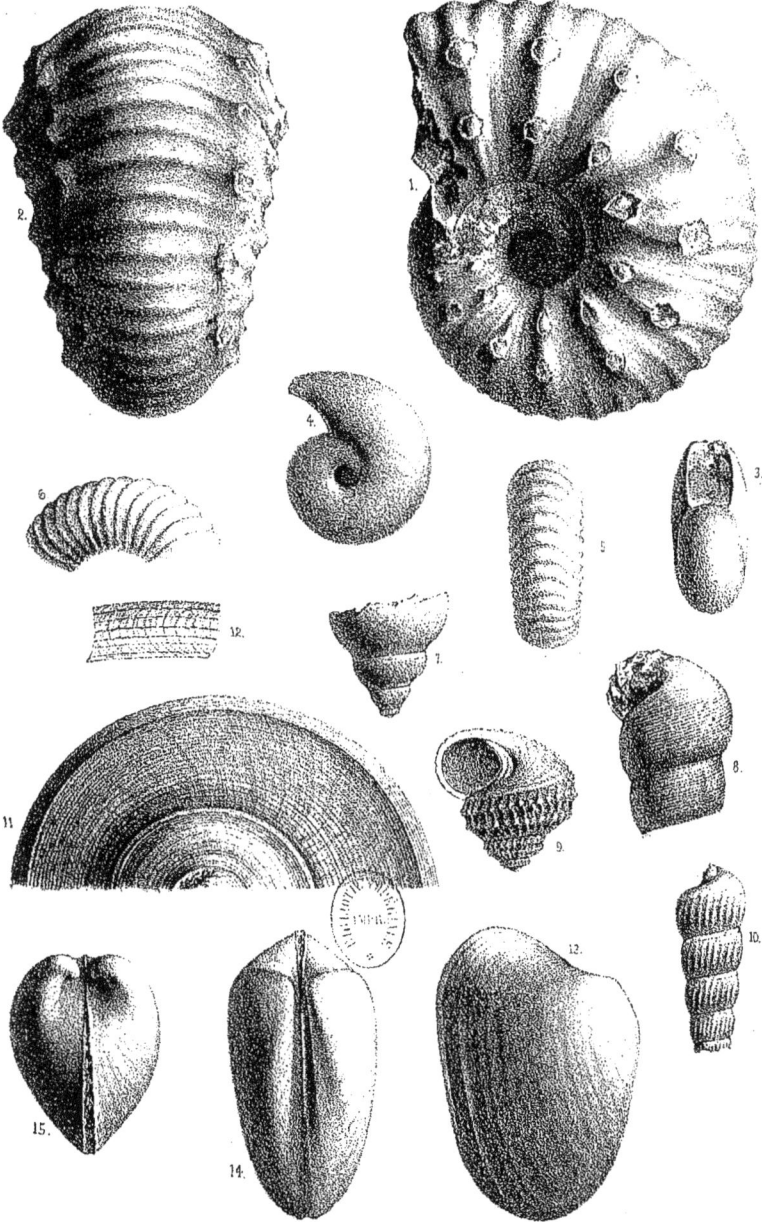

PLANCHE XIX.

Zone de la Belemnites Clavatus.

5° partie

PL. XIX

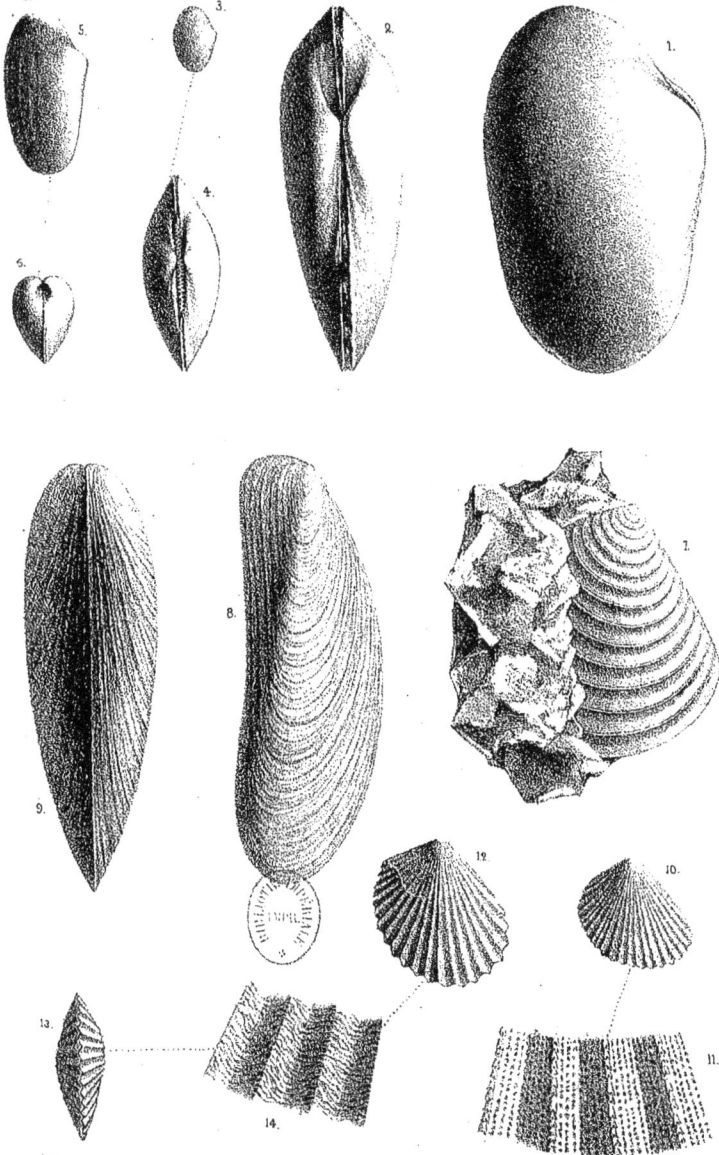

Ad. nat. in lap. J. Bérard.

Lyon _ Lith. G. Marmorat.

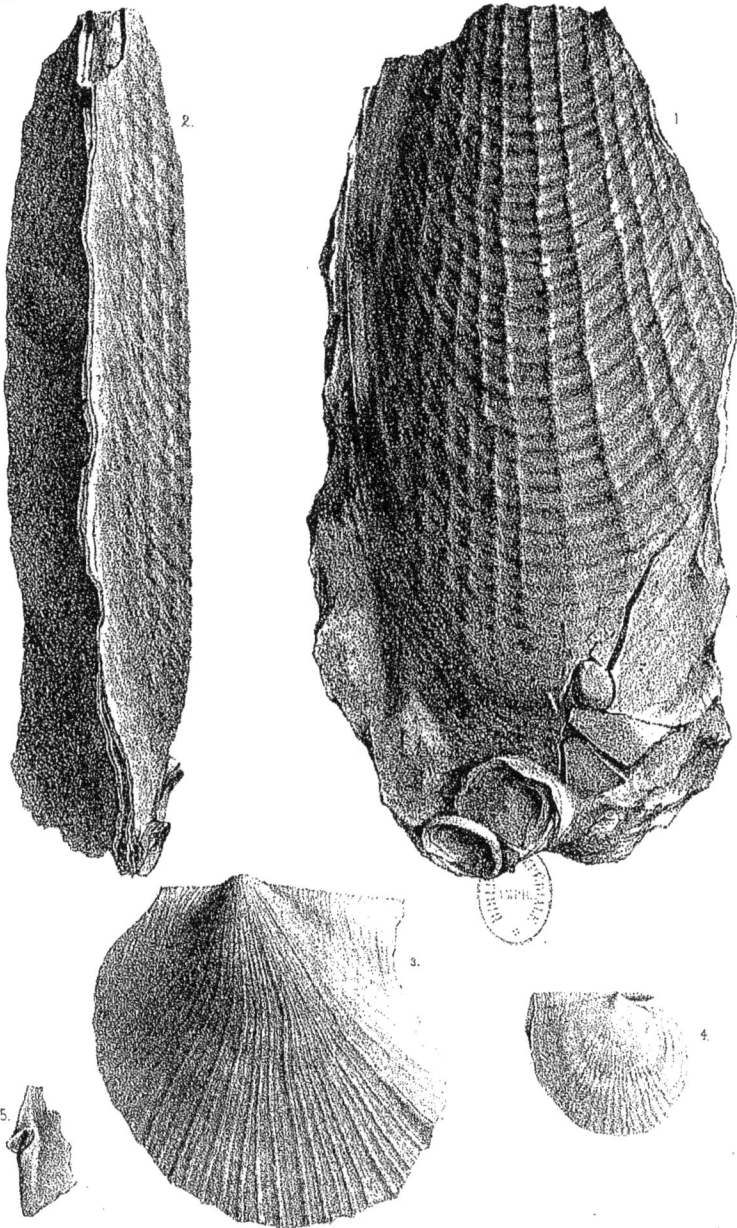

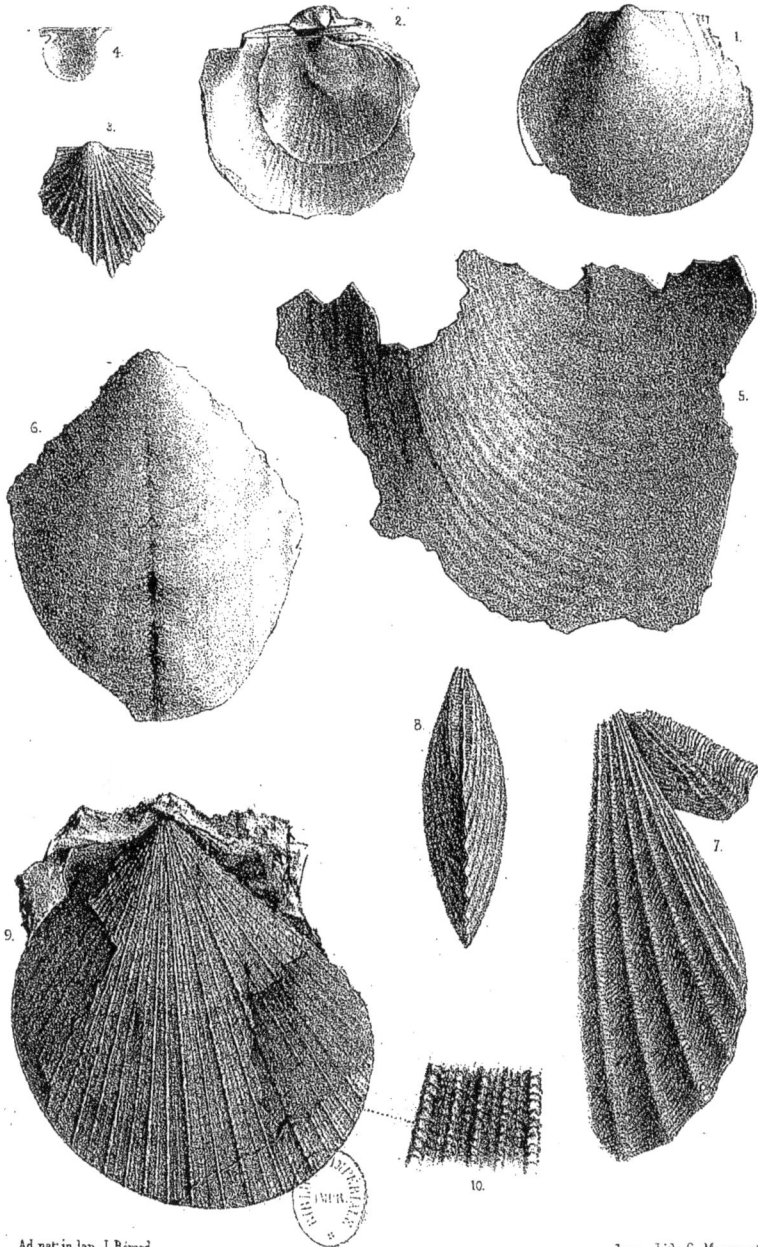

PLANCHE XXII.

Zone de la Belemnites Clavatus.

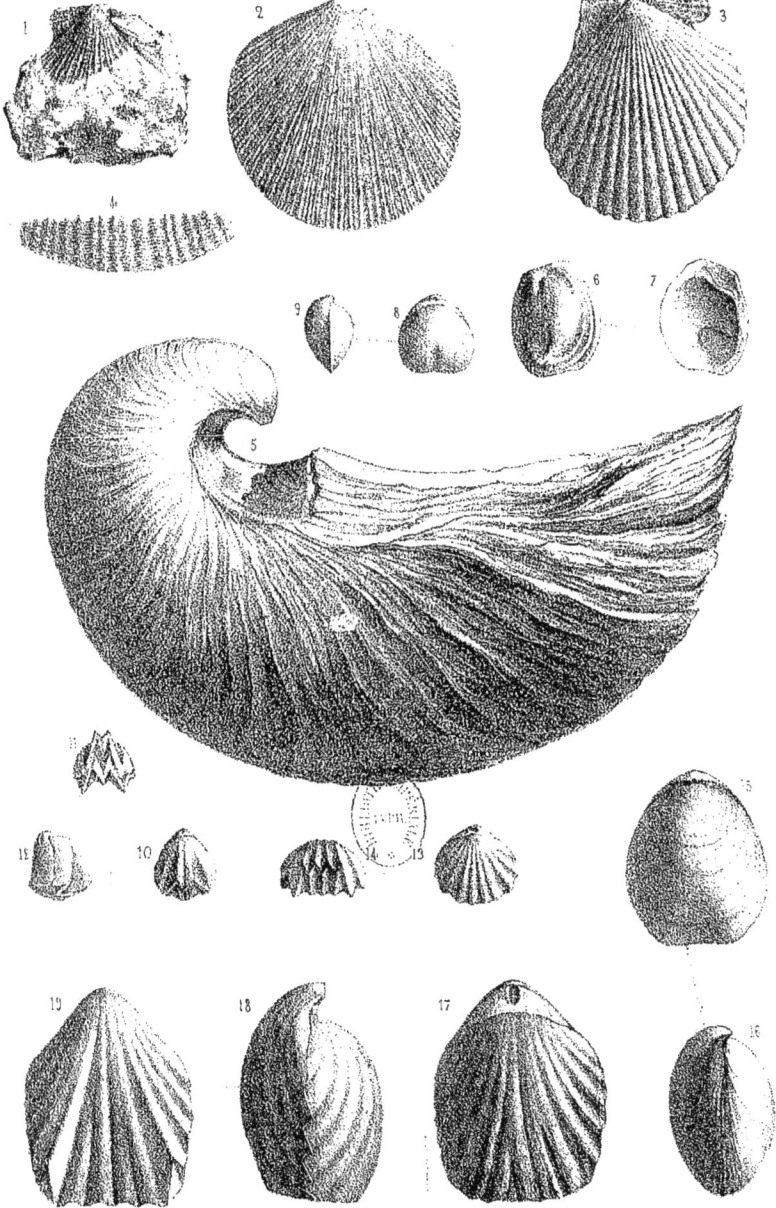

Lyon. Lith. G. Marmotat.

PLANCHE XXIII.

Zone de la Belemnites Clavatus.

Fig. 1. **Spiriferina verrucosa** (V. Buch. sp.), de Saint-Fortunat, grossie
trois fois, page 155.

2. **Thecidea Bouchardi** (Davidson), de Saint-Fortunat, grandeur
naturelle, page 156.

3. La même, grossie trois fois.

4. 5. 6. **Thecidea cataphracta** (Nov. spec.), page 158.

4. Thecidea cataphracta, de Saint-Fortunat, grandeur
naturelle.

5. 6. La même, grossie huit fois.

7. **Serpula filaria** (Goldfuss), de Saint-Germain, grossie huit fois,
page 160.

8. 9. **Serpula numdula** (Nov. spec.), de Giverdy, grandeur naturelle, page 161.

10 à 14. **Pentacrinus scalaris** (Goldfuss), de Saint-Fortunat,
grandeur naturelle, page 163

15 à 17. **Pentacrinus basaltiformis** (Miller), de Saint-Fortunat,
grandeur naturelle, page 162.

18 à 33. **Millericrinus Hausmanni** (Roemer. sp.), page 166.

18. 19. Millericrinus Hausmanni, de Pannessière, de grandeur naturelle.

20. Surface articulaire du même échantillon, grossie.

21 à 32. Spécimens de Saint-Fortunat, grandeur naturelle.

33 Spécimen du Monteillet, portant un individu jeune
de la même espèce, — grandeur naturelle.

34 à 40. **Pentacrinus punctiferus** (Quenstedt), de Giverdy. Toutes
les figures sont grossies trois fois, page 164.

41. **Pentacrinus basaltiformis** (Miller), variété, de Saint-Didier,
grandeur naturelle, page 162.

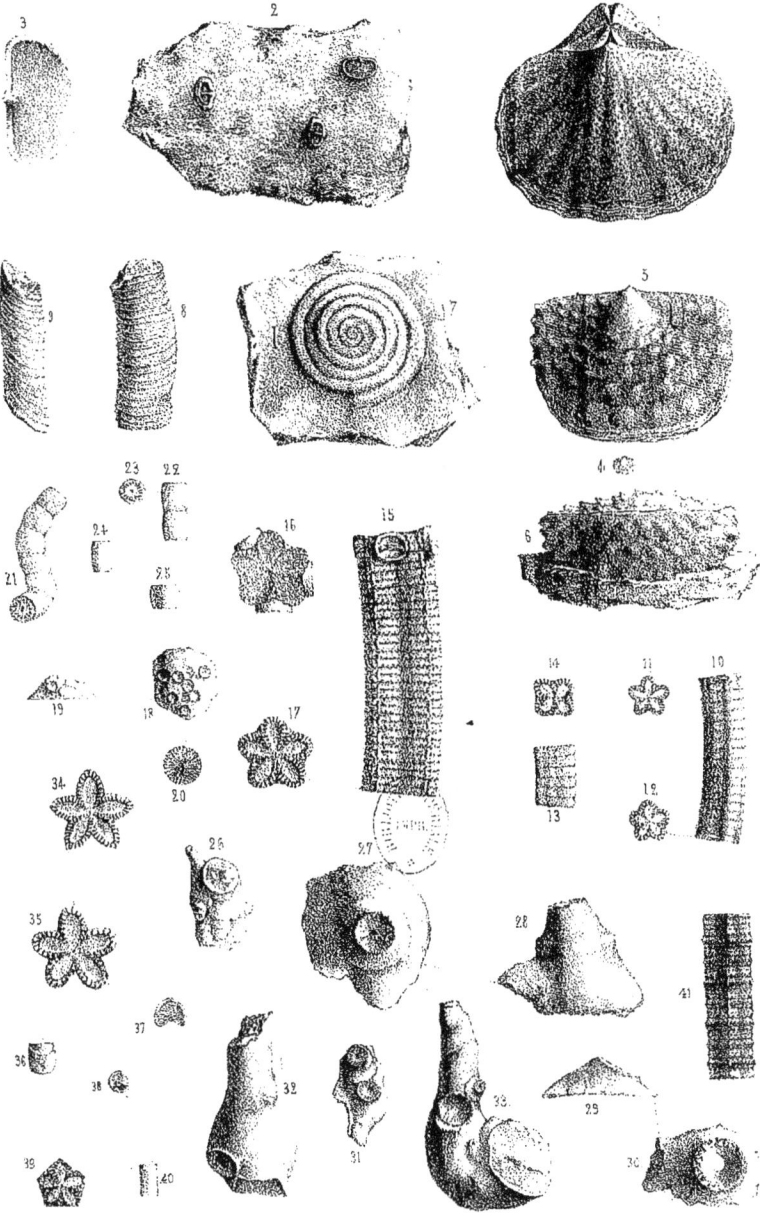

PLANCHE XXIV.

Zone de la Belemnites Clavatus.

Fig. 1. **Lingula Voltzi** (Terquem), de Saint-Fortunat, grandeur naturelle, page 159.

2. La même, moule intérieur.

3 à 6. **Pentacrinus placenta** (Nov. spec.), p. 165.

    3. Fragment de roche avec plusieurs spécimens du Pentacrinus placenta, de grandeur naturelle, de
Giverdy.

    4. 5. 6. Articles du même, grossis quatre fois.

7. 8. Corps non déterminés, page 184.

9. **Neuropora ?** de Giverdy, grossi dix fois, page 172.

10. **Neuropora spumans** (Nov. spec.), de Saint-Fortunat, grandeur
naturelle, page 171.

11. Fragment de tige, de Giverdy, de grandeur naturelle, page 184.

12 à 20. **Tisoa siphonalis** (Marcel de Serres), de Saint-Fortunat,
page 173.

    12. 13. Tisoa siphonalis, gaîne de Saint-Fortunat, de
grandeur naturelle.

    14. Empreinte dans la marne du même échantillon.

    15. 16. Autre échantillon de Saint-Fortunat avec une de
ses extrémités arrondie.

    17. 18. Autre échantillon de Saint-Fortunat, gaîne forme
extraordinaire.

    19. 20. Autre de Saint-Fortunat, petite taille, très-rare.

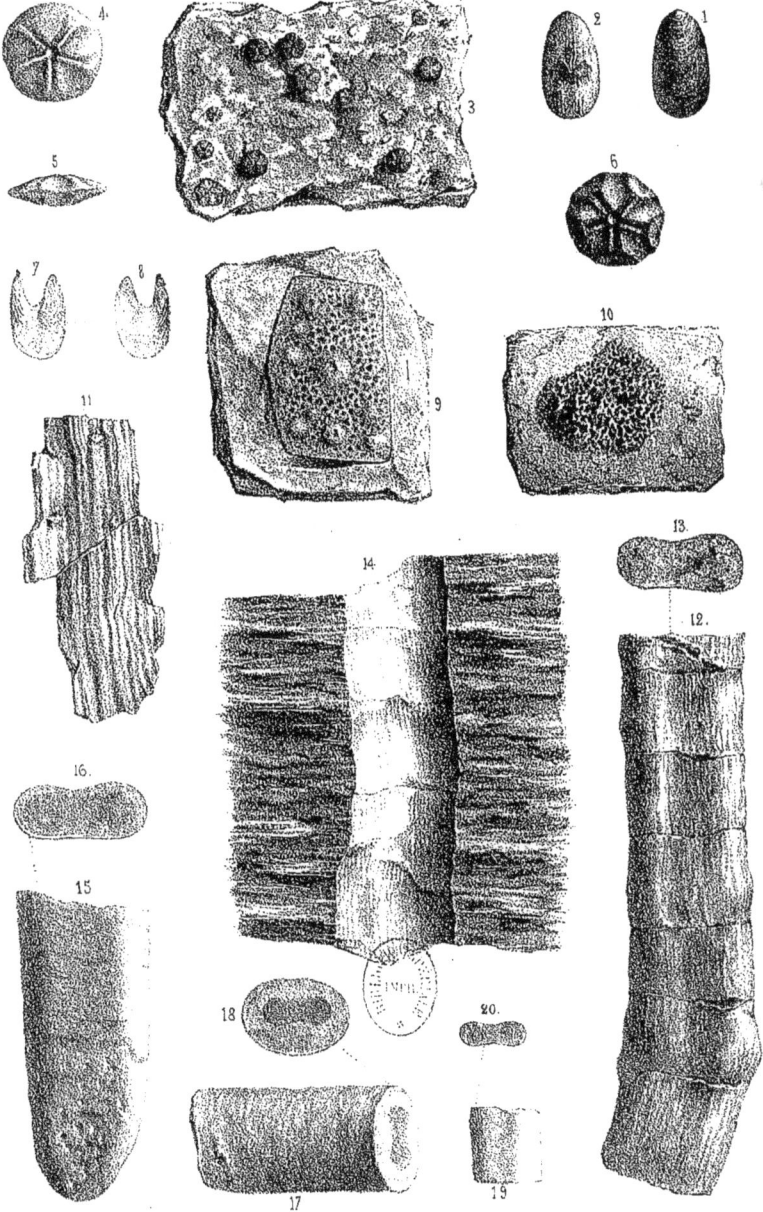

PLANCHE XXV.

Zone de la Belemnites Clavatus.

Fig. 1 à 6. **Tisoa siphonalis** (Marcel de Serres), pago 173.

      1. 2. Tisoa siphonalis, de Saint-Rambert, concrétion avec
        deux gaînes ou quatre siphons.
      3. 4. Fragment de gaîne, de Giverdy.
      5. 6. Autre, des marnes inférieures du vallon d'Arche.

      Toutes les figures sont de grandeur naturelle.

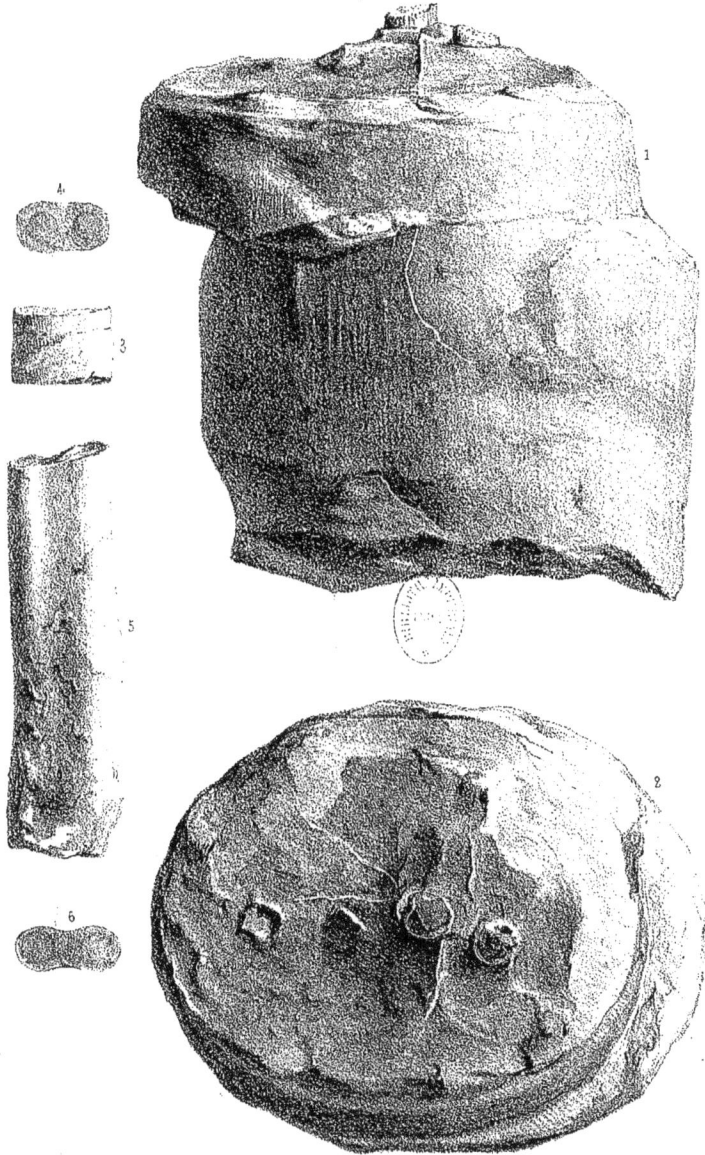

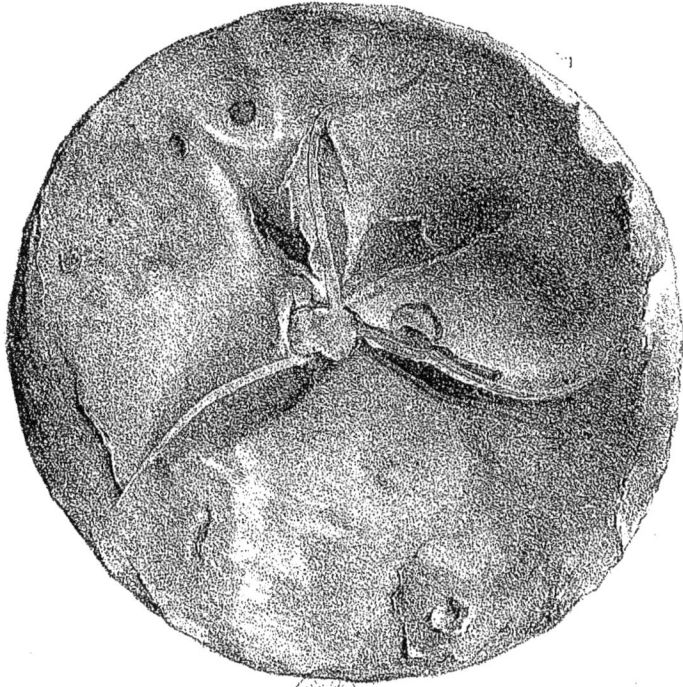

Ad.nat.in lap. J. Bérard. Lyon _ Lith. G. Marmorat.

PLANCHE XXVII.

Zone du Pecten æquivalvis.

Fig. 1. 2. **Vertèbre** biconcave, de Vals près Anduze, de grandeur naturelle, page 206.

3. 4. Petit **os** d'un Saurien, de Limas, de grandeur naturelle, p. 206.

5. **Lepidotus Elvensis** (Blainville sp.), écaille grossie 3 fois, du Mont-Ceindre.

6 à 8. **Belemnites compressus** (Stahl), d'Orbigny-en-Val, de grandeur naturelle, p. 208.

9. **Chemnitzia Carusensis** (d'Orbigny), d'Ambérieux, de grandeur naturelle, page 217.

10. **Turritella Juliana** (Nov. spec.), de Saint-Julien, grossie deux fois, page 219.

11. **Chemnitzia Braunoviensis** (Nov. spec.), de Saint-Bonnet, de grandeur naturelle, page 218.

12. **Trochus Rotus** (d'Orbigny), d'Ambérieux, fragment du dernier tour, en avant, grossi deux fois, page 222.

13. Le même, par côté.

14. **Orthostoma Moorei** (Nov. spec.), du Mont-Ceindre, grossi quatre fois, page 220.

15. **Orthostoma fontis** (Nov. spec.), du Mont-Ceindre, grossi trois fois, page 221.

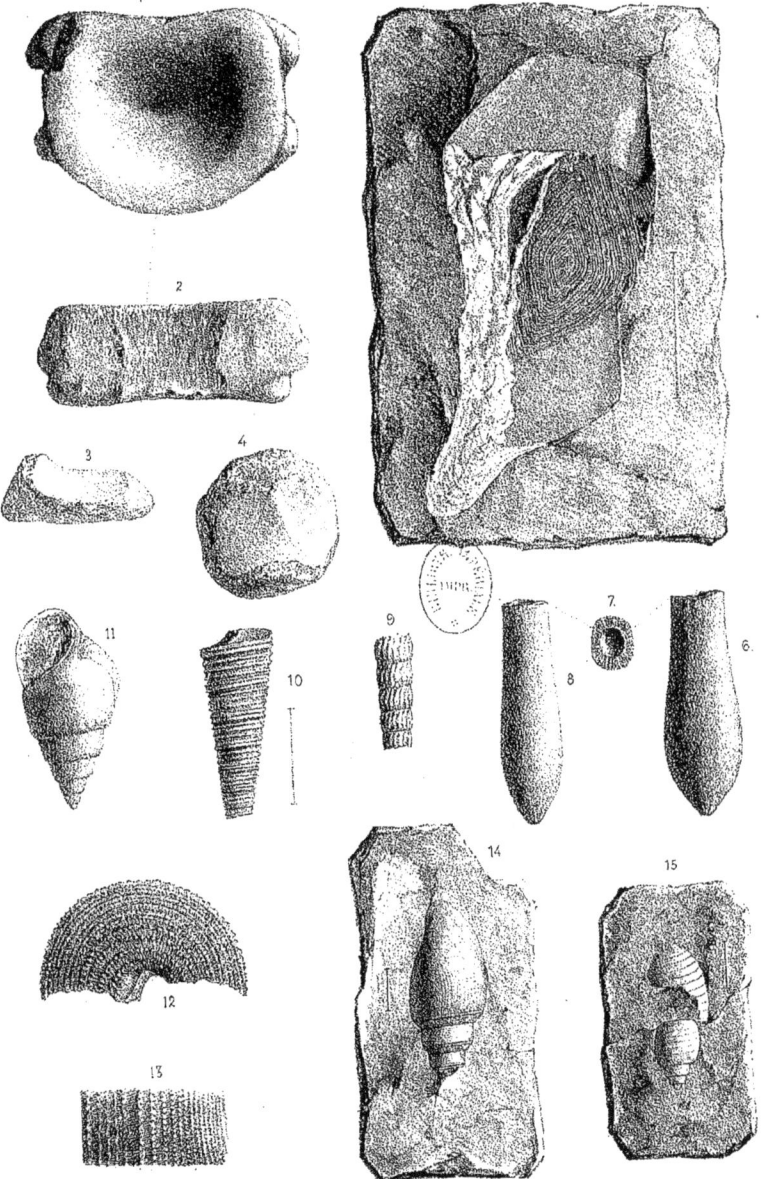

Ad.nat.in lap. J.Bérard. Lyon. Lith.G. Marmorat.

PLANCHE XXVIII.

Zone du Pecten æquivalvis.

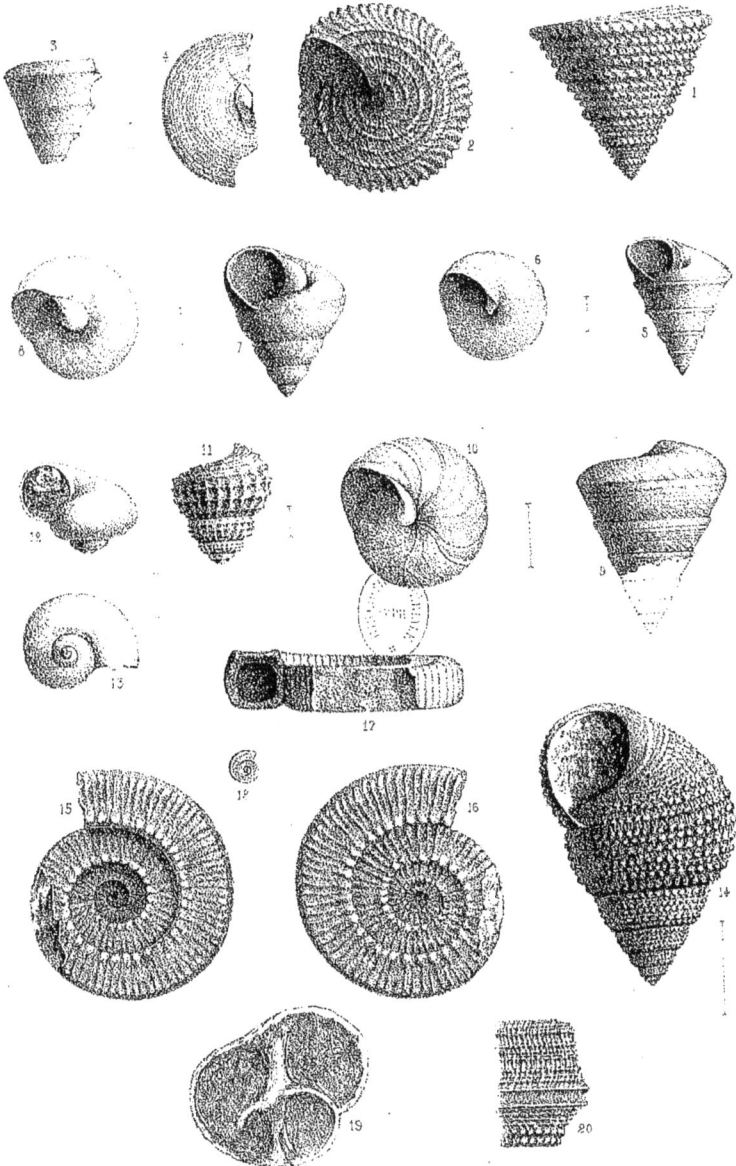

PLANCHE XXIX.

Zone du Pecten æquivalvis.

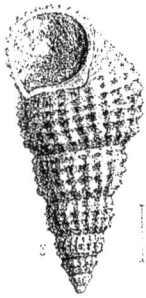

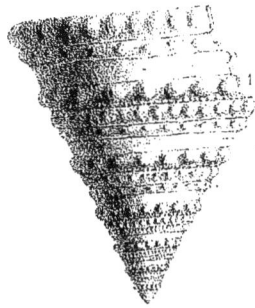

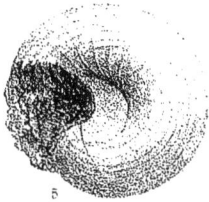

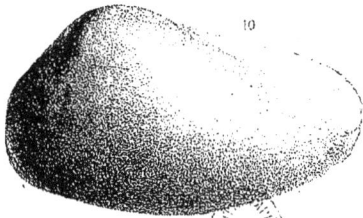

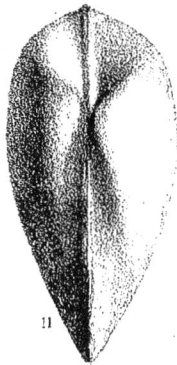

Ad nat. in lap. J. Bérard.   Lyon. Lith. G. Marmorat.

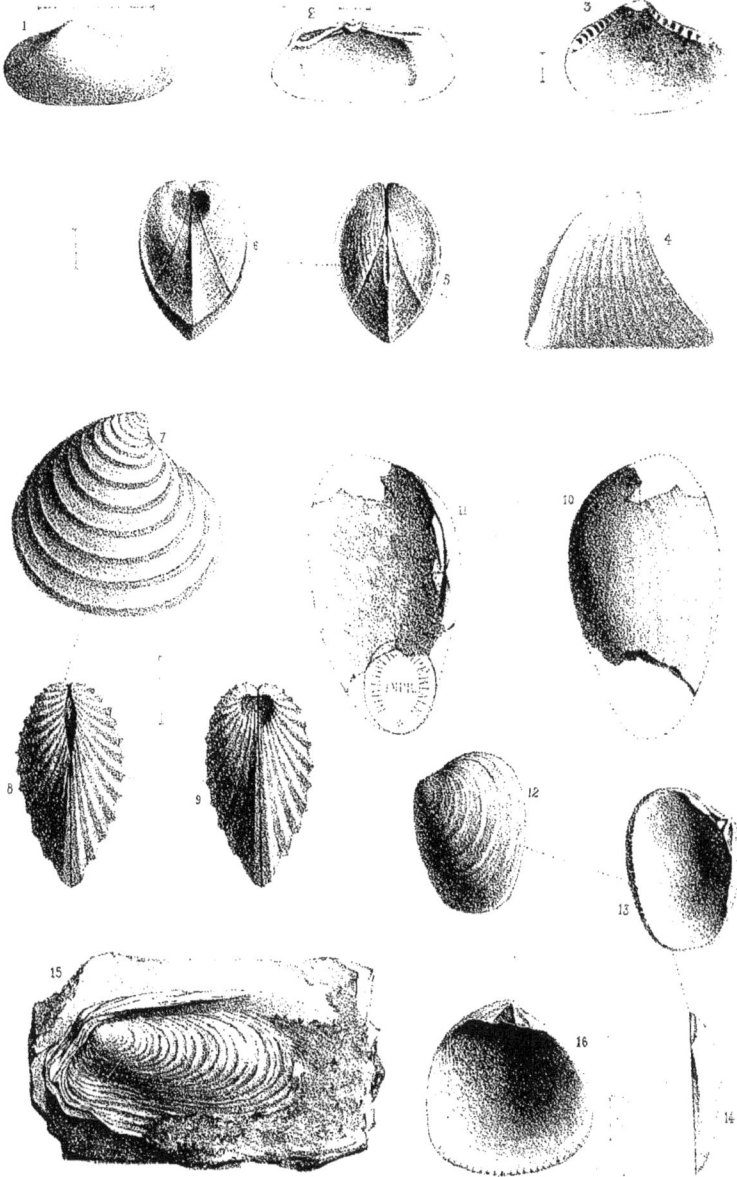

Ad. nat. in lap. J. Bérard. Lyon _ Lith. G. Marmorat.

PLANCHE XXXI.

Zone du Pecten æquivalvis.

Fig. 1. **Cardinia philea** (d'Orbigny), de Giverdy, de grandeur naturelle, page 270.

2. 3. 4. **Cardinia crassissima** (Sowerby), de Saint-Germain, de
grandeur naturelle, page 272.

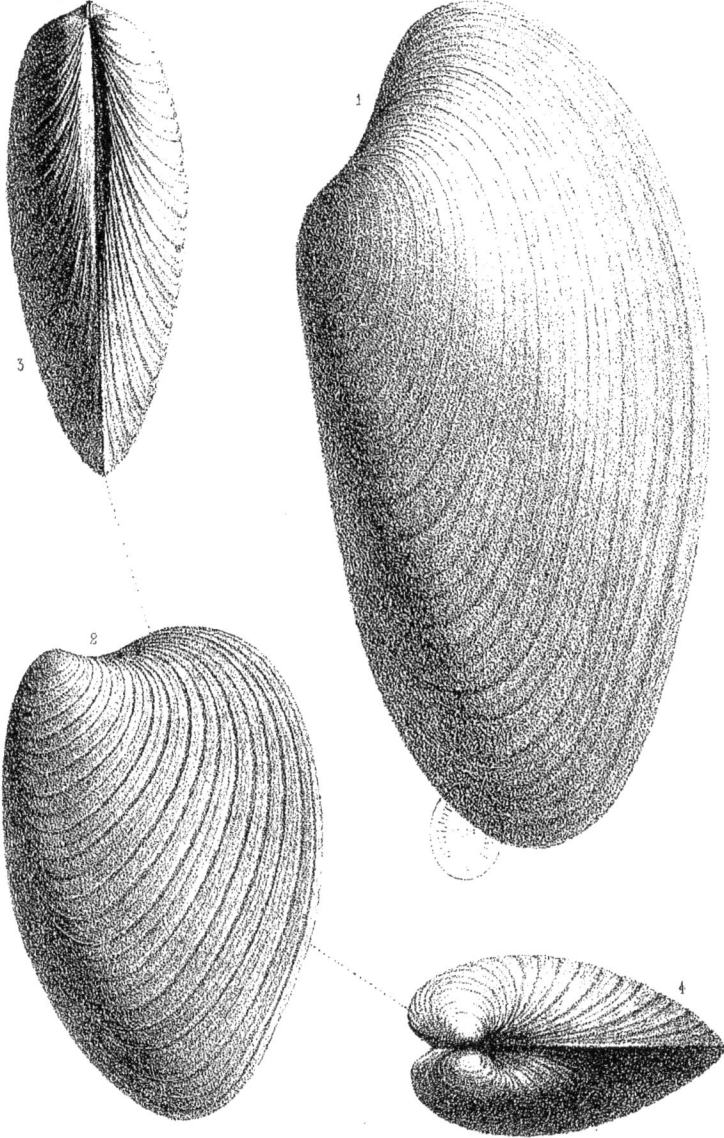

Ad.nat.in lap. J.Bérard.   Lyon _ Lith. G. Marmorat

PLANCHE XXXII.

Zone du Pecten æquivalvis.

Fig. 1. 2. **Cardinia hybrida** (Sowerby sp.), de Poleymieux, de grandeur naturelle, page 271.

    3. **Cardium multicostatum** (Phillips), de Saint-Julien, de gran-
deur naturelle, page 277.

    4. 5. Le même, grossi trois fois.

    6. 7. 8. **Trigonia Lingonensis** (Nov. spec.), de Langres, de gran-
deur naturelle, page 275.

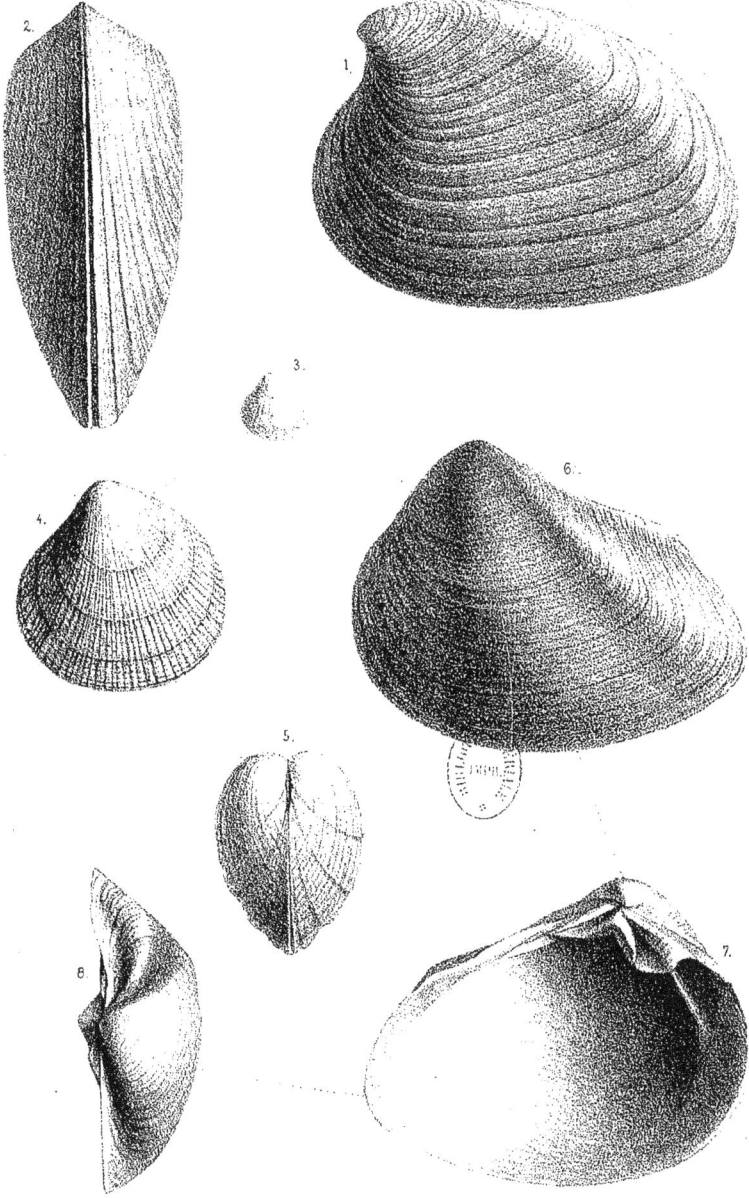

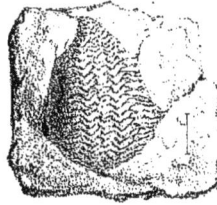

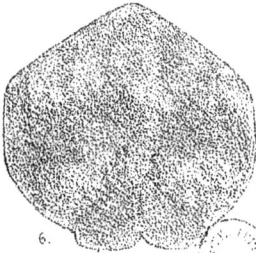

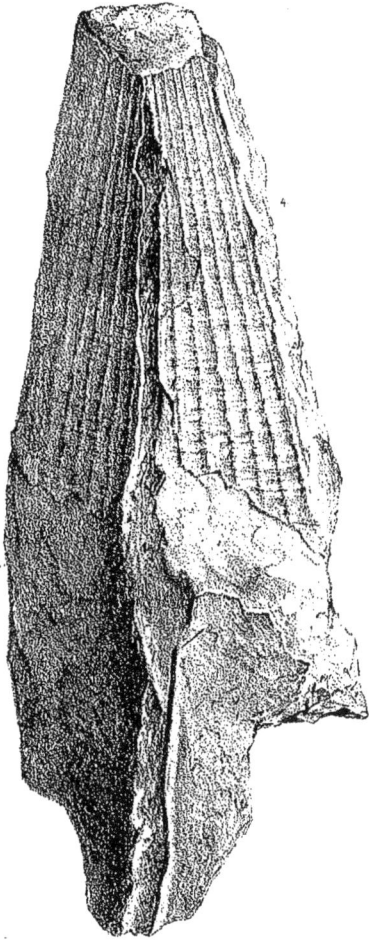

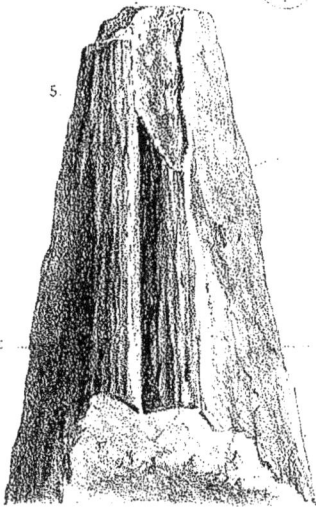

PLANCHE XXXIV.

Zone du Pecten æquivalvis.

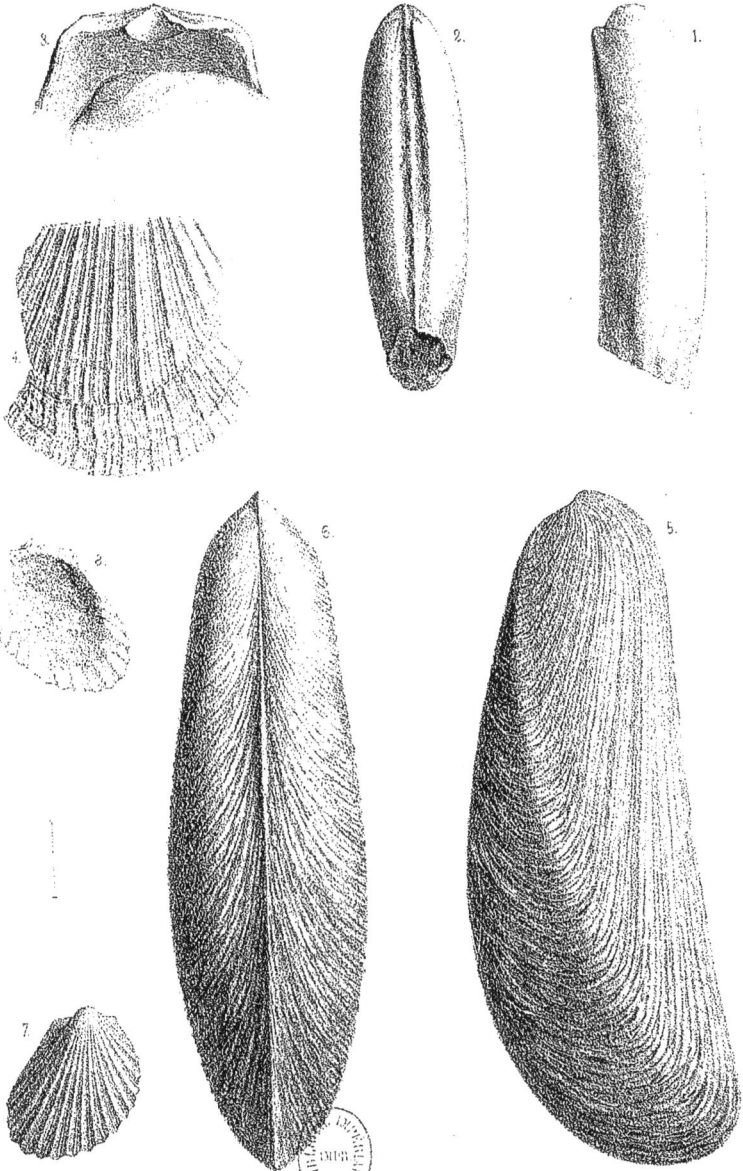

PLANCHE XXXV.

Zone du Pecten æquivalvis.

Fig. 1. **Mytilus Moorei** (Nov. spec.), copie de la figure du mémoire de
M. Moore, page 283.

2. 3. **Limea cristata** (Nov. spec.), de Saint-Julien, grossie quatre
fois, page 290.

4. **Avicula Münsteri** (Goldfuss), valve droite, de Giverdy, grossie
deux fois, page 291.

5. **Avicula deleta** (Nov. spec.), de Giverdy, valve gauche, grossie
trois fois, page 293.

6 à 9. **Avicula cycnipes** (Phillips), page 294.

6. Avicula cycnipes, de Giverdy, valve gauche, de gran
deur naturelle.

7. Portion du test, avec une côte grossie.

8. Valve droite, de Giverdy, de grandeur naturelle.

9. Fragment grossi du test de la même valve droite.

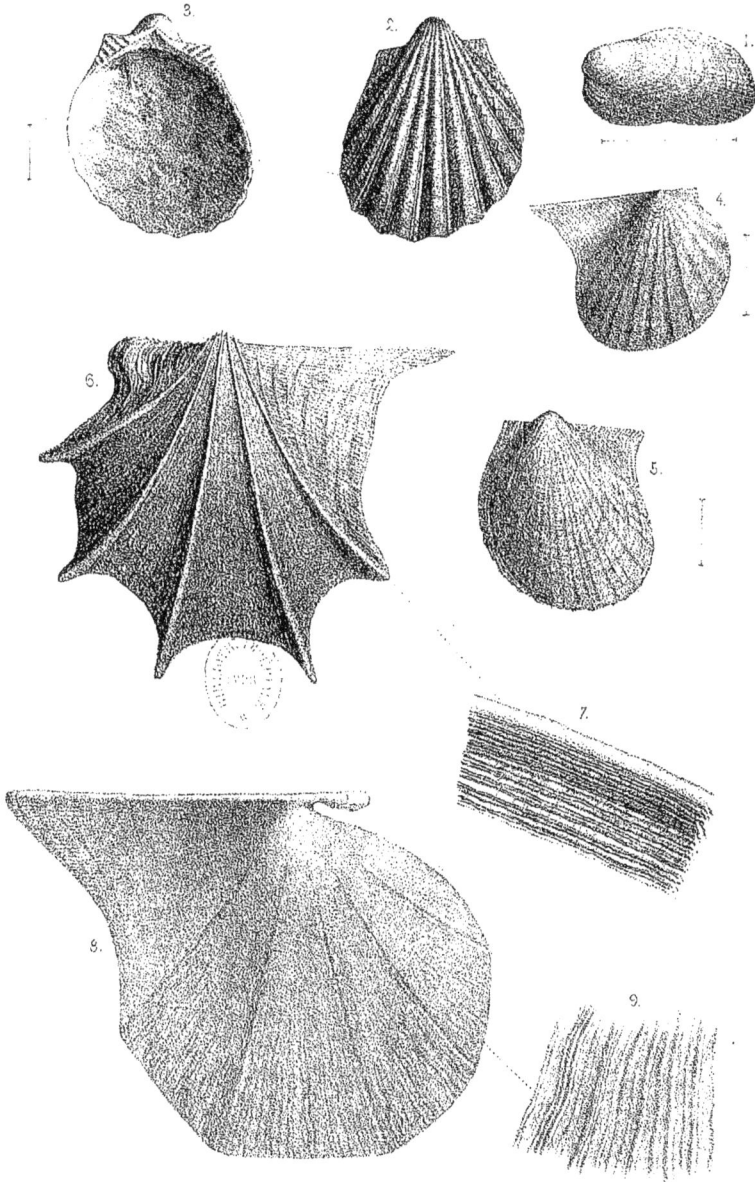

Ad.nat.in lap. J. Bérard. Lyon _ Lith. G. Marmorai.

PLANCHE XXXVI.

Zone du Pecten æquivalvis.

Fig. 1. **Perna Lugdunensis** (Nov. spec.), du Mont-Ceindre, de grandeur naturelle, page 297.
2. Charnière de la même.

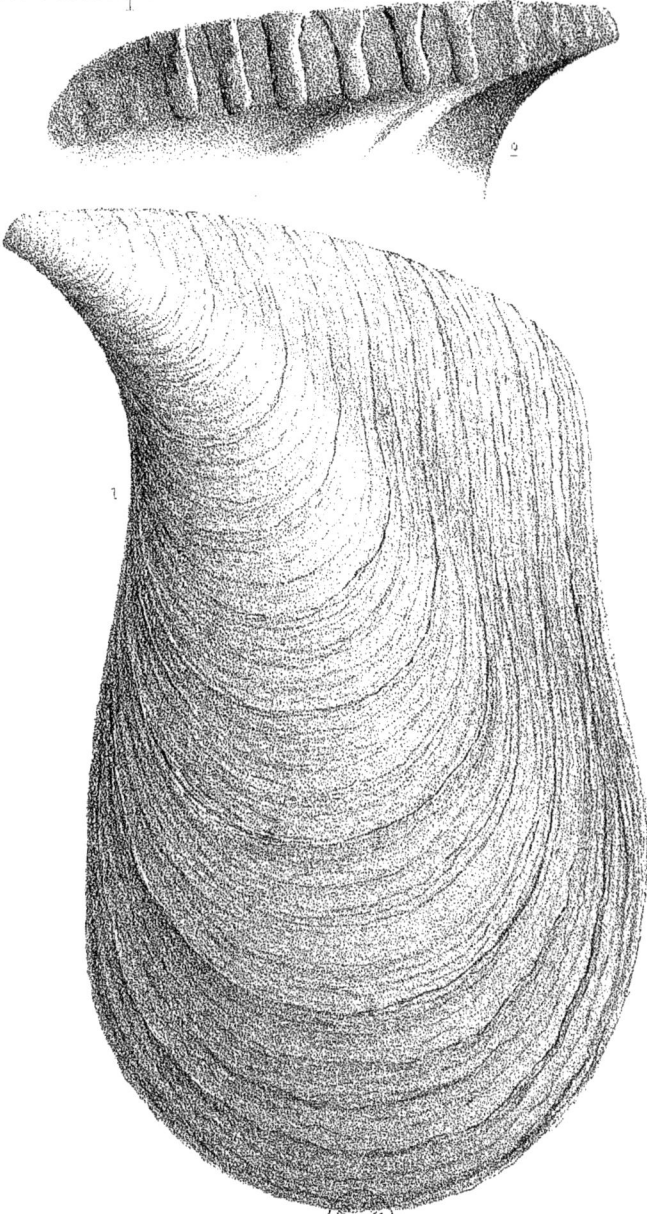

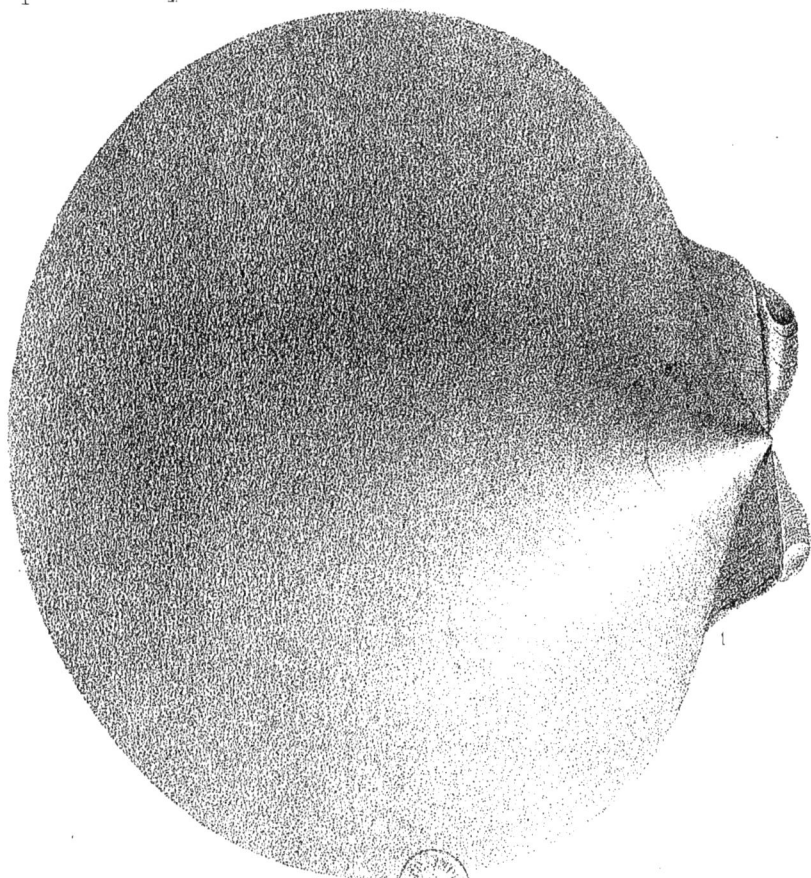

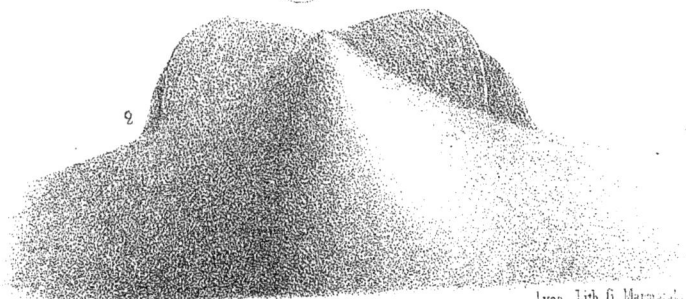

PLANCHE XXXVIII.

Zone du Pecten æquivalvis.

Fig. 1. **Pecten frontalis** (Nov. spec.), coquille de grande taille, moule intérieur, de Giverdy, de grandeur naturelle, page 299.

2. 3. 4. **Pecten strionatis** (Quenstedt), page 304.

2. Pecten strionatis, de Poleymieux, valve gauche, grossie deux fois.

3. Le même spécimen, vu par la valve droite.

4. Le même, de grandeur naturelle, vu de profil.

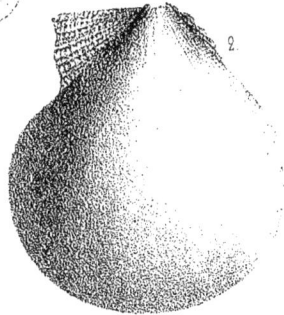

Ad. nat. in Jap. J. Bérard.　　　　　　　　　　Lyon _ Lith. G. Marmorat.

PLANCHE XXXIX.

Zone du Pecten œquivalvis.

Fig. 1. **Pecten textorius** (Schlotheim), de Saint-Julien, valve gauche, de grandeur naturelle, page 303.

2. **Pecten textorius**, de Giverdy, valve droite, de grandeur naturelle, variété à côtes serrées.

3. **Pecten acuticostatus** (Lamarck), de Privas, valve gauche, de grandeur naturelle, page 305.

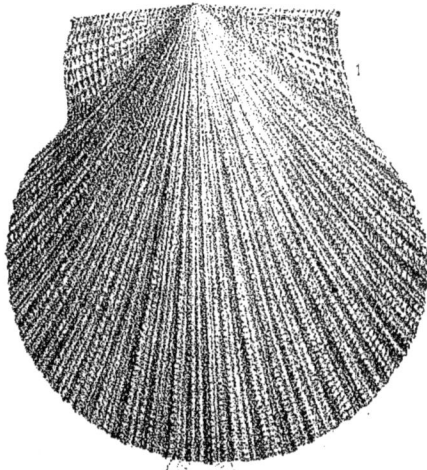

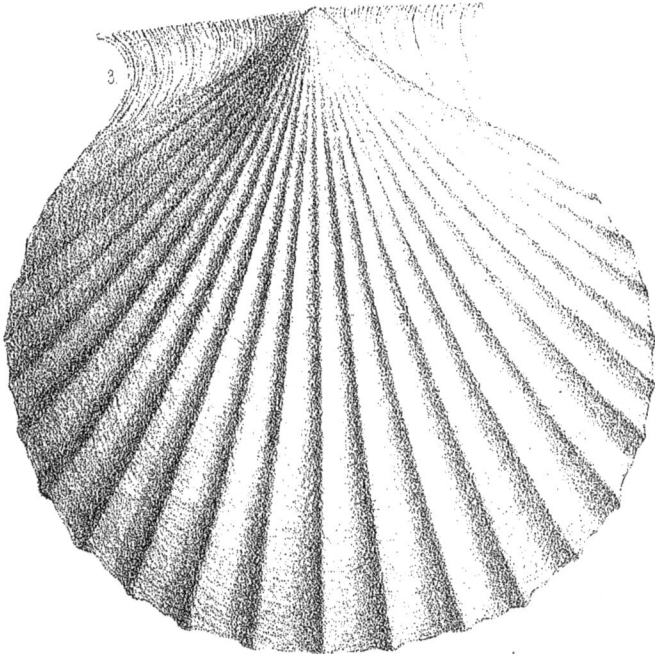

Ad. nat. in lap. J. Bérard. Lyon _ Lith. G. Marmorat.

PLANCHE XL.

Zone du Pecten æquivalvis.

Fig. 1. **Pecten Julianus** (Nov. spec.), de Saint-Julien, grossi deux fois, page 307.

2. **Pecten Humberti** (Nov. spec.), du Mont-Ceindre, grossi deux fois, page 308.

3. 4. 5. **Harpax Parkinsoni** (Bronn), de Saint-Julien, grossie deux fois, page 310.

6. 7. 8. **Harpax pectinoides** (Lamarck sp.), d'Arguelles, de grandeur naturelle, page 310.

9. 10. **Harpax lævigatus** (D'Orbigny sp.), de Saint-Fortunat, valve gauche, de grandeur naturelle, page 312.

11. **Ostrea Brannovicensis** (Nov. spec.), de Saint-Julien, de grandeur naturelle, page 315.

12. **Harpax Parkinsoni** (Bronn), de Saint-Julien, vue par l'intérieur, grossie deux fois, page 310.

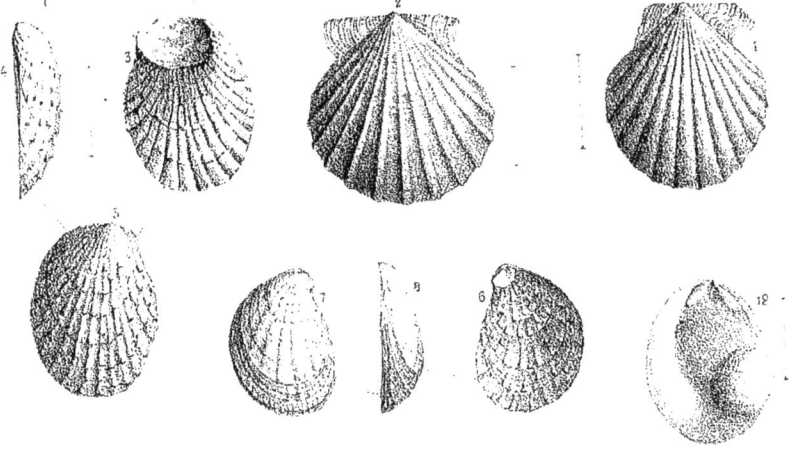

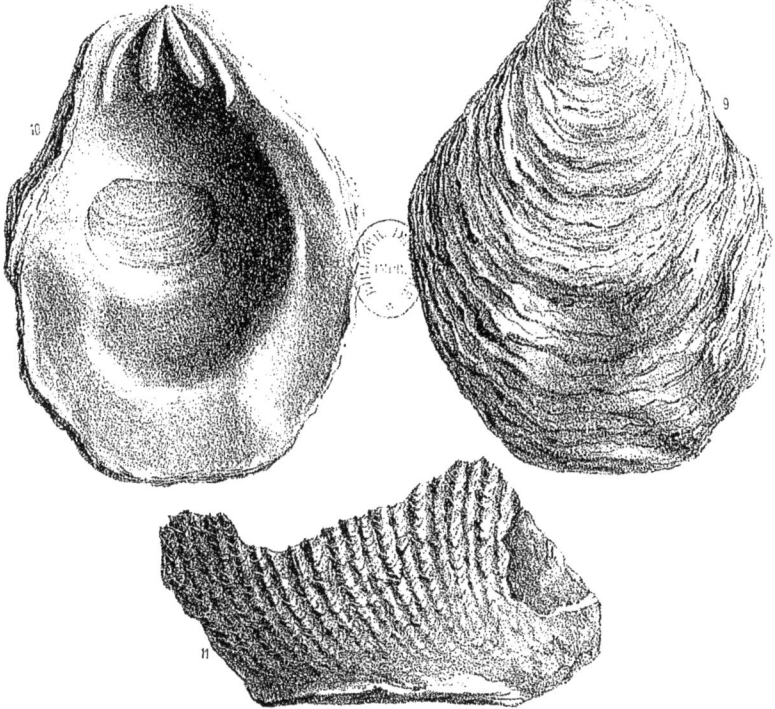

Ad. nat. in lap. J. Bérard. Lyon - Lith. G. Marmorat.

PLANCHE XLI.

Zone du Pecten œquivalvis.

Fig. 1. **Harpax lævigatus** (d'Orbigny), du Mont-Ceindre, valve gauche, de grandeur naturelle, page 312.

2. Valve droite du même, de Fleury-la-Montagne, vue par l'intérieur.

3 à 7. **Ostrea sportella** (E. Dumortier), page 316.

    3. 4. Ostrea sportella, de Sarry, de grandeur naturelle.

    5. 6. 7. La même, valve operculaire, de Saint-Bonnet.

8 à 10. **Terebratula subnumismalis** (Davidson), page 326.

    8. 9. Terebratula subnumismalis, d'Ambérieux, de grandeur naturelle.

    10. Autre, de Poleymieux, laissant voir les lignes palléales.

11. 12. **Terebratula Waterhousi** (Davidson), de Monteillet, de grandeur naturelle, page 324.

13. **Rhynchonella serrata** (Sowerby, sp.), de Giverdy, de grandeur naturelle, page 329.

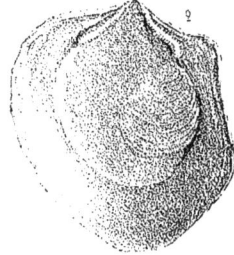

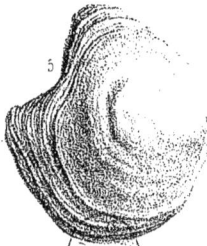

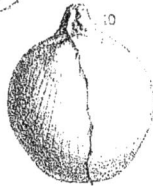

PLANCHE XLII.

Zone du Pecten œquivalvis.

Fig. 1. 2. **Rhynchonella quinqueplica** (Zieten), de Laurac, de grandeur
naturelle, page 329.

3 à 5. **Rhynchonella Dalmasi** (Nov. spec.), de Privas, de grandeur
naturelle, page 331.

6 à 9. **Rhynchonella bubula** (Nov. spec.), de Saint-Christophe,
grossie deux fois, page 333.

10 à 13. **Rhynchonella tetraedra** (Sowerby sp.), page 330.

      10. Rhynchonella tetraedra, d'Ambérieux, à côtes serrées,
de grandeur naturelle.

      11. 12. Autre, de Laurac.

      13. Autre, de la Jobernie.

14. 15. **Rhynchonella Alberti** (Oppel), de la Jobernie, de grandeur
naturelle, page 332.

16. **Pecten œquivalvis** (Sowerby), oreille, du Mont-Ceindre, de
grandeur naturelle, page 298.

17. Autre fragment, de Saint-Fortunat.

18 à 21. **Belemnites.....** Fragments de rostres avec sillon ventral,
de Privas, de grandeur naturelle, page 211.

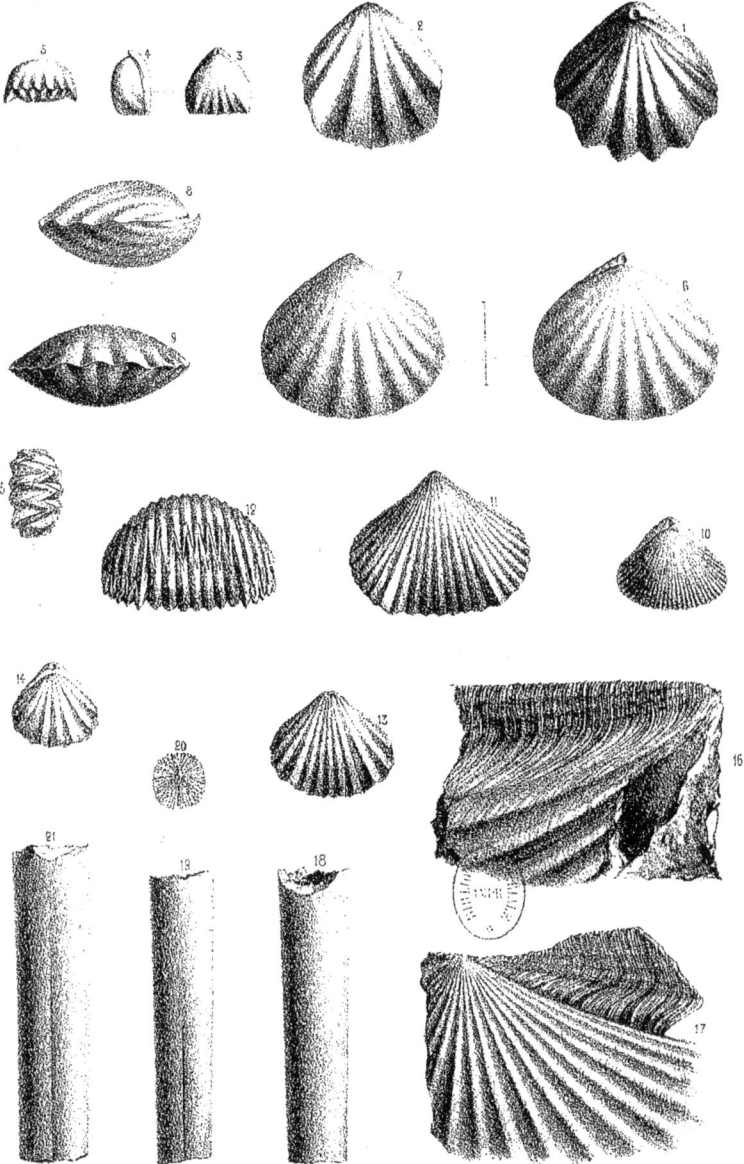

Ad.nat.in lap.J.Bérard. Lyon _ Lith.G.Marmorat.

PLANCHE XLIII.

Zone du Pecten æquivalvis.

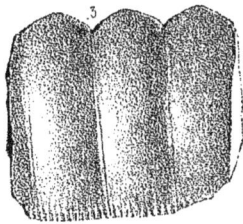

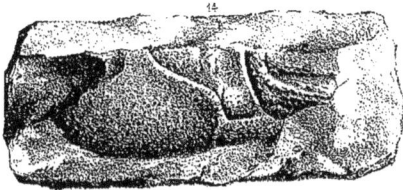

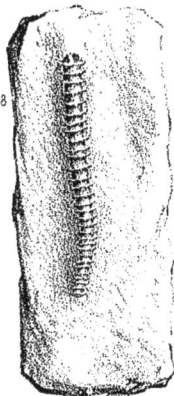

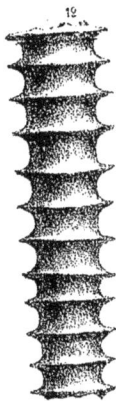

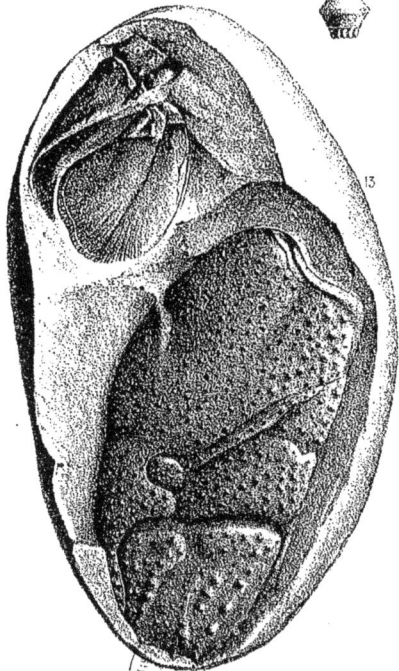

Ad.nat.in lap.J.Bérard.   Lyon _ Lith. G. Marmoral.

PLANCHE XLIV.

Zone de la Belemnites Clavatus.

Fig. 1. **Ammonites lucifer** (Nov. spec.), de Lournand, de grandeur naturelle, page 82.

2. 3. 4. **Ammonites submuticus** (Oppel), page 63.

2. Ammonites submuticus, de Poleymieux, avec son test, de grandeur naturelle.

3. 1. Autre, de Saint-Fortunat, fragment de grandeur naturelle.

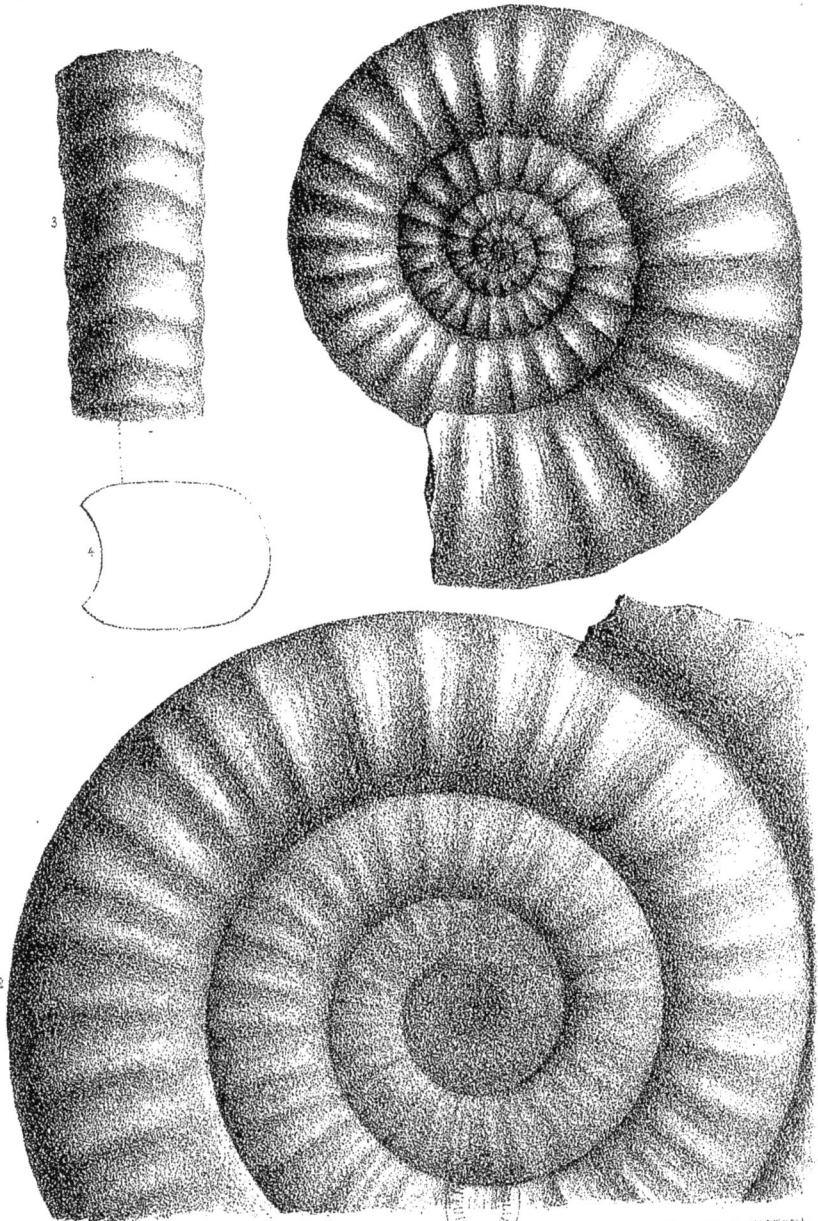

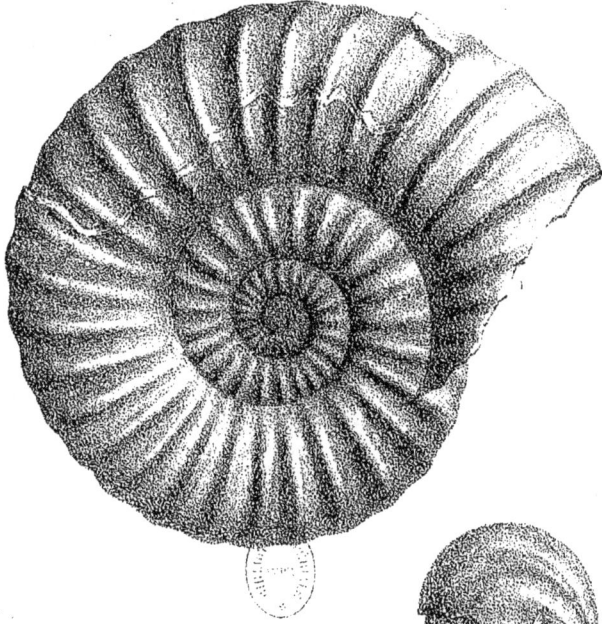

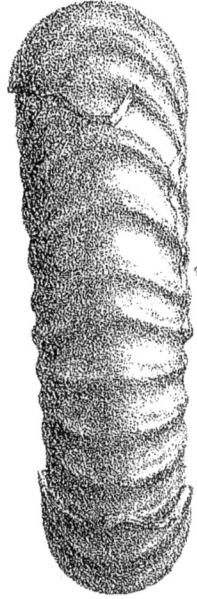

Ad. nat. in lap. J. Bérard. Lyon _ Lith. G. Marmorat.

LIBRAIRIE F. SAVY

DU MÊME AUTEUR

Note sur quelques fossiles peu connus ou mal figurés du lias moyen. Lyon,
1857. 1 vol. in-8 avec 8 planches . . . . 5 fr.

BOUÉ (A.). Guide du géologue voyageur. 2 volumes in-18. . . . . 8 fr.

**BURAT (Amédée). Description des terrains volcaniques de la France cen-
trale.** 1 vol. in-8 avec 10 planches. . . . . 7 fr. 50

BURMEISTER, directeur du musée de Buénos-Ayres, etc. **Histoire de la création.**
8ᵉ édition, revue par Giebel, traduit de l'allemand par B. Maupas. Paris, 1870. 1 vol. grand in-8
avec grav. dans le texte. . . . . 10 fr.

CARTES GÉOLOGIQUES de tous les départements français, d'Angleterre, de
Belgique, d'Allemagne, de Suisse, de l'Espagne, d'Italie.

DELESSE. Études sur le métamorphisme des roches. Paris, 1869. In-8 de 100
pages. . . . . 2 fr. 50

DOLLFUS (Aug.), membre de la Société géologique de France, et **DE MONT-SERRAT (E.).**
Voyage géologique dans les républiques de Guatemala et de Salvador. (Missions scientifiques au
Mexique et dans l'Amérique centrale.) Paris, 1868. 1 vol. grand in-4 avec 18 planches teintées et
carte géologique. . . . . 25 fr.
Publié par ordre de S. M. l'Empereur et par les soins du ministre de l'instruction publique.

**D'ORBIGNY (Ch.). Description des roches composant l'écorce terrestre et
des terrains cristallins constituant le sol primitif,** avec indication des diverses
applications des roches aux arts et à l'industrie; ouvrage rédigé d'après la classification, les ma-
nuscrits inédits et les leçons publiques de feu M. Cordier. Paris 1868. 1 fort vol. in-8. . 10 fr.

GRAS (Scipion), ingénieur en chef des mines. **Description géologique du département de Vaucluse.** Paris, 1862. 1 vol. in-8, avec coupes géologiques coloriées. 8 fr.
—— **Carte géologique du département de Vaucluse.** 1 feuille coloriée. . . 7 fr.

HOGARD (Henri), membre de la Société géologique de France. Recherches sur les formations
erratiques. Paris, 1858. 1 vol. in-8 avec Atlas in-folio de 19 planches. . . . . . 15 fr.

LORIOL (P. de) et PELLAT (E.), membres de la Société géologique de France, et **COT-
TEAU (G.). Monographie paléontologique et géologique de l'étage por-
tlandien du département de l'Yonne.** Paris, 1868. 1 vol. in-4 avec 15 planches de
fossiles. . . . . 22 fr. 50

NOUVEAUX ÉLÉMENTS D'HISTOIRE NATURELLE, à l'usage des lycées, des can-
didats au baccalauréat ès sciences; etc., par M. E. Lambert. 3 vol. in-18 avec 440 gravures dans
le texte. . . . . 7 fr. 50
—— **Géologie.** 2ᵉ édition. Paris, 1867. 1 vol. in-18 de 240 p. avec 142 gravures dans le texte.
—— **Botanique.** Paris, 1864. 1 vol. in-18 avec 202 gravures dans le texte.
—— **Zoologie.** Paris, 1865. 1 vol. in-18 avec 100 gravures dans le texte.
Chaque volume se vend séparément. . . . . 2 fr. 50
   Nous avons fait précéder chacun des trois volumes de l'histoire abrégée de la science qu'il traite. N'est-il
pas naturel, en effet, en étudiant une science, de chercher à connaître son origine, ses progrès ou le déve-
loppement de l'esprit humain ? Nous pensons que l'on nous saura gré de cette innovation.
   Plus de quatre cents figures enrichissent ces trois volumes, qui sont imprimés sur beau papier; nous
n'avons rien négligé afin que l'exécution matérielle soit irréprochable.

OMALIUS D'HALLOY, membre de la Société géologique de France. **Abrégé de géologie.**
8ᵉ édition. Paris, 1868. 1 vol. in-8 avec figures dans le texte. . . . . 10 fr.

VÉZIAN (Alexandre), professeur à la Faculté des sciences de Besançon, membre de la Société
géologique de France. **Prodrome de géologie.** Paris, 1865-1866. 3 vol. in-8, publiés en
10 livraisons. Ouvrage complet. . . . . 25 fr.
   Constitution physique du globe au point de vue géologique. — Origine du globe, d'accroissement et de
la structure générale de l'écorce terrestre. — Phénomènes géologiques qui ont leur siège à la surface des
continents et sur le sol émergé. — Des phénomènes géologiques qui s'accomplissent au sein des eaux et sur
le sol immergé. — Phénomènes géologiques dont le siège est dans l'intérieur de l'écorce terrestre. — Phénomènes dont le siège est dans l'intérieur de l'écorce terrestre, action gazéiforme, métamorphisme. —
Actions dynamiques qui s'exercent sur l'écorce terrestre. — Stratigraphie générale. — Stratigraphie
systématique. — Systèmes de montagnes. — Structure intérieure et configuration générale de l'écorce terrestre. — Intervention de l'organisme dans les phénomènes géologiques. — Révolutions de la surface du
globe. — Classification et description des terrains de la série paléozoïque. — Classification et description
des terrains de la série mésozoïque. — Classification et description des terrains de la série néozoïque.

**WOODWARD (A. I. S.) Manuel des mollusques. Traité des coquilles vivantes
et fossiles** 2ᵉ édition, mise au courant de la science conchyliologique, par R. Tate, R. F. S.
Traduit de l'anglais par Humbert, ancien conservateur du musée de Genève. Paris, 1870. 1 vol. petit
in-8 avec 600 gravures. 15 fr.

PARIS. — IMP. SIMON RAÇON ET COMP., RUE D'ERFURTH, 1.

www.ingramcontent.com/pod-product-compliance
Lightning Source LLC
Chambersburg PA
CBHW060516220326
41599CB00022B/3348